前言

放輕鬆！多讀會考的！

（一）瓶頸要打開

肚子大瓶頸小，水一樣出不來！考試臨場像大肚小瓶頸的水瓶一樣，一肚子學問，一緊張就像細小瓶頸，水出不來。

（二）緊張是考場答不出的原因之一

考場怎麼解都解不出，一出考場就通了！很多人去考場一緊張什麼都想不出，一出考場**放輕鬆**了，答案馬上迎刃而解。出了考場才發現答案不難。

人緊張的時候是肌肉緊縮、血管緊縮、心臟壓力大增、血液循環不順、腦部供血不順、腦筋不清一片空白，怎麼可能寫出好的答案？

（三）親自動手做，多參加考試累積經驗

106-110年度分科題解出版，還是老話一句，不要光看解答，自己**一定要動手親自做**過每一題，東西才是你的。

考試跟人生的每件事一樣，是經驗的累積。每次考試，都是一次進步的過程，經驗累積到一定的程度，你就會上。所以並不是說你不認真不努力，求神拜佛就會上。**多參加考試**，事後檢討修正再進步，你不上也難。考不上也沒損失，至少你進步了！

（四）多讀會考的，考上機會才大

多讀多做考古題，你就會知道考試重點在哪裡。**九華考題，題型系列**的書是你不可或缺最好的參考書。

祝　大家輕鬆、愉快、健康、進步

九華文教 陳木生 主任

感 謝

※ 本考試相關題解，感謝諸位老師編撰與提供解答。

※ 由於每年考試次數甚多，整理資料的時間有限，題解內容如有疏漏，煩請傳真指證。我們將有專門的服務人員，儘速為您提供優質的諮詢。

※ 本題解提供為參考使用，如欲詳知真正的考場答題技巧與專業知識的重點。仍請您接受我們誠摯的邀請，歡迎前來各班親身體驗現場的課程。

■ 配分表

科目	章節	高考 年度 110	高考 年度 109	高考 年度 108	高考 年度 107	高考 年度 106	普考 年度 110	普考 年度 109	普考 年度 108	普考 年度 107	普考 年度 106	章節配分加總
靜力學	01.靜定梁、剛架力分析								25	25	25	75
	02.靜定桁架力分析						50	25	25		25	125
	03.纜索結構											-
	04.釘銷構架			25	25	25		25				100
	05.摩擦力		25		25							50
	06.空間力系					25					25	50
	07.虛功原理											-
	08.形心與慣性矩								25	25		50
	09.其他類型考題		25	25	25							75
	合計		50	50	75	50	50	50	75	50	75	525
材料力學	01.軸力桿件				25		25	25		25		100
	02.扭力桿件											-
	03.剪力彎矩圖	25					50	25	25	50	25	200
	04.梁內應力	50	25			25	25		25			150
	05.應力應變轉換分析	25		25		25						75
	06.梁撓度分析 I 梁微分方程式											-
	07.梁撓度分析 II 基本變位公式 力矩面積法		25									25
	08.柱挫屈問題								25		25	50
	09.其他類型考題			25								25
	合計	100	50	50	25	50	100	50	75	75	50	625
結構學	01.結構穩定、靜定性分析	20			25							45
	02.共軛梁法	25				25		25				75
	03.單位力法 卡二定理		25	25		25		25		25		125
	04.諧和變位法 最小功法		25		50	25						100
	05.傾角變位法 彎矩分配法	30	25	50		25						130
	06.對稱與反對稱結構		25		25							50
	07.影響線			25							25	50
	08.結構矩陣	25										25
	09.其他類型考題											-
	合計	100	100	100	100	100		50		25	25	600
鋼筋混凝土學(普考、四等考試)		-	-	-	-	-	50	50	50	50	50	
總和		200	200	200	200	200	200	200	200	200	200	

科目	章節	土木技師					結構技師					章節配分加總
		年度					年度					
		110	109	108	107	106	110	109	108	107	106	
靜力學	01.靜定梁、剛架力分析											-
	02.靜定桁架力分析		30									30
	03.纜索結構				30							30
	04.釘銷構架											-
	05.摩擦力											-
	06.空間力系											-
	07.虛功原理											-
	08.形心與慣性矩											-
	09.其他類型考題											-
	合計		30		30							60
材料力學	01.軸力桿件	25				25		25		25	50	150
	02.扭力桿件						25		25	25	25	100
	03.剪力彎矩圖											-
	04.梁內應力	25	25	25			25	25	25	25		175
	05.應力應變轉換分析				20	25		25				70
	06.梁撓度分析 I 梁微分方程式											-
	07.梁撓度分析 II 基本變位公式 力矩面積法							25	25	25		75
	08.柱挫屈問題		20		20		25		25			90
	09.其他類型考題						25				25	50
	合計	50	45	25	40	50	100	100	100	100	100	710
結構學	01.結構穩定、靜定性分析											-
	02.共軛梁法											-
	03.單位力法 卡二定理	25				25					25	75
	04.諧和變位法 最小功法			25	10		25	25	25	25	25	160
	05.傾角變位法 彎矩分配法			25	20				25		25	95
	06.對稱與反對稱結構	25					25	25				75
	07.影響線			25		25	25	25		25		125
	08.結構矩陣		25				25	25	25	25		125
	09.其他類型考題								25	25	25	75
	合計	50	25	75	30	50	100	100	100	100	100	730
鋼筋混凝土學(普考、四等考試)		-	-	-	-	-	-	-	-	-	-	
總和		100	100	100	100	100	200	200	200	200	200	

科目	章節	基特三等					基特四等					章節配分加總
		年度					年度					
		110	109	108	107	106	110	109	108	107	106	
靜力學	01.靜定梁、剛架力分析			50								50
	02.靜定桁架力分析	25		25	50	50		50	30	25	25	280
	03.纜索結構					25				25		50
	04.釘銷構架									25		25
	05.摩擦力		25					30				55
	06.空間力系						25		25			50
	07.虛功原理											-
	08.形心與慣性矩	25					25					50
	09.其他類型考題											-
	合計	50	25	75	50	75	50	80	55	75	25	560
材料力學	01.軸力桿件	25	25		25		25	25	20	25	50	220
	02.扭力桿件		25									25
	03.剪力彎矩圖		25			25	50	25	50	25	50	250
	04.梁內應力			25	25			20		25		95
	05.應力應變轉換分析	25		25	25	50						125
	06.梁撓度分析 I 梁微分方程式											-
	07.梁撓度分析 II 基本變位公式 力矩面積法		25								25	50
	08.柱挫屈問題			25								25
	09.其他類型考題											-
	合計	50	100	75	75	75	75	70	70	75	125	790
結構學	01.結構穩定、靜定性分析	25										25
	02.共軛梁法	25				25						50
	03.單位力法 卡二定理		25		25		25		25			100
	04.諧和變位法 最小功法											-
	05.傾角變位法 彎矩分配法		50	25	25							100
	06.對稱與反對稱結構	25										25
	07.影響線	25				25						50
	08.結構矩陣											-
	09.其他類型考題			25	25							50
	合計	100	75	50	75	50	25		25			400
鋼筋混凝土學(普考、四等考試)		-	-	-	-	-	50	50	50	50	50	
總和		200	200	200	200	200	200	200	200	200	200	

科目	章節	司法特考					章節配分加總
		年度					
		110	109	108	107	106	
靜力學	01.靜定梁、剛架力分析						-
	02.靜定桁架力分析		25				25
	03.纜索結構						-
	04.釘銷構架						-
	05.摩擦力						-
	06.空間力系						-
	07.虛功原理						-
	08.形心與慣性矩						-
	09.其他類型考題						-
動力學							-
流體力學							-
合計			25				25
材料力學	01.軸力桿件			25	25		50
	02.扭力桿件						-
	03.剪力彎矩圖						-
	04.梁內應力	25	50		25	30	130
	05.應力應變轉換			25			25
	06.梁撓度分析 I 梁微分方程式						-
	07.梁撓度分析 II 基本變位公式 力矩面積法			25			25
	08.柱挫屈問題	25		25		25	75
	09.其他類型考題						-
	合計	50	50	100	50	55	305
結構學	01.結構穩定、靜定性分析						-
	02.共軛梁法						-
	03.單位力法 卡二定理					20	20
	04.諧和變位法 最小功法				25	25	50
	05.傾角變位法 彎矩分配法		25				25
	06.對稱與反對稱結構	25					25
	07.影響線				25		25
	08.結構矩陣	25					25
	09.其他類型考題						-
	合計	50	25		50	45	170
總和		100	100	100	100	100	

目錄

材料力學

目錄

靜力學

材料力學

1 軸力桿件

重點內容摘要

（一）軸力桿件相關公式

1. 軸向應力：$\sigma = \dfrac{P}{A}$

2. 軸向變形 δ、軸力應變能 U_N

（1）均勻軸力桿：$\delta = \dfrac{PL}{EA}$ ；$U_N = \dfrac{1}{2}P\delta = \dfrac{1}{2}\dfrac{P^2L}{EA} = \dfrac{1}{2}\dfrac{EA\delta^2}{L}$

（2）非均勻軸力桿

$$\delta = \sum_{i=1}^{n}\frac{P_iL_i}{E_iA_i} \qquad \delta = \int_0^L \frac{w(x)dx}{E(x)A(x)}$$

$$U = \sum_{i=1}^{n}\frac{1}{2}\frac{P_i^{\,2}L_i}{E_iA_i} \qquad U = \int_0^L \frac{1}{2}\frac{[w(x)]^2\,dx}{E(x)A(x)}$$

3. 應變能密度（僅受到軸向力時）：$u = \dfrac{1}{2}\sigma\varepsilon = \dfrac{1}{2}\dfrac{\sigma^2}{E} = \dfrac{1}{2}E\varepsilon^2$

（二）溫差效應

1. 溫差應變：$\varepsilon_t = \alpha\Delta T$

2. 溫差變形 δ_t：

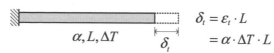

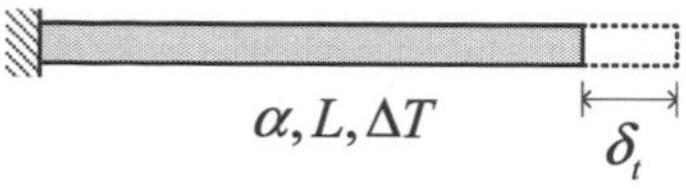

$$\delta_t = \varepsilon_t \cdot L = \alpha\cdot\Delta T\cdot L$$

3. 等值載重 $P_t = \alpha\cdot\Delta T\cdot EA$

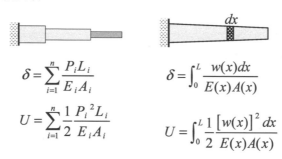

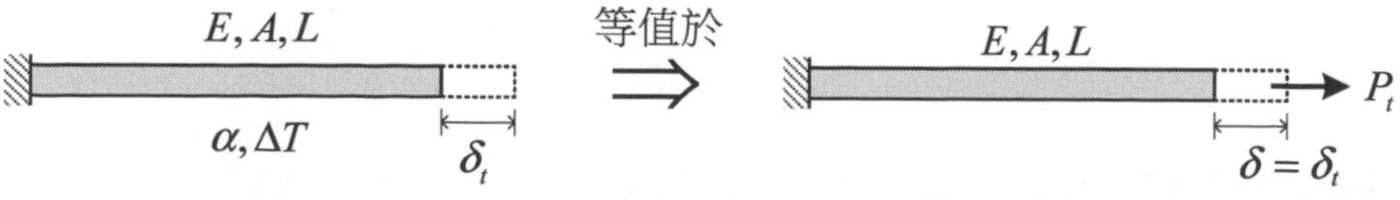

（三）靜不定軸力桿件計算要領

1. 力平衡條件
2. 材料組成率（軸內力與軸變形關係）
3. 變形諧和

（四）並聯與串聯

1. 軸向勁度：$k=\dfrac{EA}{L}$

   軸向柔度：$k=\dfrac{L}{EA}$

   軸向剛度：EA

2. 串聯結構：

   （1）各桿件有**相同的內力**

   （2）按照「**柔度比例**」分配**桿件總變形量**

3. 並聯結構

   （1）各桿件有**相同的變形量**

   （2）按照「**勁度比例**」，分配桿件所受外力

參考題解

一、一雙材料之複合材料桿件，兩材料之彈性模數（modulus of elastic）分別為 E_1 與 E_2，其矩形斷面積為 $2b\times 2b$（如圖示）。此桿件兩端受一偏心距為 e 之壓力 P 作用。若此時桿件僅受均勻的軸壓應力（無撓曲應力（flexural stress））作用。試求分別作用於兩材料的軸力 P_1 與 P_2，及偏心距 e。（25 分）

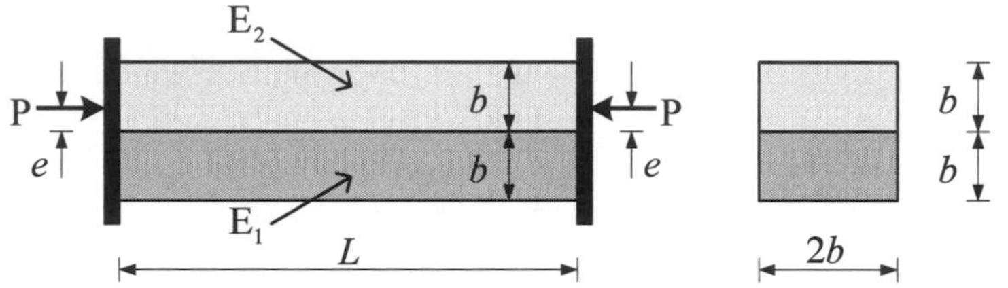

（106 土技-結構分析#2）

參考題解

（一）桿件受均勻軸壓力時，兩材料會形成並聯結構，桿件內力會依照軸向勁度比例分配

1. 材料 1 的軸向勁度

$A_1 = 2b \cdot b = 2b^2$

$$k_1 = \frac{E_1 A_1}{L} = \frac{E_1\left(2b^2\right)}{L}$$

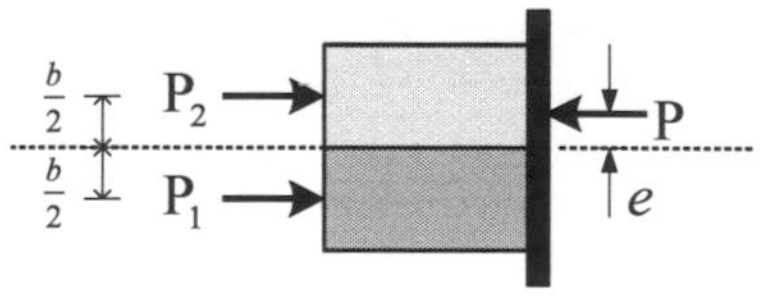

2. 材料 2 的軸向勁度

$A_2 = 2b \cdot b = 2b$

$$k_2 = \frac{E_2 A_2}{L} = \frac{E_2\left(2b^2\right)}{L}$$

3. $$P_1 = \frac{k_1}{k_1 + k_2}P = \frac{\dfrac{E_1\left(2b^2\right)}{L}}{\dfrac{E_1\left(2b^2\right)}{L} + \dfrac{E_2\left(2b^2\right)}{L}}P = \frac{E_1}{E_1 + E_2}P$$

$$P_2 = \frac{k_2}{k_1 + k_2}P = \frac{\dfrac{E_2\left(2b^2\right)}{L}}{\dfrac{E_1\left(2b^2\right)}{L} + \dfrac{E_2\left(2b^2\right)}{L}}P = \frac{E_2}{E_1 + E_2}P$$

（二）對桿件軸心線取力矩，可得 P 力作用位置

$$P_2\times\frac{b}{2}=P_1\times\frac{b}{2}+P\cdot e\Rightarrow(P_2-P)\frac{b}{2}=Pe$$

$$\Rightarrow\left(\frac{E_2}{E_1+E_2}P-\frac{E_1}{E_1+E_2}P\right)\frac{b}{2}=Pe\ \therefore e=\frac{E_2-E_1}{E_1+E_2}\times\frac{b}{2}$$

二、一剛性梁由三根直徑 25 mm 的 A-36 鋼桿支撐，$\sigma_y=250MPa$，承受一 P=230 kN 的負載，試回答下列問題：

（一）試求每一鋼桿所受的力。鋼桿視為完全彈塑性材料。（15 分）

（二）承（一），當 P = 230 kN 的負載移除後，試求每一鋼桿之殘餘應力。（15 分）

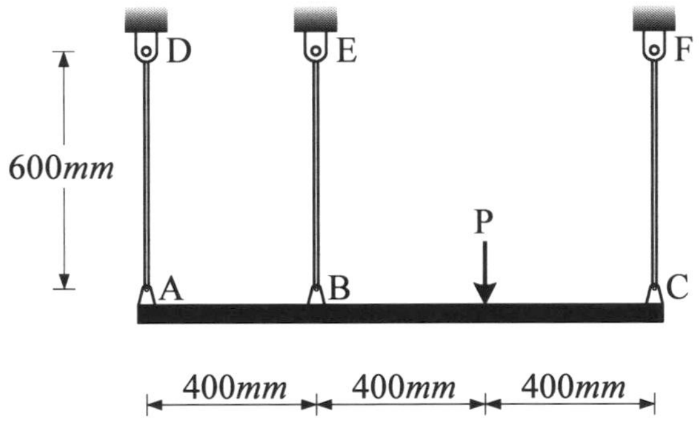

（106 結技-材料力學#1）

參考題解

（一）先計算彈性階段下，各桿件的內力值

1. 變形諧和

$$\delta_{AD}=\Delta_A=\Delta$$
$$\delta_{BE}=\Delta_B=\Delta+400\theta$$
$$\delta_{CF}=\Delta_C=\Delta+1200\theta$$

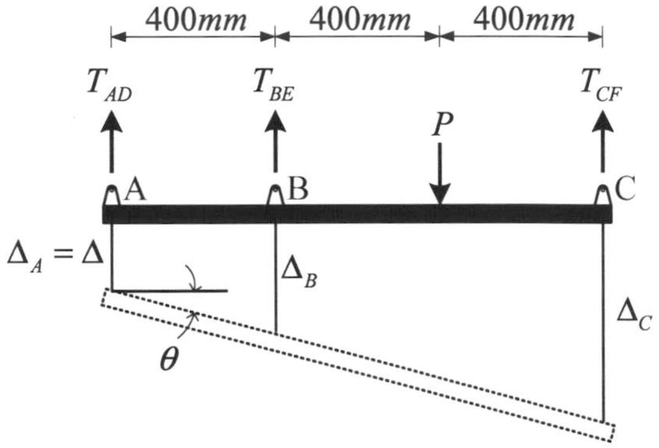

2. 材料組成律

$$T_{AD}=\frac{EA}{L}\delta_{AD}=\frac{EA}{L}\Delta$$
$$T_{BE}=\frac{EA}{L}\delta_{BE}=\frac{EA}{L}(\Delta+400\theta)$$
$$T_{CF}=\frac{EA}{L}\delta_{CF}=\frac{EA}{L}(\Delta+1200\theta)$$

3. 力平衡條件

（1）$\sum F_y = 0$

$$T_{AD} + T_{BE} + T_{CF} = P \Rightarrow \frac{EA}{L}\Delta + \frac{EA}{L}(\Delta + 400\theta) + \frac{EA}{L}(\Delta + 1200\theta) = P$$

$$\therefore 3\Delta + 1600\theta = \frac{PL}{EA}$$

（2）$\sum M_C = 0$，$T_{AD} \times 1200 + T_{BE} \times 800 = P \times 400 \Rightarrow T_{AD} \times 3 + T_{BE} \times 2 = P$

$$\Rightarrow \frac{EA}{L}\Delta \times 3 + \frac{EA}{L}(\Delta + 400\theta) \times 2 = P \quad \therefore 5\Delta + 800\theta = \frac{PL}{EA}$$

（3）聯立可得 $\begin{cases} \Delta = \dfrac{1}{7}\dfrac{PL}{EA} \\ \theta = \dfrac{1}{2800}\dfrac{PL}{EA} \end{cases}$

4. 各桿內力

$$T_{AD} = \frac{EA}{L}\Delta = \frac{1}{7}P$$

$$T_{BE} = \frac{EA}{L}(\Delta + 400\theta) = \frac{2}{7}P$$

$$T_{CF} = \frac{EA}{L}(\Delta + 1200\theta) = \frac{4}{7}P$$ ☜CF桿會先降伏

5. 當 CF 達降伏時：$\sigma_y A = 250 \times \frac{\pi}{4} \times 25^2 \doteq 122718N$

$$T_{CF} = \sigma_y A \Rightarrow \frac{4}{7}P = 122718 \quad \therefore P = 214757\ N$$

依題意：$P = 230kN = 230000N$，此時系統處於 CF 桿已經降伏

假設此時 AD 桿、BE 桿尚未降伏

（二）假設 T_{CF} 降伏，而 T_{AD}、T_{BE} 未降伏

1. 變形諧和條件&材料組成律

$$T_{AD} = \frac{EA}{L}\Delta'$$

$$T_{BE} = \frac{EA}{L}(\Delta' + 400\theta)$$

$$T_{CF} = \sigma_y A = 122718N$$

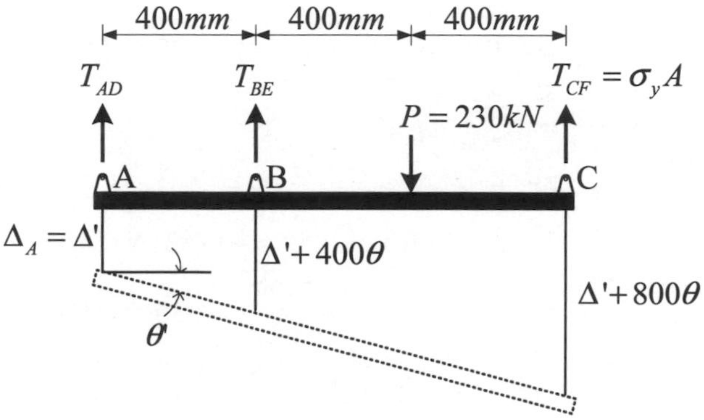

2. 力平衡條件

（1）$\sum F_y = 0 \Rightarrow T_{AD} + T_{BE} + T_{CF} = P$

$$\Rightarrow \frac{EA}{L}\Delta' + \frac{EA}{L}(\Delta' + 400\theta') + 122718 = 230 \times 10^3$$

$$\therefore \frac{EA}{L}(2\Delta' + 400\theta') = 107282........①$$

（2）$\sum M_C = 0 \Rightarrow T_{AD} \times 1200 + T_{BE} \times 800 = P \times 400 \Rightarrow T_{AD} \times 3 + T_{BE} \times 2 = P$

$$\Rightarrow \frac{EA}{L}\Delta' \times 3 + \frac{EA}{L}(\Delta' + 400\theta') \times 2 = 230000$$

$$\therefore \frac{EA}{L}(5\Delta' + 800\theta') = 230000........②$$

（3）聯立①②可得 $\begin{cases} \Delta' = 15436\dfrac{L}{EA} \\ \theta' = 191.025\dfrac{L}{EA} \end{cases}$

3. 各桿內力

$$T_{AD} = \frac{EA}{L}\Delta' = 15436N \text{ (拉)}$$

$$T_{BE} = \frac{EA}{L}(\Delta' + 400\theta') = 91846N \text{ (拉)}$$

$$T_{CF} = \sigma_y A = 122718N \text{ (拉)}$$

（三）卸載時⇒各桿內力按彈性比例分配

$$C_{AD} = \frac{1}{7}P = \frac{1}{7}\left(230 \times 10^3\right) = 32857N \text{ (壓)}$$

$$C_{BE} = \frac{2}{7}P = \frac{2}{7}\left(230 \times 10^3\right) = 65714N \text{ (壓)}$$

$$C_{CF} = \frac{4}{7}P = \frac{4}{7}\left(230 \times 10^3\right) = 131429N \text{ (壓)}$$

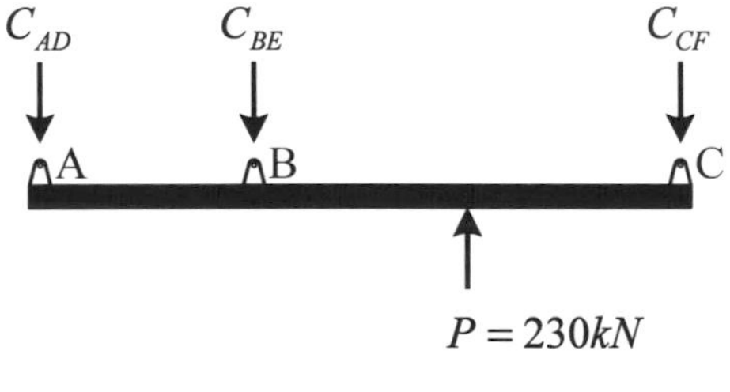

（四）各桿殘餘應力

1. AD 桿

$$N_{AD} = 15436 - 32857 = -17421N$$

$$\sigma_{AD} = \frac{N_{AD}}{A} = \frac{-17421}{\frac{\pi}{4} \times 25^2} = -35.49MPa \text{ (壓)}$$

2. BE 桿

$N_{BE} = 91846 - 65714 = 26132\ \text{N}$

$\sigma_{BE} = \dfrac{N_{BE}}{A} = \dfrac{26132}{\dfrac{\pi}{4} \times 25^2} = 53.24 MPa$ (拉)

3. CF 桿

$N_{CF} = 122718 - 131429 = -8711$

$\sigma_{CF} = \dfrac{N_{CF}}{A} = \dfrac{-8711}{\dfrac{\pi}{4} \times 25^2} = -17.75 MPa$ (壓)

三、一 L 形剛性連桿由插銷 A 支撐，鋼線 BC 的未拉伸長度 200 mm，截面積 22.5 mm^2，D 點與壁間短鋁塊未負載長度 50mm，截面積 40 mm^2，若連桿受圖示垂直負載 450 N，$E_{鋼} = 200GPa$，$E_{鋁} = 70GPa$，試求：

（一）鋼線及鋁塊的正向應力。（20 分）

（二）連桿繞插銷 A 的旋轉角。（5 分）

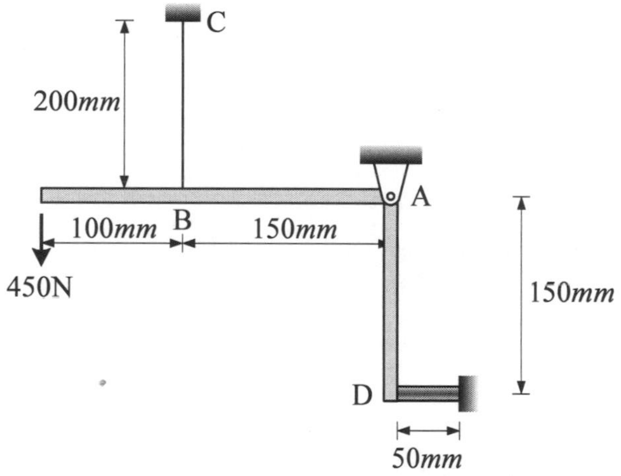

（106 結技-材料力學#4）

參考題解

計算單位：N、mm、Mpa

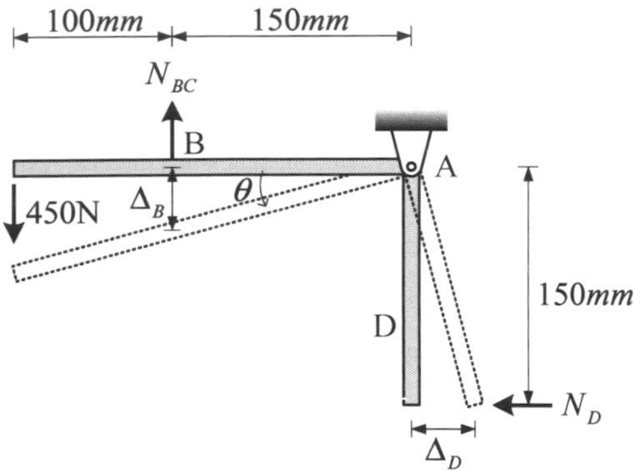

（一）變形諧和

$\Delta_B = 150\theta = \delta_{BC}$ (拉)

$\Delta_D = 150\theta = \delta_D$ (壓)

（二）材料組成律

$$N_{BC} = \frac{E_{BC}A_{BC}}{L_{BC}} \times \delta_{BC} = \frac{200\times10^3(22.5)}{200}(150\theta)$$

$$= 33.75\times10^5\theta$$

$$N_D = \frac{E_D A_D}{L_D}\times\delta_D = \frac{70\times10^3(40)}{50}(150\theta)$$

$$= 84\times10^5\theta$$

（三）力平衡：$\sum M_A = 0$，$450\times250 = N_{BC}\times150 + N_D\times150$

$$\Rightarrow 450\times250 = (33.75\times10^5\theta)\times150 + (84\times10^5\theta)\times150 \quad \therefore \theta = 6.37\times10^{-5}$$

（四）各桿應力

1. BC 繩：$N_{BC} = 33.75\times10^5\theta = 33.75\times10^5(6.37\times10^{-5}) = 215N$ (拉)

$$\sigma_{BC} = \frac{N_{BC}}{A_{BC}} = \frac{215}{22.5} = 9.556MPa$$

2. D 桿 $N_D = 84\times10^5\theta = 84\times10^5(6.37\times10^{-5}) = 535\text{N}$

$$\sigma_D = \frac{N_D}{A_D} = \frac{535}{40} = 13.375MPa$$

四、有一鋁管，長度 400 mm，承受 P 之壓力載重，鋁管之外徑與內徑分別為 60 mm 與 50 mm。有一應變計貼在鋁管之外表面，用以量測軸向應變，請問：

（一）假如量到之應變為 550×10^{-6}，請計算壓縮變形量。（10 分）

（二）假如壓應力為 40 MPa，請計算壓力 P。（15 分）

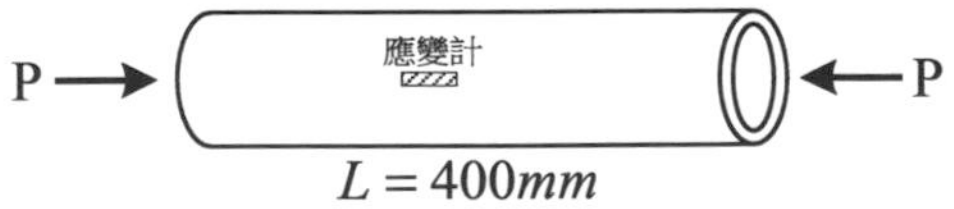

（106 四等-靜力學概要與材料力學概要#1）

參考題解

（一）$\varepsilon = 550\times10^{-6} \Rightarrow \delta = \varepsilon \cdot L = \left(550\times10^{-6}\right)(400) = 0.22mm$

（二）$\sigma = \dfrac{P}{A} \Rightarrow 40 = \dfrac{P}{\dfrac{\pi}{4}\left(60^2 - 50^2\right)}$ $\therefore P = 34558N \approx 34.56\ kN$

五、有一均勻鋼棒自重 W = 25 N，左右各懸一根彈簧，左邊彈簧 $K_1 = 300N/m$ ，原始長度 $L_1 = 250mm$ 。右邊彈簧 $K_2 = 400N/m$ ，原始長度 $L_2 = 200mm$ ，兩組彈簧間之距離為 $L = 350mm$ 。二彈簧距鋼棒兩端距離都為 a，另外，右邊彈簧懸掛位置與左邊高度相差 $h = 80\ mm$，如果有一外力 P = 18 N，作用在距離左邊彈簧 x 位置處，請計算可以讓鋼棒保持水平之 x 值。（25 分）

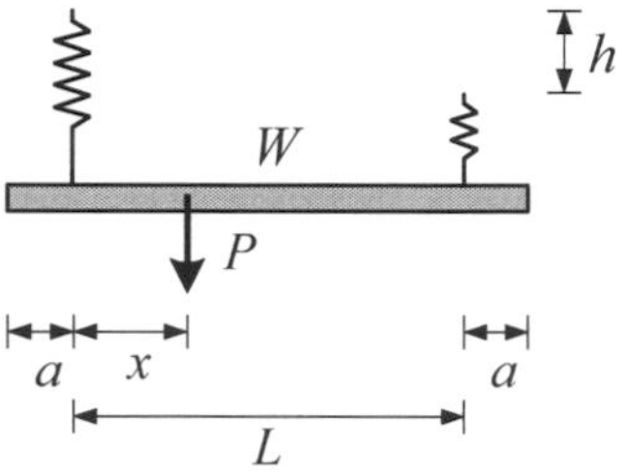

（106 四等-靜力學概要與材料力學概要#2）

參考題解

假設最終平衡時

左邊①號彈簧總長度為 H

則右邊②號彈簧總長度為 $H-80$

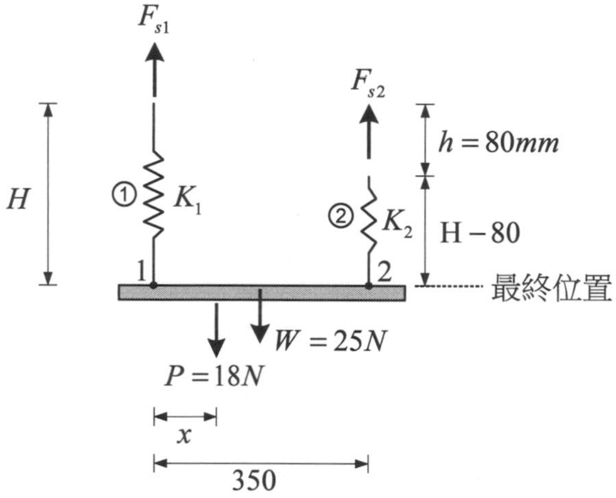

（一）各彈簧變形量=最終長度−原始長度

①號彈簧： $\Delta_1 = H - L_1 = H - 250$

②號彈簧：

$$\begin{aligned}\Delta_2 &= (H-80) - L_2 \\ &= (H-80) - 200 \\ &= H - 280\end{aligned}$$

（二）各彈簧內力

①號彈簧： $K_1 = 300N/m = 0.3N/mm$

$F_{s1} = K_1\Delta_1 = 0.3(H-250) = 0.3H - 75$

② 號彈簧：$K_2 = 400N/m = 0.4N/mm$

$$F_{s2} = K_2\Delta_2 = 0.4(H-280) = 0.4H - 112$$

（三）力平衡條件

1. $\sum F_y = 0$，$F_{s1} + F_{s2} = P + W \Rightarrow (0.3H-75)+(0.4H-112) = 18+25$

$\Rightarrow 0.7H = 230 \;\therefore H = 328.57\ mm$

2. $\begin{cases} F_{s1} = 0.3H - 75 = 23.57\ N \\ F_{s2} = 0.4H - 112 = 19.43\ N \end{cases}$

3. $\sum M_1 = 0$，$Px + W\cdot\dfrac{L}{2} = F_{s2}\cdot L$

$$18x + 25\cdot\frac{350}{2} = (19.43)\cdot 350 \;\therefore x = 134.75\ mm$$

六、圖為圓形均勻斷面（直徑 300 mm）梁 ABCD，長為 5000 mm，兩端 A 及 D 點固定，在 B 點及 C 點分別承受 3P 及 P 集中載重，梁彈性模數 E_0 = 200 GPa，抗拉及抗壓降伏強度均為 σ_y = 180 MPa，假設不計此梁自重，試回答下列問題：

（一）在此梁尚未發生任何降伏前，P 力之最大載重 P_{max} 為何？（15 分）

（二）在 P = P_{max} 時，B 點位移、C 點位移及梁 BC 段之變形量各為何？（10 分）

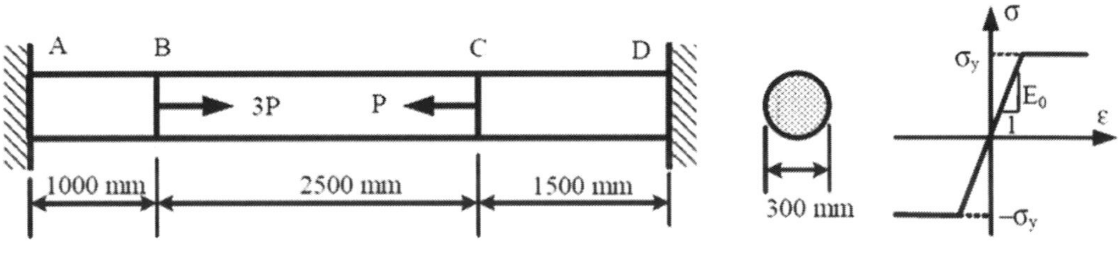

（107 高考-工程力學#2）

參考題解

（一）如下圖所示取 S_1 為贅餘力，可得各段桿件之內力為

$S_{AB} = S_1$；$S_{BC} = S_1 - 3P$；$S_{CD} = S_1 - 3P + P = S_1 - 2P$ ①

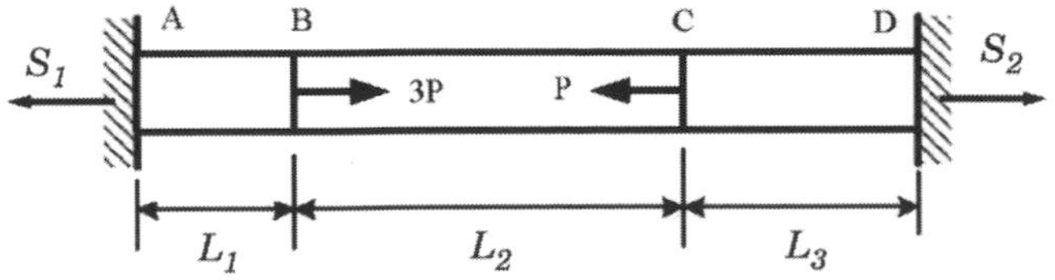

（二）桿件總長度變化量應為零，故得

$$\delta=\frac{S_{AB}L_1}{AE_0}+\frac{S_{BC}L_2}{AE_0}+\frac{S_{CD}L_3}{AE_0}=0$$

其中 $AE_0=\pi(0.3)^2\left(200\times10^9\right)/4=1.414\times10^{10}\,N$ 。將①式代入上式可得

$$S_1=\frac{3L_2+2L_3}{L_1+L_2+L_3}P=2.1P$$

故各段桿件之內力為

$S_{AB}=2.1P$（拉力）；$S_{BC}=-0.9P$（壓力）；$S_{CD}=0.1P$（拉力）

（三）令 S_{AB} 等於降伏內力可得 P_{max}，即

$$S_{AB}=2.1P_{\max}=\frac{\pi d^2}{4}\sigma_y$$

解得 $P_{\max}=6.059\times10^6\,N$。

（四）各段桿件之長度變化量為

$$\delta_{AB}=\frac{2.1P_{\max}L_1}{AE_0}=9\times10^{-4}\,m$$（伸長）

$$\delta_{BC}=\frac{-0.9P_{\max}L_2}{AE_0}=-9.643\times10^{-4}\,m$$（縮短）

$$\delta_{CD}=\frac{0.1P_{\max}L_3}{AE_0}=6.429\times10^{-5}\,m$$（伸長）

故 B 點及 C 點位移各為

$\Delta_B=9\times10^{-4}\,m\,(\rightarrow)$ ；$\Delta_C=6.429\times10^{-5}\,m\,(\leftarrow)$

七、圖所示之結構，剛性梁是由兩根混凝土柱及彈簧所支撐。未加均布載重 $q = 100\ kN/m$ 於剛性梁之前，每根混凝土柱的長度 $L = 2\ m$，每根混凝土柱的截面積 $A = 500\ mm^2$，混凝土柱之楊氏模數 $E = 10\ GPa$；未加載重之前，彈簧的原來長度為 2.03 m，彈簧的彈力常數 $k = 2\ MN/m$。略去混凝土柱及剛性梁的自重，求：施加 $q = 100\ kN/m$ 之均布載重後，混凝土柱的內力 F_c 及彈簧的縮短量 δ_s。（25 分）

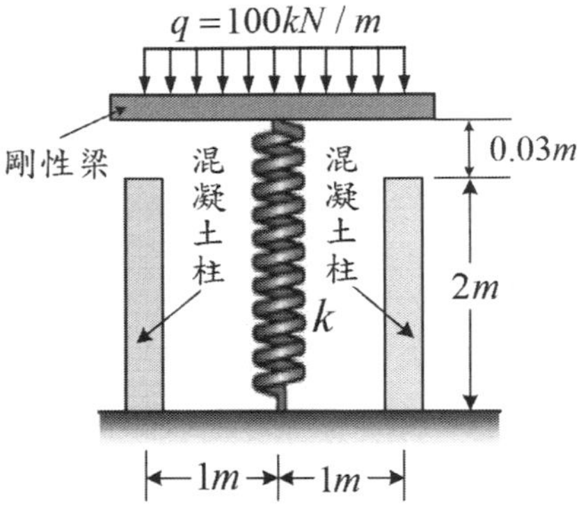

（107 結技-材料力學#1）

參考題解

（一）如下圖所示，取 F_C 為贅餘力，可得

$F_S = 2q - 2F_C$　　　①

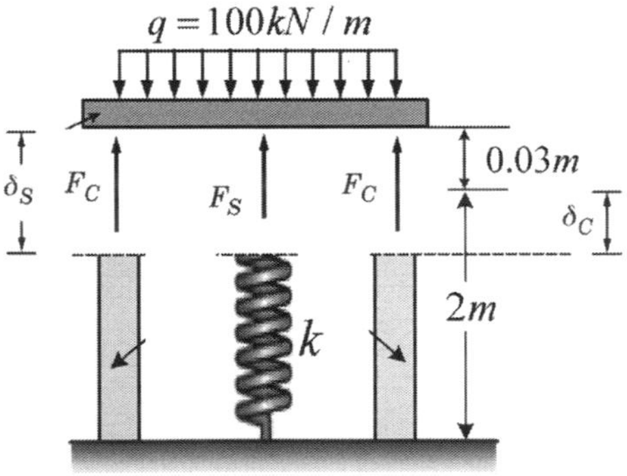

（二）考慮相合條件得

$$\frac{F_S}{k} = \frac{F_C L}{AE} + 0.03 \qquad ②$$

由①式及②式可解得

$F_C = 50kN$　（壓力）

又彈簧內力 $F_S = 2q - 2F_C = 100kN$（壓力），故其為縮短量為

$$\delta_S = \frac{F_S}{k} = 0.05m$$

八、圖(a)所示為一長度 $\ell = 10$ m 之軸桿件，當其承受一均勻拉應力 $\sigma = 10$ MPa 作用時，同時將材料溫度由 20℃升高至 30℃時，此軸桿件長度伸長 $\delta = 0.6$ cm，若持續承受此拉應力作用，將材料溫度再升高至 50℃時，此軸桿件長度伸長變成 $\delta = 0.8$ cm。此軸桿件於未承受任何拉應力作用時，將其兩端固定（Fixed ends），如圖(b)所示，當材料溫度由 40℃降低至 20℃時，此軸桿件產生拉力開裂破壞，試求此軸桿件之抗拉強度（Tensile strength）。（25 分）

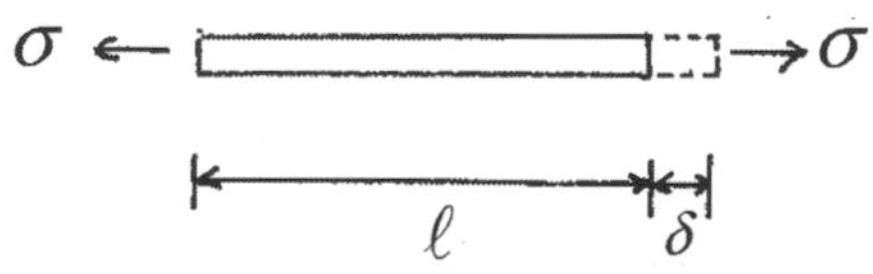

圖(a)

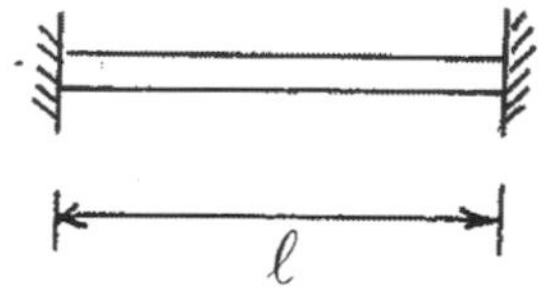

圖(b)

（107 三等-靜力學與材料力學#4）

參考題解

（一）對於圖(a)而言，依題目所給條件可得

$$0.6\times10^{-2} = \frac{\sigma l}{E} + \alpha l(10)$$

$$0.8\times10^{-2} = \frac{\sigma l}{E} + \alpha l(30)$$

聯立上列二式，解出線脹係數 α 及 Young 氏係數 E 分別為

$\alpha = 10^{-5}\ 1/^{o}C$ ； $E = 20\times10^{3}\ MPa$

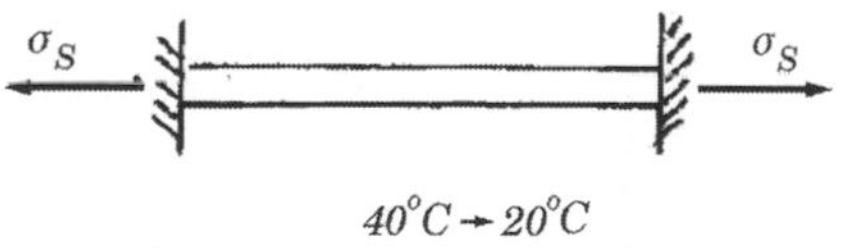

（二）對於圖(b)狀況而言，如上圖所示，設桿件之抗拉強度為 σ_S ，則可得

$$0 = \frac{\sigma_S l}{E} - \alpha l(20)$$

由上式可解得 $\sigma_S = E\alpha(20) = 4MPa$ 。

九、附圖所示，為一根由兩種不同材料所構成的桿件。桿件的兩端固著於堅實的牆壁上。材料 1 之彈性模數為 $E_1 = 2.0\times10^5\ kgf/cm^2$，熱脹係數為 $\alpha_1 = 1.0\times10^{-5}/℃$；材料 2 之彈性模數為 $E_2 = 1.0\times10^5\ kgf/cm^2$，熱脹係數為 $\alpha_2 = 3.0\times10^{-5}/℃$。兩種材料之桿件斷面積均為 $10\ cm^2$。現將桿件均勻升溫 500℃，試求：C 點的位移量與固定端軸力。（25 分）

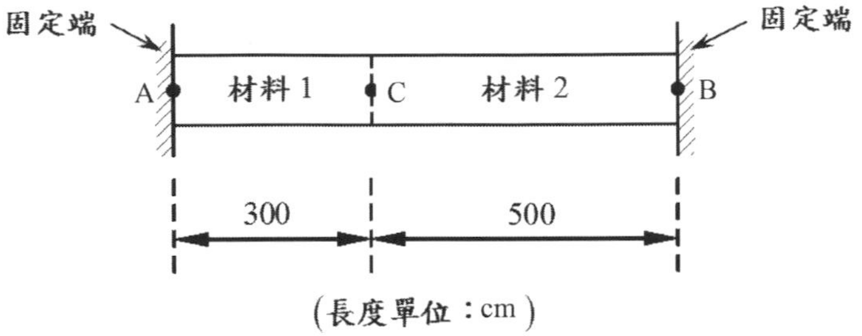

（107 司法-結構分析#1）

參考題解

（一）如下圖所示，取軸力 S 為贅餘力，可得

$$\left(\frac{-Sl_1}{AE_1}+\alpha_1 l_1\cdot\Delta T\right)+\left(\frac{-Sl_2}{AE_2}+\alpha_2 l_2\cdot\Delta T\right)=0$$

由上式可得

$$S=\left[\frac{\alpha_1 l_1+\alpha_2 l_2}{(l_1/AE_1)+(l_2/AE_2)}\right]\cdot\Delta T=13846.15\,kgf\,(壓力)$$

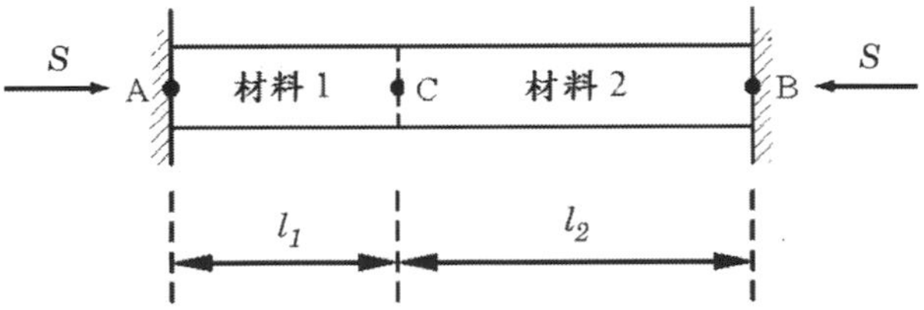

（二）AC 段長度變化量為

$$\delta_{AC}=\frac{-Sl_1}{AE_1}+\alpha_1 l_1\cdot\Delta T=-0.577\,cm$$

故 C 點位移量為：$\Delta_C=0.577\,cm(\leftarrow)$

十、圖為兩端固定之兩個不等截面圓軸 ABC，在 B 點承受集中載重 P = 60kN，大小軸之直徑分別為 30 mm 及 15 mm，長度分別為 500 mm 及 400 mm，製作圓軸之材料彈性模數 E 為 200 GPa，假如材料自重不計，試回答下列問題：

（一）軸 AB 及軸 BC 之應力各為何？（20 分）

（二）B 點之位移為何？（5 分）

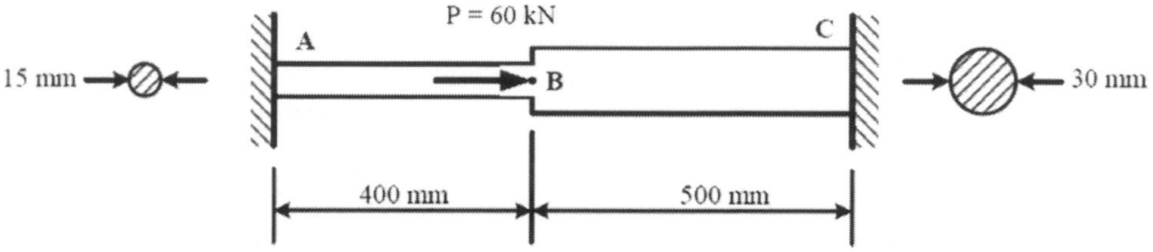

（107 普考-工程力學概要#4）

參考題解

（一）兩段桿件之斷面積分別為：

$$A_1=\frac{\pi}{4}(15)^2=176.715\,mm^2\text{；}\ A_2=\frac{\pi}{4}(30)^2=706.858\,mm^2$$

又彈性模數 $E=200GPa=200kN/mm^2$

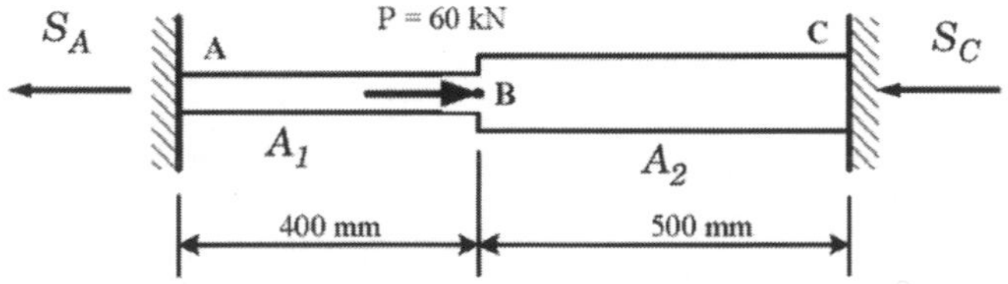

（二）如上圖所示，取 S_A 贅餘力，可得 $S_C=P-S_A$。桿件長度變化量為：

$$\delta=\frac{S_A(400)}{A_1E}-\frac{(P-S_A)(500)}{A_2E}=0$$

由上式解得 $S_A=14.286\,kN$（拉力），又 $S_C=P-S_A=45.714\,kN$（壓力）。

（三）兩段桿件內之應力分別為：

$$\sigma_{AB}=\frac{S_A}{A_1}=0.08084\,kN/mm^2=80.84\,MPa\text{（拉應力）}$$

$$\sigma_{BC}=\frac{S_C}{A_2}=0.06467\,kN/mm^2=64.67\,MPa\text{（壓應力）}$$

（四）B 點之位移為：

$$\Delta_B=\frac{S_A(400)}{A_1E}=0.162\,mm\,(\rightarrow)$$

十一、如圖所示之結構，是由 AB 桿、BC 桿及 CD 桿所構成，兩端固定於 A, D 點。AB 及 CD 桿件之截面積皆為 $2A$；BC 桿件之截面積為 A；三桿件之楊氏模數皆為 E。在 B 點有外力 P 作用，在 C 點有外力 $2P$ 作用。求 AB 桿、BC 桿、CD 桿之軸力 N_{AB}、N_{BC}、N_{CD}，及 B 點的水平位移 δ_B。（25 分）

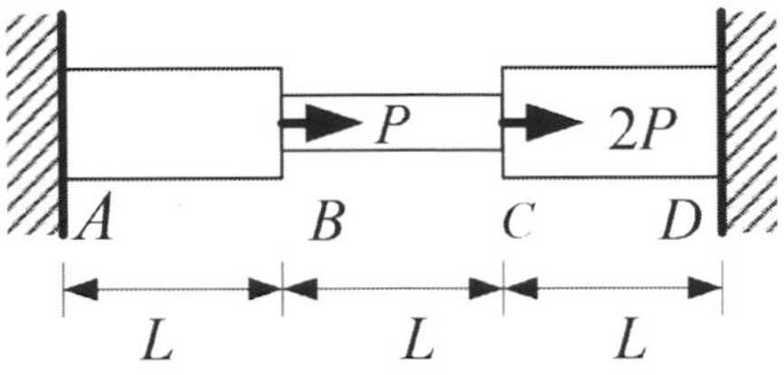

（107 四等-靜力學概要與材料力學概要#2）

參考題解

（一）如下圖所示，取 R_A 為贅餘力，可得

$$\frac{R_A L}{2AE}+\frac{(R_A-P)L}{AE}+\frac{(R_A-3P)L}{2AE}=0$$

由上式可解得 $R_A=5P/4$。故各桿軸力為

$$N_{AB}=\frac{5P}{4}\text{（拉力）；}N_{BC}=R_A-P=\frac{P}{4}\text{（拉力）}$$

$$N_{CD}=R_A-3P=-\frac{7P}{4}\text{（壓力）}$$

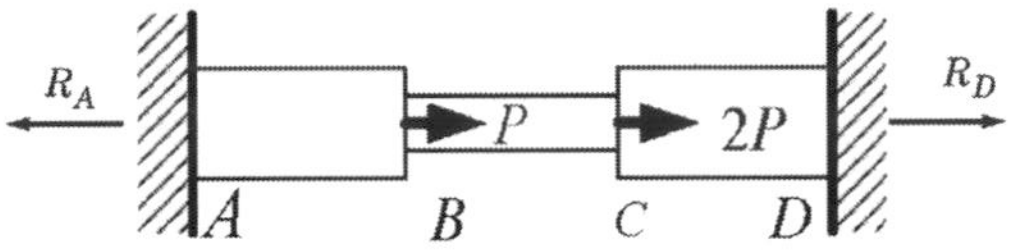

（二）B 點位移 δ_B 為

$$\delta_B=\frac{N_{AB}L}{2AE}=\frac{5PL}{8AE}(\rightarrow)$$

十二、圖所示細長圓柱桿為銅製，其材料性質為 E = 100 GPa，$\alpha = 17\times10^{-6}$ per ℃。此圓柱桿直徑 5 cm，長度為 1 m，左端 A 點固接於牆，右端 B 點與牆間縫隙寬度原本為 2 mm。假設此桿開始均勻增溫ΔT：

（一）試求 B 點與牆間縫隙剛好閉合時之增溫ΔT 大小。（5 分）

（二）續（一），已知銅降伏應力σ_y = 350 MPa，銅桿閉合後繼續增溫，B 點接觸牆面處可視為銷接（Pinned），試論述此銅桿是否發生彈性挫屈？發生挫屈或是初始降伏時之ΔT 為何？（20 分）

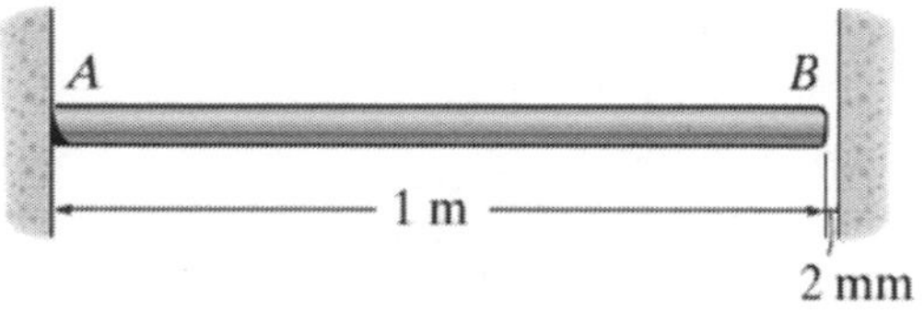

（108 司法-結構分析#3）

參考題解

（一）隙縫恰要閉合時，應有

$$\delta = \alpha \cdot L \cdot \Delta T$$

其中 $\delta = 2\times10^{-3}\,m$ ，$\alpha = 17\times10^{-6}\ 1/°C$ ，$L = 1m$ 。由上式得

$$\Delta T = \frac{\delta}{\alpha \cdot L} = 117.65°C$$

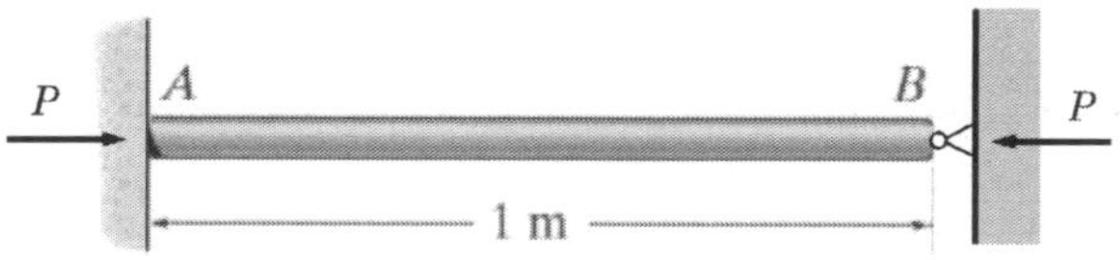

（二）閉合後繼續升溫，如上圖所示，設桿件軸力為 P（壓力）。桿件的降伏載重 P_y 及挫屈載重 P_{cr} 分別為

$$P_y = \left(\frac{\pi d^2}{4}\right)\sigma_y = \left(\frac{\pi(0.05)^2}{4}\right)(350\times10^3) = 687.22\ kN$$

$$P_{cr} = \left(\frac{\pi}{0.7L}\right)^2 EI = \left(\frac{\pi}{0.7}\right)^2 (100\times10^6)\left(\frac{\pi(0.05)^4}{64}\right) = 617.95\ kN$$

比較上列結果可知，桿件先發生挫屈。由相合條件得

$$\delta = \frac{-P_{cr}L}{AE} + \alpha \cdot L \cdot \Delta T$$

其中 $A = \pi d^2/4 = 1.964\times10^{-3}\,m^2$ 。由上式得挫屈時 $\Delta T = 302.78°C$

十三、鋁桿 ABC（$E = 70$ GPa），AB 段及 BC 段之直徑分別為 20 mm 及 60 mm，如圖所示。已知 $P = 4$ kN，且 A 點之垂直位移為零。試求：

（一）作用力 Q 之大小。（10 分）

（二）B 點之垂直位移。（10 分）

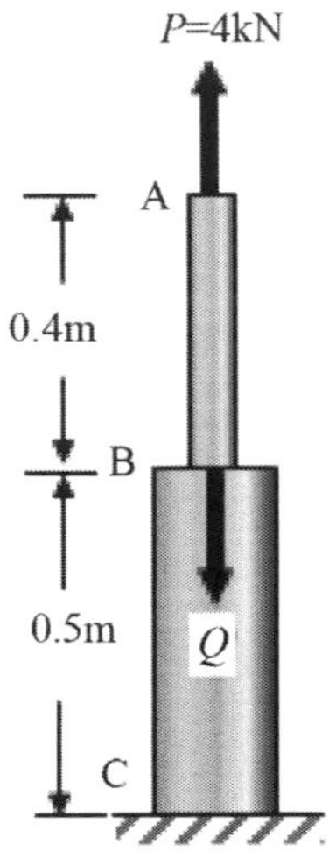

（108 四等-靜力學概要與材料力學概要#3）

參考題解

（一）兩段桿件之斷面積分別為

$$A_1 = \frac{\pi(0.02)^2}{4} = 3.142 \times 10^{-4} m^2 \quad ; \quad A_2 = \frac{\pi(0.06)^2}{4} = 2.827 \times 10^{-3} m^2$$

（二）點 A 之位移 Δ_A 為

$$\Delta_A = \frac{P(0.4)}{A_1 E} + \frac{(P-Q)(0.5)}{A_2 E} = 0$$

由上式解得

$Q = 32.80\ kN$

（三）BC 段桿件之長度變化為

$$\delta_{BC} = \frac{(P-Q)(0.5)}{A_2 E} = -7.276 \times 10^{-5} m(\text{縮短})$$

故點 B 之位移 Δ_B 為

$$\Delta_B = 7.276 \times 10^{-5} m(\downarrow)$$

十四、AB 及 BC 兩根桿件組成桁架，固定於樓板下，桿件材料彈性係數 E = 210 GPa，斷面積皆為 9 cm^2，接點皆採用鉸接，B 點距樓板 1 m，承受一 100 N 傾斜 60°的拉力，如下圖所示，不考慮桿件受壓挫曲，計算 B 點水平及垂直位移量，不須標示方向或正負號。（25 分）

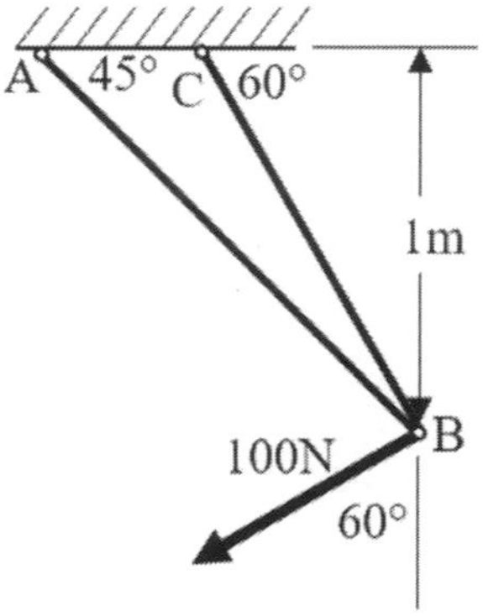

（109 結技-材料力學#1）

參考題解

（一）考慮節點 B 的力平衡，如圖(a)所示，可得兩桿內力為

$$S_1 = -\frac{100}{\sin 15°} = -386.370N \quad ; \quad S_2 = -S_1 \cos 15° = 373.205\,N$$

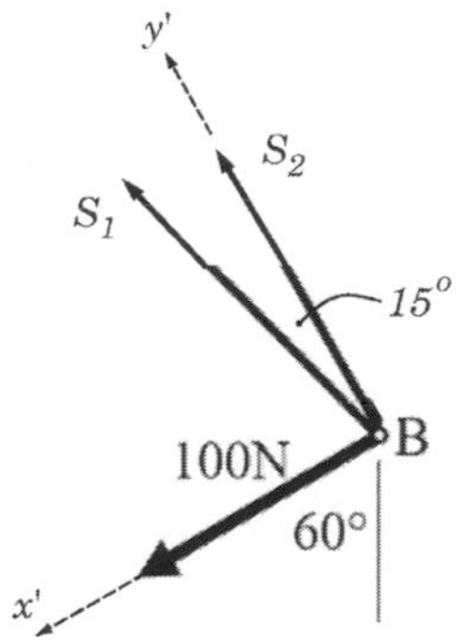

圖(a)

兩桿件的長度變化量分別為

$$\delta_1 = \frac{S_1\left(\sqrt{2}\right)}{AE} = -2.891 \times 10^{-6} m \quad ; \quad \delta_2 = \frac{S_2\left(1/\sin 60°\right)}{AE} = 2.280 \times 10^{-6} m$$

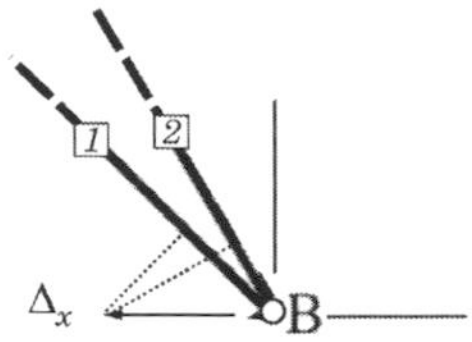

圖(b)

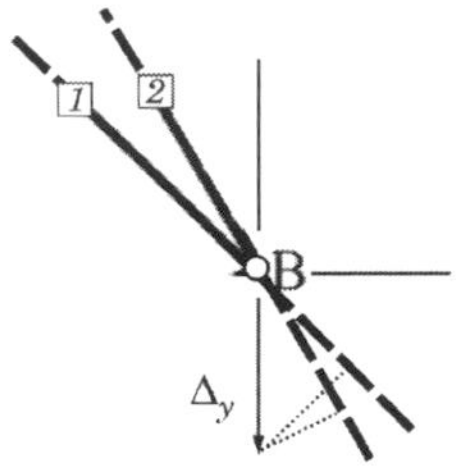

圖(c)

（二）參圖(b)所示，當 B 點只有水平位移 Δ_x 時，兩桿件的長度變化量分別為

$\delta_1' = -\Delta_x \cos 45^\circ$　；　$\delta_2' = -\Delta_x \cos 60^\circ$

參圖(c)所示，當 B 點只有垂直位移 Δ_y 時，兩桿件的長度變化量分別為

$\delta_1'' = \Delta_y \cos 45^\circ$　；　$\delta_2'' = \Delta_y \cos 30^\circ$

合併上述結果可得

$$-\Delta_x \cos 45^\circ + \Delta_y \cos 45^\circ = -2.891 \times 10^{-6} m$$

$$-\Delta_x \cos 60^\circ + \Delta_y \cos 30^\circ = 2.280 \times 10^{-6} m$$

聯立上列二式，解出

$\Delta_x = 1.59 \times 10^{-5} m\ (\leftarrow)$　；　$\Delta_y = 1.18 \times 10^{-5} m\ (\downarrow)$

十五、圖(a)所示之實心圓桿 AB，其長 L = 400 mm，直徑 d = 16 mm。圓桿 AB 受到拉力 P = 60 kN 作用，若實心圓桿 AB 之應力應變關係為：

$$\sigma = \frac{124000\varepsilon}{1+300\varepsilon} \quad 當 \quad 0 \le \varepsilon \le 0.03\ (\sigma\ 的單位為\ \mathrm{MPa})$$

若圓桿 AB 之楊氏模數 E = 124 GPa，求 0.2%偏差降伏應力（offset yield stress）σ_y（參考示意圖(b)）；當拉力 P = 60 kN 作用時，圓桿 AB 之伸長量 δ = ？又，卸載後，圓桿 AB 之永久伸長量 δ_P = ？（25 分）

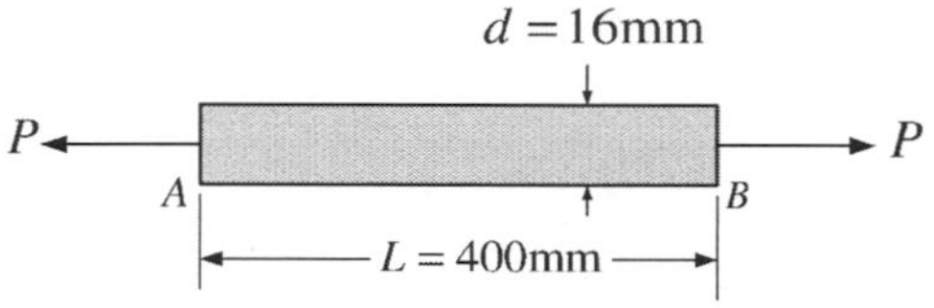

圖(a)

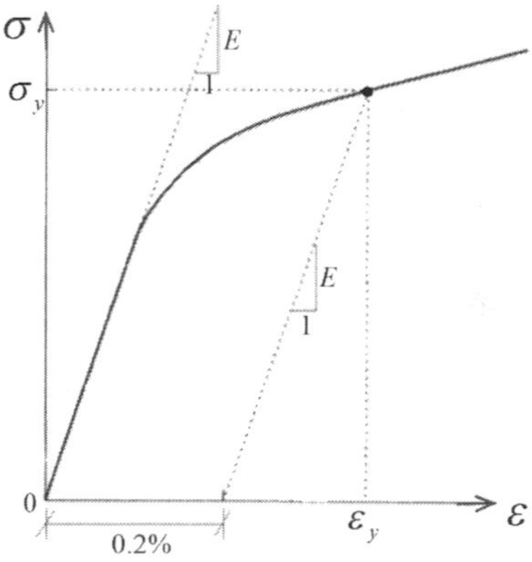

示意圖(b)

（109 三等-靜力學與材料力學#2）

參考題解

（一）如右圖所示，其中 L 線方程式表為

$$\sigma = E \cdot \varepsilon - 248 = 124000 \cdot \varepsilon - 248$$

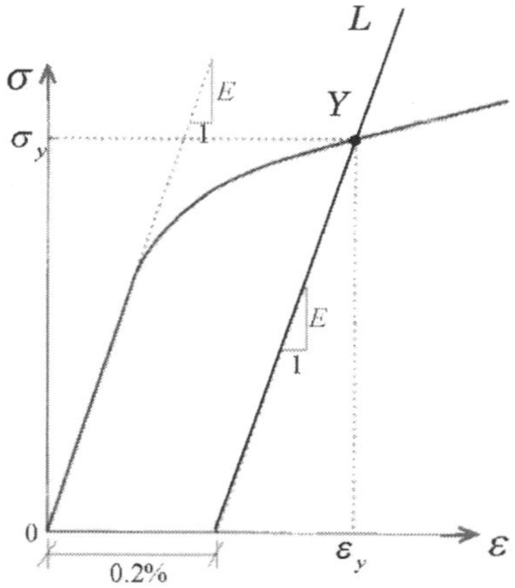

（二）降伏點 Y 的座標要同時滿足兩方程式，故有

$$\sigma_y = \frac{124000\left(\dfrac{\sigma_y + 248}{E}\right)}{1+300\left(\dfrac{\sigma_y + 248}{E}\right)}$$

展開上式得

$$300\sigma_y^2 + 74400\,\sigma_y - (3.0752\times10^7) = 0$$

解得降伏應力為 $\sigma_y = 219.34\ \mathrm{MPa}$。

（三）當 $P = 60\ kN$ 時，桿件內之應力為

$$\sigma = \frac{P}{\pi d^2/4} = 298.42\ MPa = \frac{124000\varepsilon}{1+300\varepsilon}$$

由上式可解得 $\varepsilon = 8.656\times10^{-3}$，故得桿件伸長量為

$$\delta = \varepsilon L = (8.656\times10^{-3})(400) = 3.463\,\text{mm}\text{（伸長）}$$

（四）卸載時相當於施加靜態壓力 $P' = -60\ kN$ 於桿件，長度變化量 δ' 為

$$\delta' = \frac{P'L}{(\pi d^2/4)E} = -0.963\,\text{mm}$$

桿件之永久變形為

$$\delta_p = \delta + \delta' = 3.463 - 0.963 = 2.50\,\text{mm}\text{（伸長）}$$

十六、圖示桁架，於點 *C* 承受一水平力 P 作用，已知桿件 *BD* 之斷面積為 1920 mm^2，楊氏係數為 200 *Gpa*，且其伸長量不得大於 0.8 *mm*，求最大作用力 P 為何？（25 分）

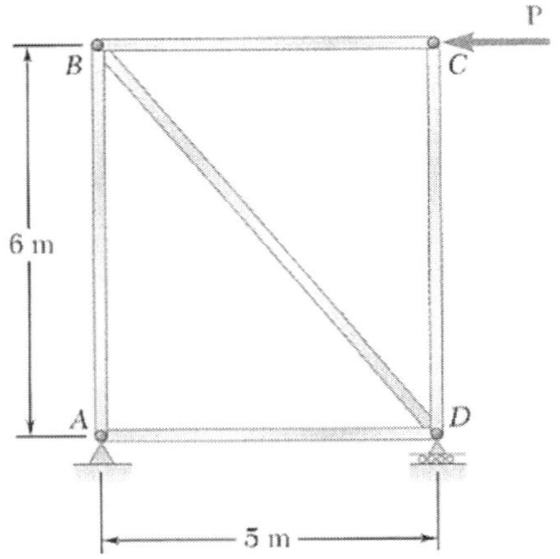

（109 普考-工程力學概要#3）

參考題解

（一）BD 桿件內力為

$$S_{BD} = \frac{\sqrt{61}P}{5}\text{（拉力）}$$

其長度變化量 δ 為

$$\delta = \frac{S_{BD}\left(\sqrt{61}\right)}{AE} = \frac{61P}{5AE}$$

（二）數據帶入上式得

$$P=\frac{5\left(0.8\times10^{-3}\right)\left(1920\times10^{-6}\right)\left(200\times10^{9}\right)}{61}=2.518\times10^{4}\,N$$

十七、如圖所示，有一剛性桿（rigid bar）BCD，與三根一樣的彈性短柱（①柱、②柱與③柱）相黏結。三根短柱垂直立於地面上，高度為 L，軸向剛度（axial rigidity）為 EA（E 為彈性模數，A 為斷面積）。剛性桿在 CD 的中央處受到一垂直向下的側向載重 P。求③柱斷面上所受到的軸力為多少，並且標示其軸力為壓力或是張力。（25 分）

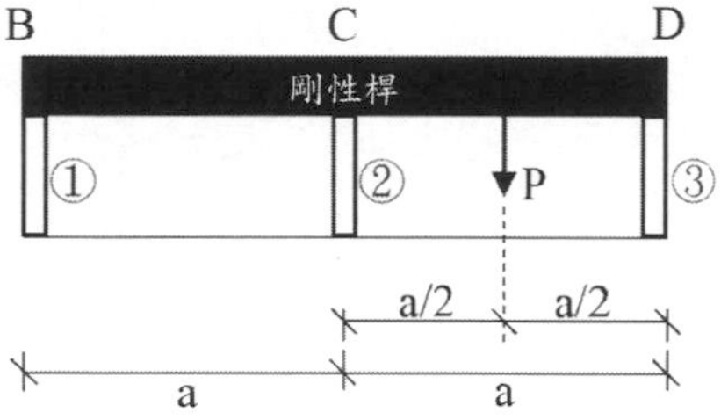

（109 四等-靜力學概要與材料力學概要#3）

參考題解

（一）如下圖所示，取 R_3 為贅餘力可得

$$R_1=R_3-\frac{P}{2}\quad;\quad R_2=\frac{3P}{2}-2R_3\qquad ①$$

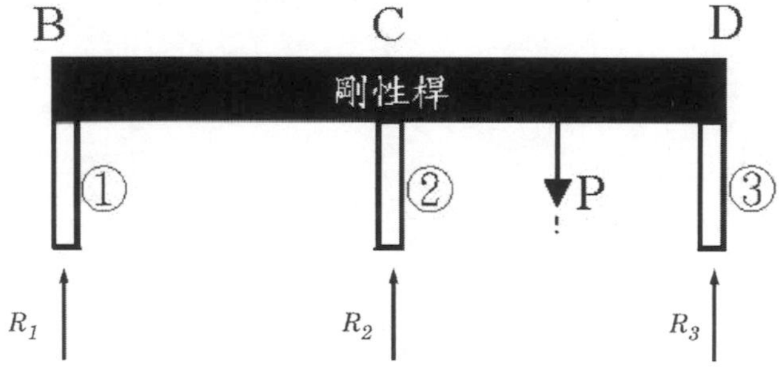

（二）考慮相合條件可得，三桿件之長度變化量滿足

$$\delta_1+\delta_3=2\delta_2\qquad ②$$

其中

$$\delta_i=\frac{R_iL}{AE}\quad(i=1,2,3)$$

將①式代入②式得

$$\left(R_3-\frac{P}{2}\right)+R_3=2\left(\frac{3P}{2}-2R_3\right)$$

由上式解得

$$R_3 = \frac{7P}{12}$$（壓力）

十八、一彈性均勻鐵軌以強力扣件固定於間距為 75 *cm* 之軌枕，鐵軌之降伏應力為 360 *MPa*，若其張應力及壓應力安全係數分別為 1.5 及 3.0。材料彈性模數為 200 *GPa*，膨脹係數為 1.5 × 10^{-5}/℃。假設軌道固定軌枕時之溫度為 24℃，若扣件間完全無滑脫，試求該軌道之安全溫度範圍。（25 分）

（110 土技-結構分析#1）

參考題解

（一）溫差應力

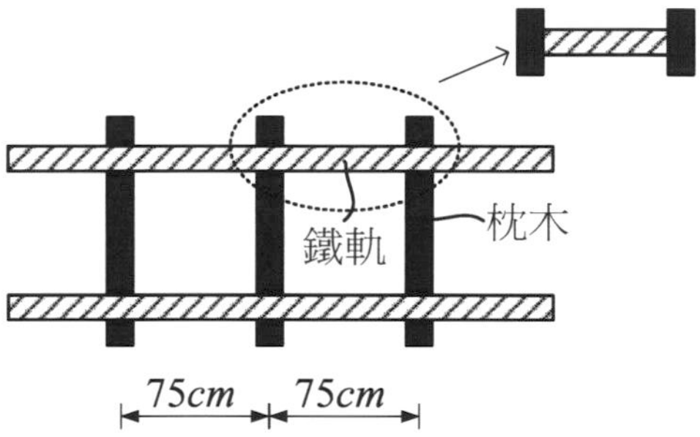

$$P_t = \alpha \Delta TEA \Rightarrow \sigma_t = \frac{P_t}{A} = \alpha \Delta TE$$

（二）升溫時，鐵軌受壓

1. 容許壓應力：

$$(\sigma_a)_c = \frac{\sigma_y}{F.S} = \frac{360}{3} = 120\ MPa$$

2. $\sigma_t \le (\sigma_a)_c \Rightarrow \alpha \cdot \Delta T \cdot E \le 120 \Rightarrow (1.5\times10^{-5})\Delta T(200\times10^3) \le 120 \quad \therefore \Delta T \le 40°C$

3. 升溫上限為$24°C + 40°C = 64°C$

（三）降溫時，鐵軌受拉

1. 容許拉應力：$(\sigma_a)_t = \dfrac{\sigma_y}{F.S} = \dfrac{360}{1.5} = 240\ MPa$

2. $\sigma_t \le (\sigma_a)_t \Rightarrow \alpha \cdot \Delta T \cdot E \le 240 \Rightarrow (1.5\times10^{-5})\Delta T(200\times10^3) \le 240 \quad \therefore \Delta T \le 80°C$

3. 降溫下限為：$24°C - 80°C = -56°C$

（四）鐵軌安全溫度範圍：$-56°C \sim 64°C$

十九、均質材料桿件，材料之應力應變關係如右下圖所示，圖中降伏應力$\sigma_y = 250$ MPa、降伏應變$\varepsilon_y = 0.00125$，桿件斷面積 $A = 8$ cm^2，a 點及 c 點為固定端。當 b 點承受軸向水平外力 $P = 360$ kN 作用，已知此時 ab 桿件已經降伏，求 bc 桿件軸向應力及軸向應變、b 點軸向位移、ab 桿件軸向應變及其應變能。（25 分）

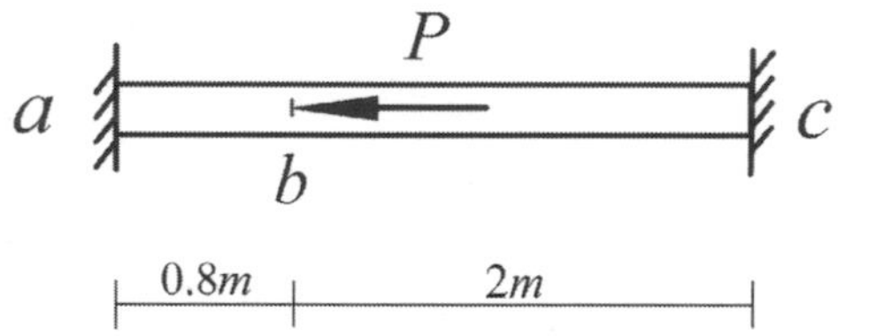

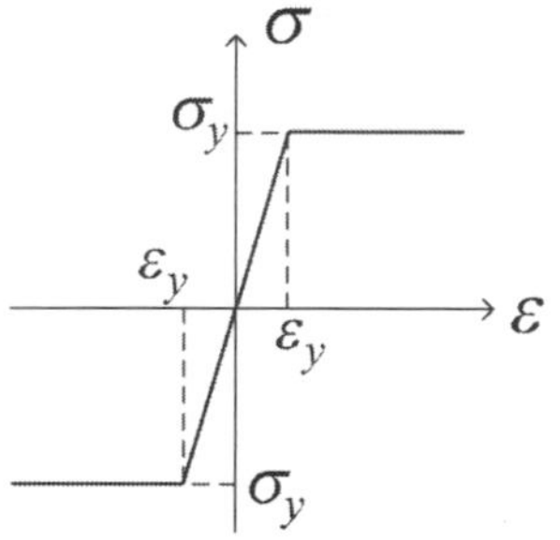

（110 三等-靜力學與材料力學#4）

參考題解

（一）題目已知 ad 桿鑑於降伏狀態，故可得此時 ab 桿件的應力 250 (Mpa)

此時 ab 桿件的軸力為

$$S_{ab} = -250\times10^{-3}\times800 = -200(kN)\text{受壓}$$

有由力平衡狀態可得$\sum F_x = 0$

$$S_{bc} = 360 - 200 = 160(kN)\text{受拉}$$

（二）bc 桿軸向應變

$\varepsilon_{bc} = \dfrac{\sigma_{bc}}{\text{E}}$ 從上圖可得斜率即為材料體彈性模數 E

$$E = \frac{250}{0.00125} = 200(Gpa)$$

$$\varepsilon_{bc} = \frac{\sigma_{bc}}{\text{E}} = \frac{200\times10^{-3}}{200} = 0.001$$

（三）b 點軸向變位

$$\Delta_b = l_{bc}\times\varepsilon_{bc} = 2\times0.001 = 0.002(m)\leftarrow$$

（四）ab 桿軸向應變

$$\varepsilon_{ab} = \frac{\sigma_{ab}}{\text{E}} = \frac{2\times10^{-3}}{0.8} = 0.0025$$

（五）ab 桿件的體積應變能密度為圖上所涵蓋之面積

$u=0.5\times250\times0.00125+250\times(0.025-0.00125)=0.4687$

應變能 $U=0.4687\times800\times0.8=300(kN\times mm)=300$ 焦耳

二十、圖示 ACG 為剛性桿，由 A 點鉸接與兩水平鋼纜 BC 及 FG 支撐。鋼纜的斷面積為 50 mm^2，彈性模數為 200 GPa。若 G 點受 300 kN 垂直載重作用，試求 G 點之垂直位移。（25 分）

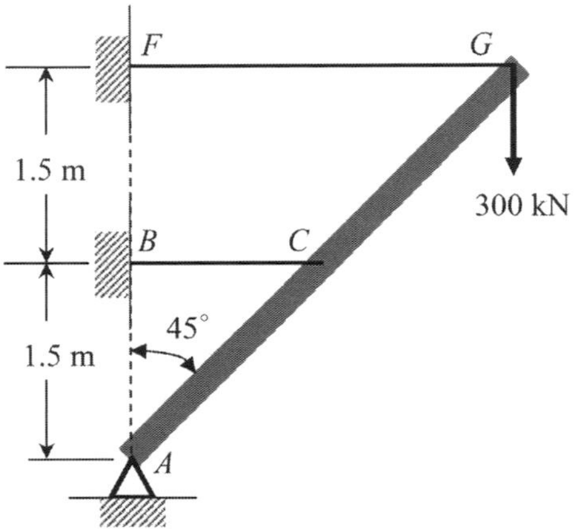

（110 普考-工程力學概要#2）

參考題解

（一）設 ACG 桿旋轉 θ 角，如下圖所示，則兩鋼纜的長度變化各為

$$\delta_1=\frac{3\sqrt{2}\theta}{\sqrt{2}}=3\theta\quad;\quad\delta_2=\frac{\left(3\sqrt{2}/2\right)\theta}{\sqrt{2}}=\frac{3\theta}{2}$$

因此，兩鋼纜的內力為

$$S_1=\frac{AE}{3}\delta_1=AE\theta\quad;\quad S_2=\frac{AE}{3/2}\delta_2=AE\theta$$

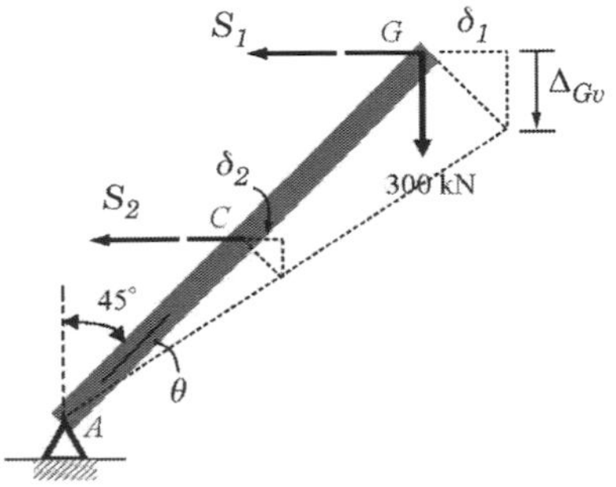

（二）考慮對 A 點的隅矩平衡可得

$$\sum M_A = S_1(3) + S_2(3/2) - 300(3) = 0$$

由上式解得 $\theta = 200/AE$ 。再由上圖得 G 點垂直位移 Δ_{Gv} 為

$$\Delta_{Gv} = 3\theta = \frac{600}{\left(50\times10^{-6}\right)\left(200\times10^{6}\right)} = 0.06\ m(\downarrow)$$

二一、有一軸向桿件 ABC 受集中力 P 如下圖所示，AB 段及 BC 段皆為正方形斷面且 AB 段之斷面積為 9 cm^2，BC 段之斷面積為 4 cm^2。桿件 ABC 為同一材料所組成，材料之楊氏係數 E = 200 GPa。如 L = 1 m，BC 段之軸向應變為 1×10^{-5}，試求 BC 段之伸長量、集中力 P 之值、BC 段之軸向應力、AB 段之軸向應力及 AB 段之伸長量。（25 分）

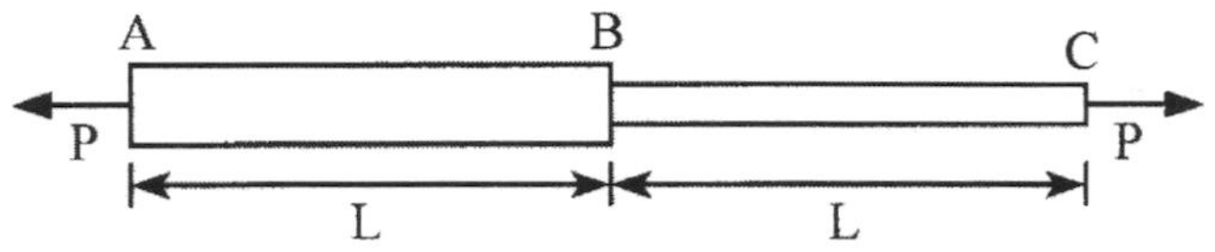

（110 四等-靜力學概要與材料力學概要#3）

參考題解

（一）BC 桿件之伸長量，利用應變公式求解

$$\Delta_{bc} = \varepsilon_{bc} \times l_{bc} = 1\times1000\times10^{-5} = 0.01(mm)$$

（二）BC 段之軸向應力，利用應力應變公式求解

$$\sigma_{bc} = E\times\varepsilon_{bc} = 200\times1\times10^{-5} = 0.002(Gpa)$$

（三）P 集中力，利用應力乘上面積求解

$$P = \sigma_{bc}\times A = 0.002\times4\times10^{2} = 0.8(kN)$$

（四）AB 段之軸向應力，再利用集中力除上面積求解

$$\sigma_{ab} = \frac{P}{A} = \frac{800\times10^{-3}}{900} = 0.00089(Gpa)$$

（五）AB 段之伸長量再利用軸力桿件變形量公式求解

$$\Delta_{ab} = \frac{PL}{EA} = \frac{800\times1000}{9\times100\times200\times1000} = 0.0044(mm)$$

Chapter 2 扭力桿件

重點內容摘要

（一）扭力桿件相關公式

扭轉剪應力 $\tau=\dfrac{T\rho}{J}$

扭轉剪應變 $\gamma=\rho\theta$

$\tau=G\gamma=G\rho\theta$

扭率 $\theta=\dfrac{T}{GJ}$

扭轉角 $\phi=\dfrac{TL}{GJ}$

$\theta=\dfrac{\phi}{L}$

扭轉應變能 $U=\dfrac{T\phi}{2}=\dfrac{T^2L}{2GJ}=\dfrac{GJ\phi^2}{2L}$

非均勻扭轉

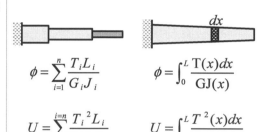

$\phi=\sum_{i=1}^{n}\dfrac{T_iL_i}{G_iJ_i}$　　$\phi=\int_0^L\dfrac{\mathrm{T}(x)dx}{\mathrm{GJ}(x)}$

$U=\sum_{i=1}^{i=n}\dfrac{T_i^{\,2}L_i}{2G_iJ_i}$　　$U=\int_0^L\dfrac{T^2(x)dx}{2GJ(x)}$

（二）薄壁斷面相關扭轉公式

1. 開口薄壁：

（1）扭轉剪應力：$\tau=\dfrac{T}{2tA_m}$

（2）扭轉角：$\phi=\dfrac{TL}{GJ_o}$

（3）扭轉常數：$J_o=\dfrac{t(2A_m)^2}{L_m}$

2. 閉口薄壁：

（1）扭轉剪應力：$\tau=\dfrac{Tt}{J_m}$

（2）扭轉常數：$J_m=\sum\dfrac{1}{3}bt^3$

（三）塑性分析

1. 降伏扭矩：$T_y = \frac{1}{2}\pi R^3 \tau_y$

2. 塑性扭矩：$T_P = \frac{2}{3}\pi R^3 \tau_y$

3. 實心圓桿：$\frac{T_p}{T_y} = \frac{4}{3}$

參考題解

一、試回答下列問題：

（一）一空心圓薄管因製造誤差可能導致管外徑中心與內徑中心有如圖示之偏心距 e，若偏心距 e 為半徑差的四分之一時，其扭轉強度降低的百分比為何？（15 分）

（二）承（一），因偏心造成之最大剪應力與最小剪應力比值為何？（10 分）

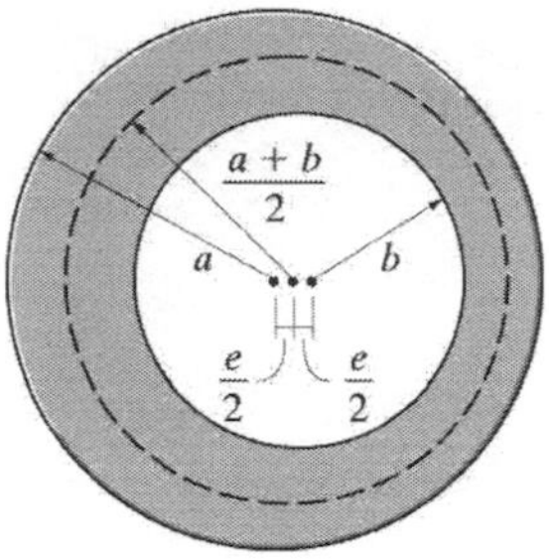

（106 結技-材料力學#2）

參考題解

（一）無偏心時之斷面如圖所示，承受扭矩 T 作用時，其平均剪應力為

$$\bar{\tau}=\frac{T}{2A_m t}=\frac{T}{2A_m(a-b)}$$

其中 $A_m=\frac{\pi(a+b)^2}{4}$ 為中心線所圍面積。若材料之容許剪應力為 τ_{all}，則由上式得容許扭矩 T_{all} 為

$$T_{all}=2A_m(a-b)\tau_{all} \qquad ①$$

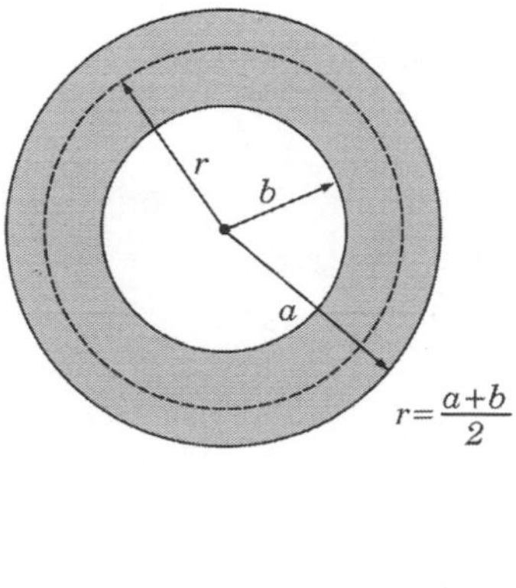

（二）參圖所示，有偏心時斷面厚度之最小及最大值分別為

$$t_{\min}=(a-b)-e=\frac{3}{4}(a-b)$$

$$t_{\max}=(a-b)+e=\frac{5}{4}(a-b)$$

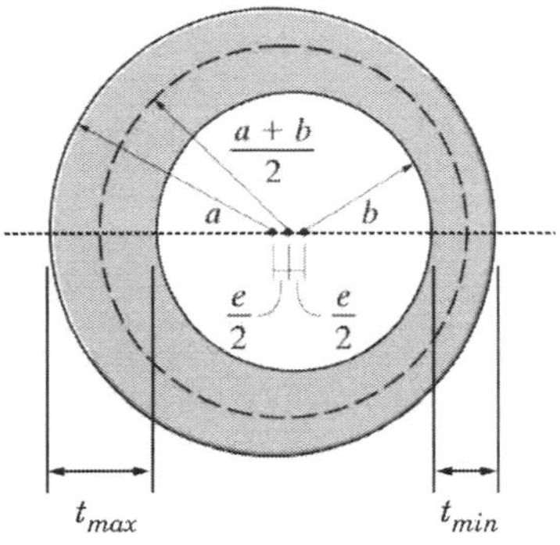

承受扭矩 T 作用時，其最大剪應力為

$$\tau_{\max}=\frac{T}{2A_m t_{\min}}=\frac{4}{3}\left(\frac{T}{2A_m(a-b)}\right) \qquad ②$$

若材料之容許剪應力為 τ_{all} ，則由上式得容許扭矩 T_{all}^{e} 為

$$T_{all}^{e}=\frac{3}{4}\left[2A_m(a-b)\tau_{all}\right] \qquad ③$$

比較①式與③式可知，偏心造成扭轉強度（容許扭矩值）降低 25%。

（三）有偏心時斷面最小剪應力為

$$\tau_{\min}=\frac{T}{2A_m t_{\max}}=\frac{4}{5}\left(\frac{T}{2A_m(a-b)}\right) \qquad ④$$

由②式與④式可得

$$\frac{\tau_{\max}}{\tau_{\min}}=\frac{5}{3}$$

二、圖(a)之實心圓桿，長 $L = 2\ m$，直徑 $d = 0.06\ m$，在自由端受扭矩 T 作用。此實心圓桿為理想塑性材料，其剪應力 τ~剪應變 γ 關係如圖(b)所示。設 T_y 為圓桿剛產生塑性變形之降伏扭矩（yield torque），若施加之扭矩 $T = 1.2T_y$ 時，再卸載，求卸載後之殘留扭轉角 ϕ_r（residual twisting angle）。（25 分）

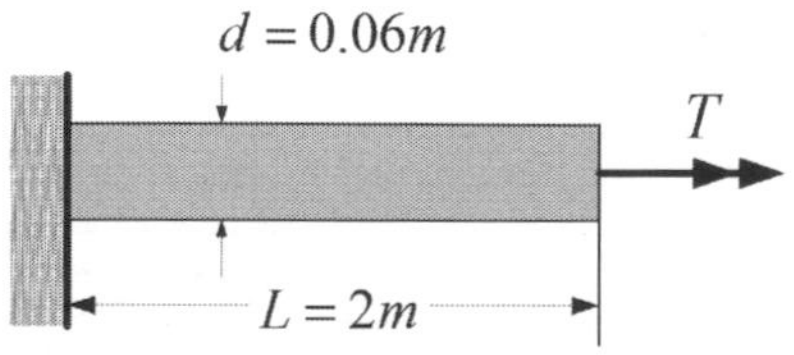

圖(a)

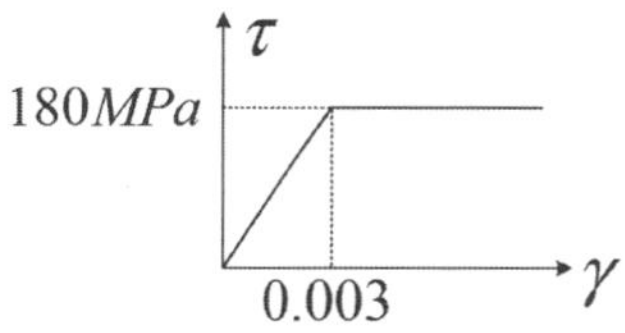

圖(b)

（107 結技-材料力學#3）

參考題解

（一）扭矩 $T = T_y$ 時，令最大剪應力 τ_{max} 等於降伏應力 τ_y，如下

$$\tau_{max} = \frac{T_y(d/2)}{\pi d^4/32} = \tau_y = 180\times10^3 kN/m^2$$

由上式可得

$$T_y = 7.634kN\cdot m$$

（二）扭矩 $T = 1.2T_y = 9.161kN\cdot m$ 時，若彈性核心知半徑為 e，則有

$$T = \frac{4(d/2)^3 - e^3}{6}\pi\tau_y$$

由上式可得 $e = 0.022m$

（三）卸載後，彈性核心邊緣之殘留應力 τ_r 為

$$\tau_r = \tau_y - \frac{1.2T_y e}{\pi d^4/32} = 20.88\times10^3 kN/m^2$$

（四）由應變分佈函數關係可得

$$\frac{\tau_r}{G} = \frac{\phi_r}{L}e$$

由上式可解得殘留扭轉角

$$\phi_r = 3.15\times10^{-2} rad$$

三、有一薄壁矩形斷面桿件 AB 同時受到軸力 P 及扭矩 T 之作用，A 為固定端 B 為自由端，桿件長度 L = 4 m，斷面尺寸 b = 50 mm，h = 20 mm，斷面厚度 t 為常數且 t = 3 mm。如 P = 8.4 kN，且 C 點所測得之正向應變為 $\varepsilon_x = 100 \times 10^{-6}$，$\varepsilon_y = -25 \times 10^{-6}$，剪應變為 $\gamma_{xy} = 200 \times 10^{-6}$。（一）求此桿件之伸長量 δ、彈性模數 E 及柏松比 v；（二）求此桿件之剪應力 τ_{xy}、扭矩 T 及 B 端轉動角度 ϕ。（25 分）

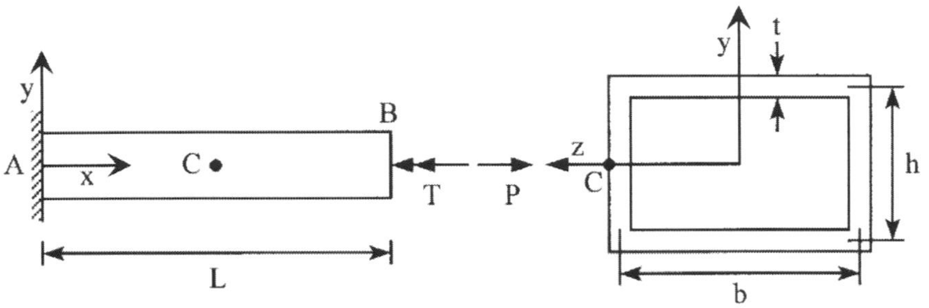

(a) (b)

（108 結技-材料力學#3）

參考題解

（一）參上圖(b)所示，可得斷面各幾何量為

$$A = (53\times23)-(47\times17) = 420mm^2$$

$$A_m = 50\times20 = 1000mm^2$$

$$J' = \frac{(2A_m)^2}{\oint\frac{ds}{t}} = \frac{(2000\times10^{-6})^2(3\times10^{-3})}{140\times10^{-3}} = 8.5714\times10^{-8}m^4$$

（二）C 點之應力態如右圖所示，其中

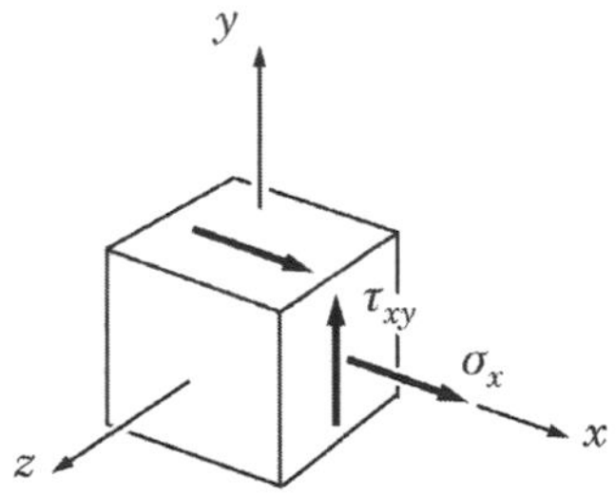

$$\sigma_x = \frac{P}{A} = 2\times10^4 kPa \ ; \ \tau_{xy} = \frac{T}{2A_m t} = \frac{T}{6\times10^{-6}}kPa$$

由 Hooke's law 可得

$$\varepsilon_x = \frac{\sigma_x}{E} = 100\times10^{-6}$$

$$\varepsilon_y = -v\frac{\sigma_x}{E} = -25\times10^{-6}$$

$$\gamma_{xy} = \frac{\tau_{xy}}{G} = 200\times10^{-6}$$

解得

$$E = 2\times10^8 kPa \ ; \ v = 0.25$$

故有

$$G=\frac{E}{2(1+v)}=8\times10^{7}\,kPa$$

$$\tau_{xy}=G\left(200\times10^{-6}\right)=1.6\times10^{4}\,kPa$$

$$T=\left(6\times10^{-6}\right)\left(\tau_{xy}\right)=9.6\times10^{-2}\,kN\cdot m$$

（三）桿件伸長量δ為

$$\delta=\frac{PL}{AE}=4\times10^{-4}\,m$$

B 端轉動角度ϕ為

$$\phi=\frac{TL}{GJ'}=5.60\times10^{-2}\,rad$$

四、圖(a)所示之薄壁管 AB 受扭矩 T 作用，薄壁管 AB 的長 $L = 0.5$ m，其截面為厚度 $t = 5$ mm，半徑 $r = 50$ mm 之薄壁圓管，如圖(b)所示。已知薄壁圓管 AB 之剪應力$\tau = 60$ MPa，剪力模數 G = 30 GPa，求：扭矩 T 及 B 點之扭轉角ϕ_B（單位以度表之）。又，若薄壁圓管的底座（截面 A）是用 6 根直徑為 d_b 之錨釘拴緊，錨釘的位置距截面圓心為 $r_0 = 70$ mm 處，如圖(c)所示，若每根錨釘之允許剪應力$(\tau_b)_{allow} = 48$ MPa，求每根錨釘之最小直徑 d_b。（25 分）

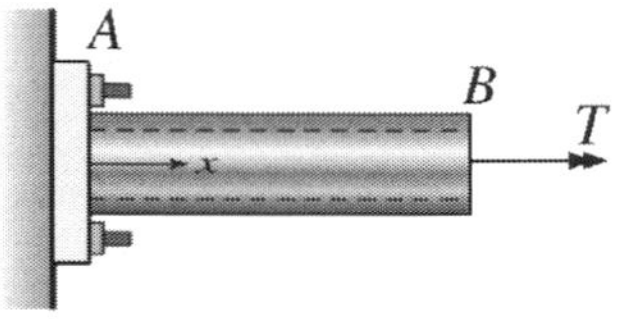

圖(a)

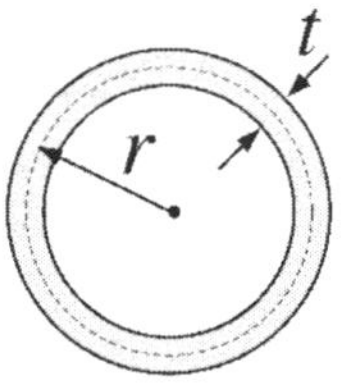

（截面）

圖(b)

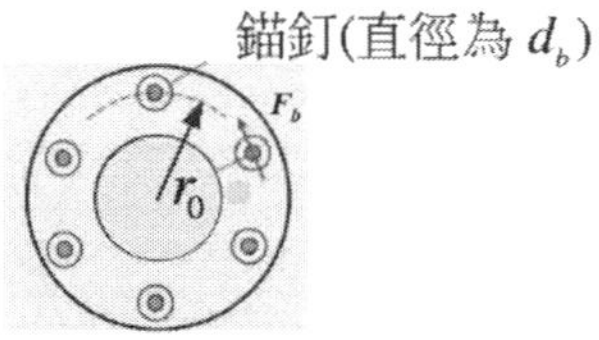

（截面 A）

圖(c)

（109 三等-靜力學與材料力學#3）

參考題解

（一）依薄壁管公式

$$\tau = \frac{T}{2(\pi r^2)t} = 60\times10^6\ N/m^2$$

由上式得 $T = 4712.389 N\cdot m$。

（二）斷面的扭轉常數為

$$J' = \frac{(2\pi r^2)^2}{2\pi r/t} = 3.927\times10^{-6} m^4$$

故 B 端之扭轉角為

$$\phi_B = \frac{TL}{GJ'} = 0.02\ rad = 1.146^\circ$$

（三）錨釘直徑應滿足

$$6\left[\frac{\pi d_b^{\ 2}}{4}(\tau_b)_{allow}\right] r_o = T$$

由上式得 $d_b = 1.725\ cm$。

五、圖中，實心鋼桿（steel shaft）直徑 $d_1 = 60$ mm，剪力模數 $G_S = 80$ GPa，長$(2 + x)$ m，其中有 x 長插入黃銅套管（brass sleeve）中，且黃銅套管牢固地粘合在鋼桿上。黃銅套管長為 $(1 + x)$ m，內徑 $d_1 = 60$ mm，外徑 $d_2 = 100$ mm，剪力模數 $G_b = 40$ GPa。桿件的兩端受扭矩 T 作用。（25 分）

（一）在扭矩 T = 10 kN · m 作用下，若 A、D 兩端間之允許扭轉角 $\phi_{allow} = 15°$，則 $\overline{BC}$ 長 $x = ?$

（二）若黃銅套管允許剪應力 $(\tau_b)_{allow} = 80$ Mpa；鋼桿允許剪應力 $(\tau_S)_{allow} = 120$ Mpa，則最大扭矩 $T_{max} = ?$

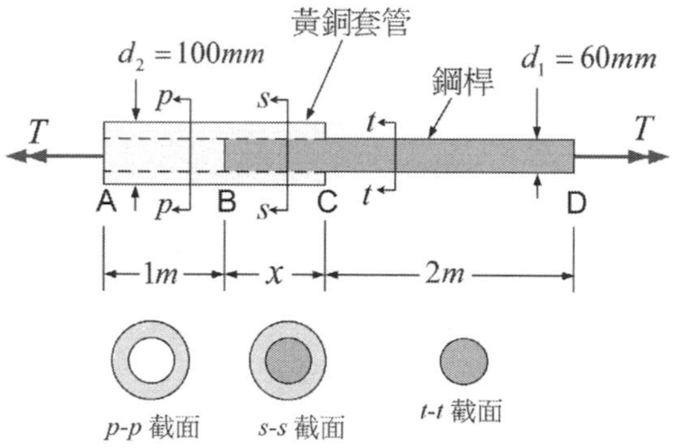

（110 結技-材料力學#2）

參考題解

（一）分析相關參數

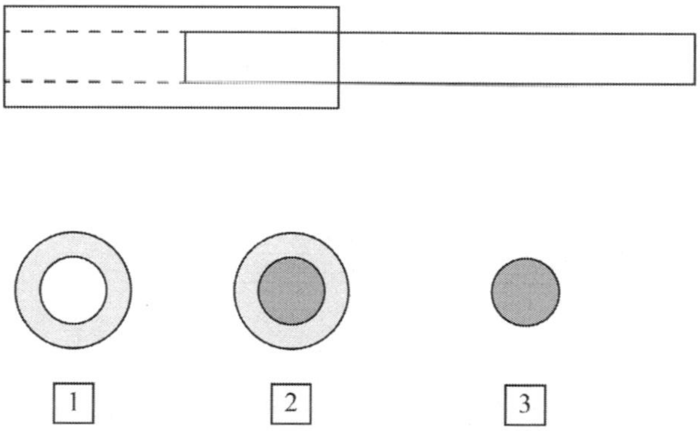

	J(mm⁴)	G(Gpa)	GJ
1	1272345	80	101787600
2			443592880
3	8545132	40	341805281

（二）利用變形諧合條件 $\phi = \dfrac{TL}{GJ}$

$$\phi_1 + \phi_2 + \phi_3 = 15^\circ = 0.262(rad)$$

$$\Rightarrow \frac{10\times 10^9}{101787600} + \frac{10^7 \times x}{443592880} + \frac{20\times 10^9}{341805281} = 0.262$$

解得 $x = 1.6\,(m)$

1. 黃銅套管分析

$$Z_1 = \frac{T_1 \times 50}{8545132} = 80 \Rightarrow T_{1\max} = 13672.2(KN-mm)$$

2. 鋼桿

$$Z_2 = \frac{T_2 \times 30}{1272345} = 120 \Rightarrow T_{2\max} = 508.94(KN-mm)$$

故取 $T_{\max} = 5.089(KN-m)$

3 剪力彎矩圖

重點內容摘要

（一）負載、剪力、彎矩關係

$$\frac{dV}{dx}=-\omega$$

$$\frac{dM}{dx}=V$$

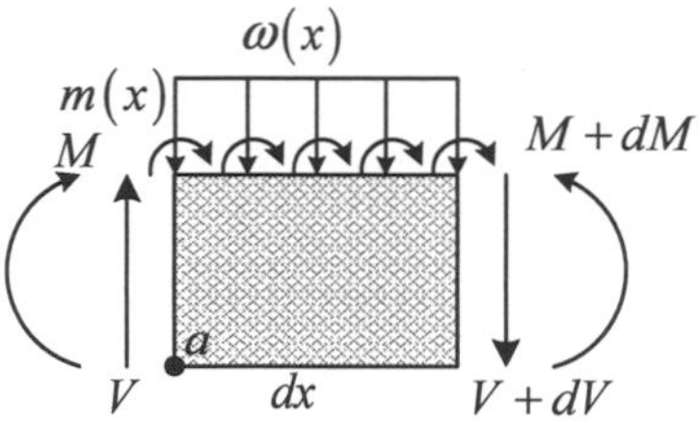

（二）剪力圖特性

1. 斜率特性：「剪力圖上任一點的斜率」＝－「該點的均佈負載 ω 值」
2. 面積特性：「任兩點剪力的差值大小」＝－「該段所受負載的總和」
3. 「剪力圖曲線」會隨力量同向移動，移動量的大小就是**外加力量**的大小
4. 「剪力圖曲線」與**外加力矩**無關

（三）彎矩圖特性

1. 斜率特性：「彎矩圖上任一點的斜率」＝「該點的剪力值」
2. 面積特性：「任兩點彎矩的差值大小」＝「該段剪力圖的面積總和」
3. 影響彎矩圖曲線的因素：**剪力圖面積**與**外加力矩**
4. 外加力矩的影響⇒ $\begin{cases}\text{順時針力矩} \Rightarrow \text{彎矩圖曲線向上跳} \\ \text{逆時針力矩} \Rightarrow \text{彎矩圖曲線向下跳}\end{cases}$

（四）繪製剛架剪力彎矩圖基本原則

1. 由左向右劃
2. 外側為正、內側為負

參考題解

一、下示 AF 梁，B 及 E 點為鉸接（Hinge）。請求 A、C、D 及 F 點之反力，並繪出 AF 梁之剪力圖及彎矩圖（標示相關值或函數）。（25 分）

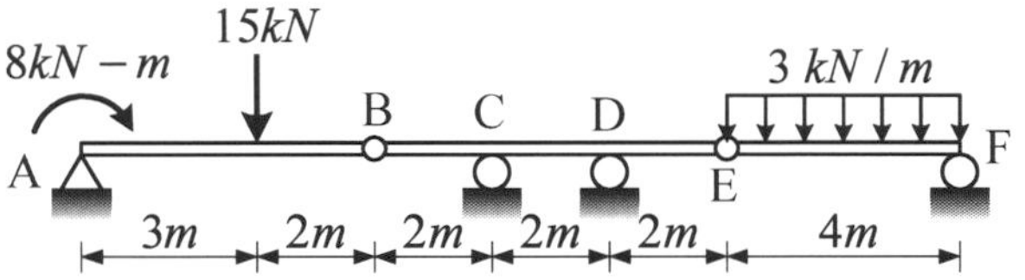

（106 三等-靜力學與材料力學#4）

參考題解

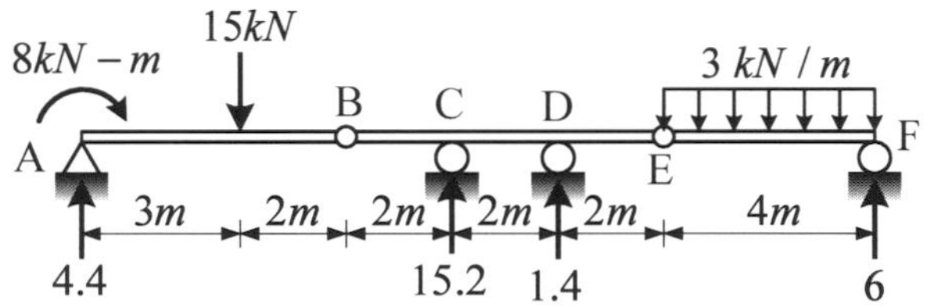

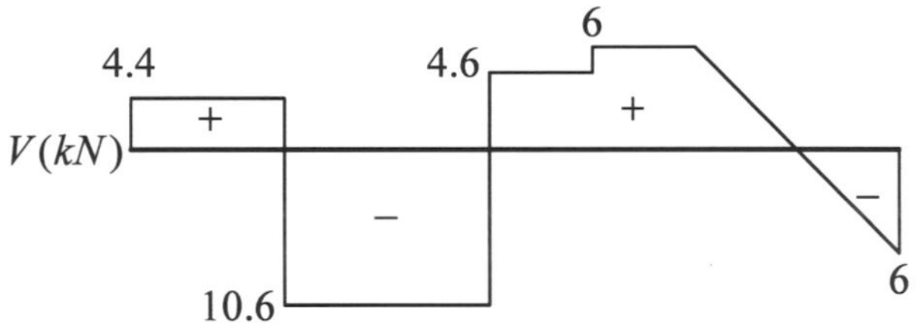

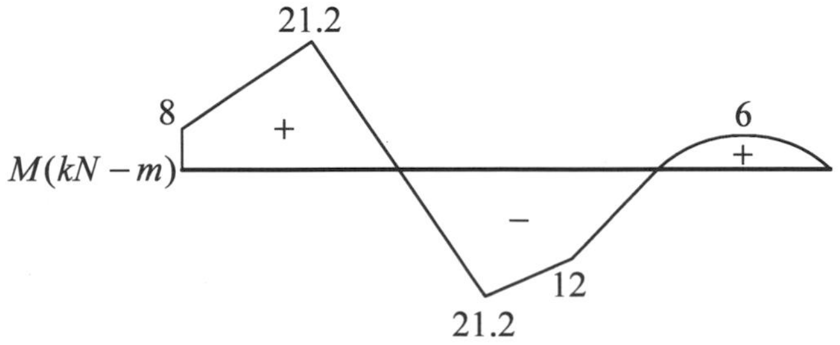

二、圖所示之連續梁 ABCD 有相同之 EI 值，A 為固定端，C 為鉸接，D 為簡支承。如 P = 4kN 且 q = 2kN/m，請計算 A 點之反力、彎矩及 D 點之反力，並繪製此連續梁之剪力圖與彎矩圖。（25 分）

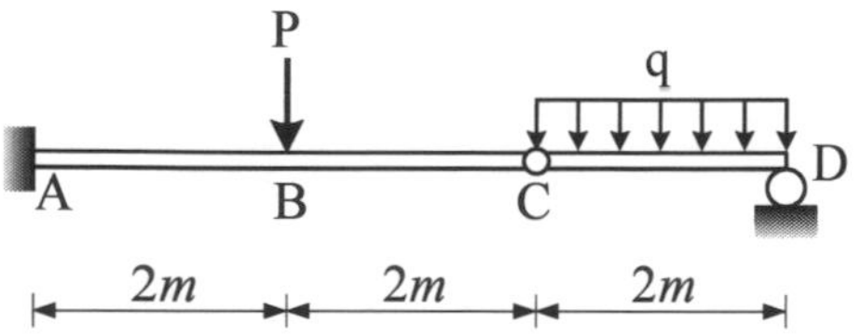

（106 普考-工程力學概要#3）

參考題解

（一）計算支承反力

1. 切開 C 點，對 CD 自由體的 C 點取力矩平衡

$$\sum M_C = 0\ ,\ (2\times2)1 = R_D\times2\ \ \therefore R_D = 2kN(\uparrow)$$

2. 整體結構垂直力平衡

$$\sum F_y = 0\ ,\ R_A + R_D = 4 + (2\times2)\ \therefore R_A = 6kN\ (\uparrow)$$

3. 整體結構力矩平衡

$$\sum M_A = 0\ ,\ 4\times2 + (2\times2)(5) = R_D\times6 + M_A\ \therefore M_A = 16\ kN-m(\curvearrowleft)$$

（二）繪製剪力彎矩圖

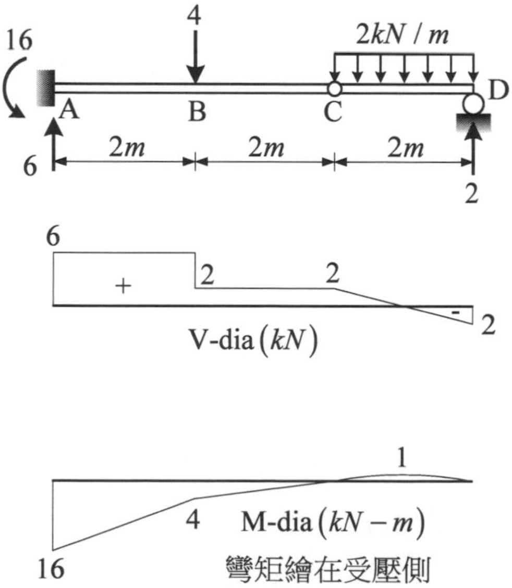

三、一簡支梁 AB 長度 3 m，承受一梯形載重，載重呈線性變化，從 A 點之 50 kN/m 到 B 點之 30 kN/m，請計算梁中點之剪力 V 與彎矩 M。（25 分）

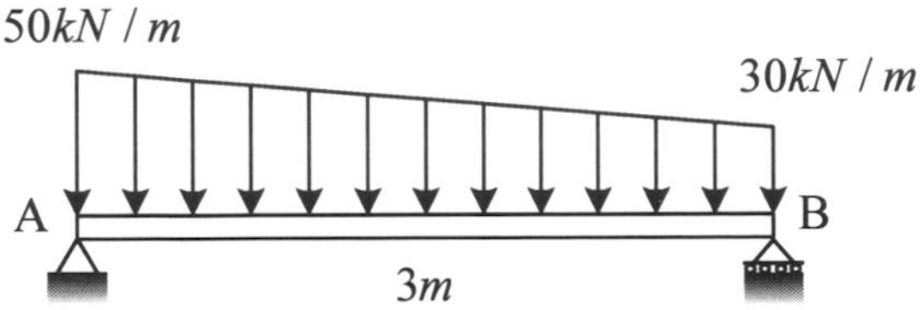

（106 四等-靜力學概要與材料力學概要#3）

參考題解

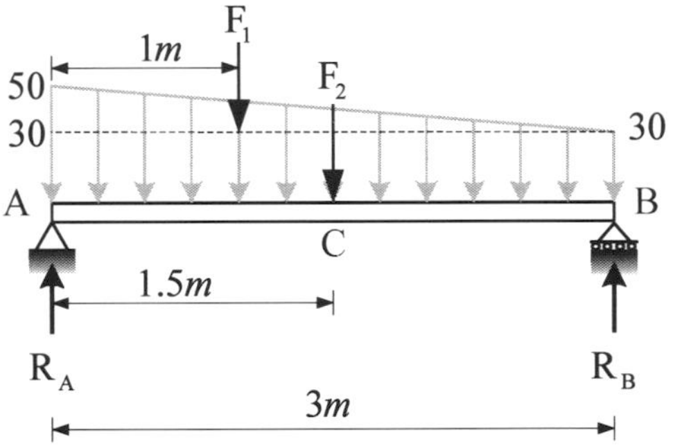

$$F_1 = \frac{1}{2}\times 20\times 3 = 30kN$$
$$F_2 = 30\times 3 = 90kN$$

（一）計算支承反力

1. $\sum M_A = 0$，$F_1\times 1 + F_2\times 1.5 = R_B\times 3 \Rightarrow 30\times 1 + 90\times 1.5 = R_B\times 3 \;\therefore R_B = 55\ kN$

2. $\sum F_y = 0$，$R_A + R_B = F_1 + F_2 \Rightarrow R_A + 55 = 30 + 90 \;\therefore R_A = 65\ kN$

（二）切開中點 C，取 BC 自由體（假設 C 點斷面內力分別為 V 與 M）

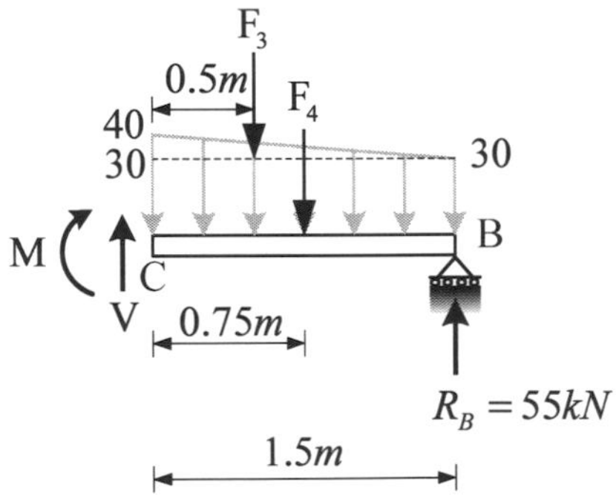

$$F_3 = \frac{1}{2}\times 10\times 1.5 = 7.5kN$$
$$F_4 = 30\times 1.5 = 45kN$$

1. $\sum F_y = 0$，$V + R_B = F_3 + F_4 \Rightarrow V + 55 = 7.5 + 45 \;\therefore V = -2.5kN$（負剪力）

2. $\sum M_C = 0$，$F_3\times 0.5 + F_4\times 0.75 + M_C = R_B\times 1.5$

$\Rightarrow 7.5\times 0.5 + 45\times 0.75 + M_C = 55\times 1.5 \;\therefore M_C = 45\ kN-m$（正彎矩）

四、求解圖梁之剪力圖與彎矩圖，並繪出梁大致之變形圖。（25 分）

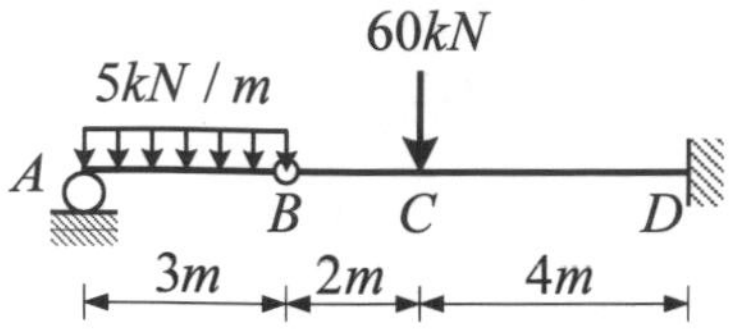

（106 四等-結構學概要與鋼筋混凝土學概要#2）

參考題解

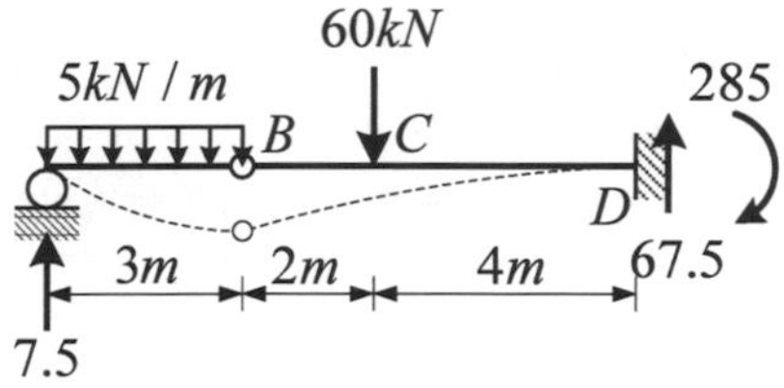

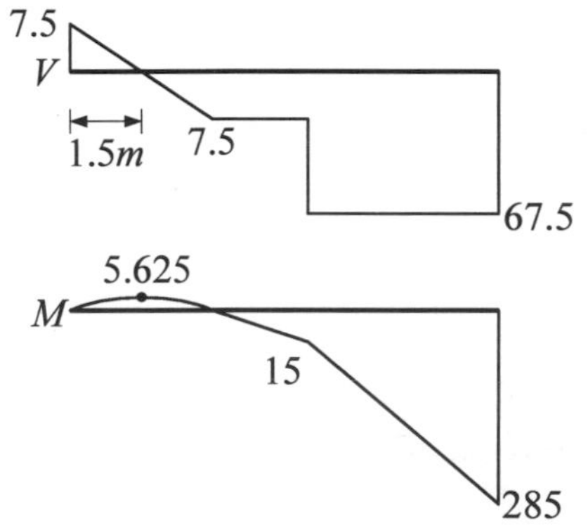

五、圖為簡支撐外伸梁 ABCDEF，承受一垂直集中載重 P_f = 300 kN 及均布載重 w = 180 kN/m，假設梁之 EI 值及幾何尺寸均相同，試回答下列問題：

（一）求 A 及 C 支撐點之反力。（5 分）

（二）繪製此梁 ABCD 之剪力圖及彎矩圖。（20 分）

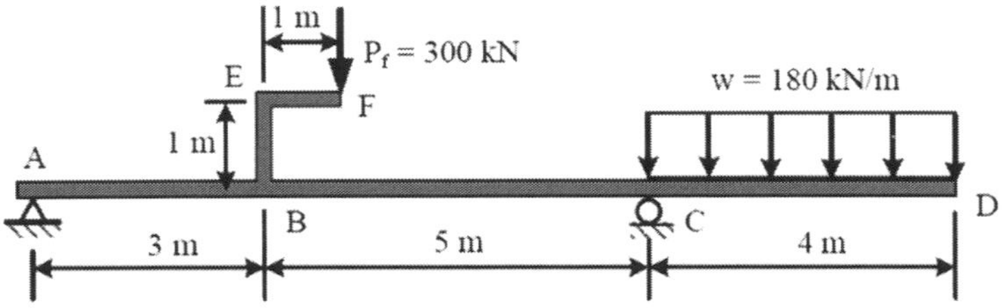

（107 普考-工程力學概要#3）

參考題解

（一）如下圖所示之樑 ABCD，其中 $M_1 = P_1(1) = 300kN \cdot m$。C 點支承反力為

$$RC = \frac{3P_1 + M_1 + 4(180)(10)}{8} = 1050kN \ (\uparrow)$$

A 點支承反力為

$$R_A = R_C - P_1 - 4(180) = 30kN \ (\downarrow)$$

（二）依面積法可繪樑 ABCD 之剪力圖及彎矩圖，如下圖中所示。

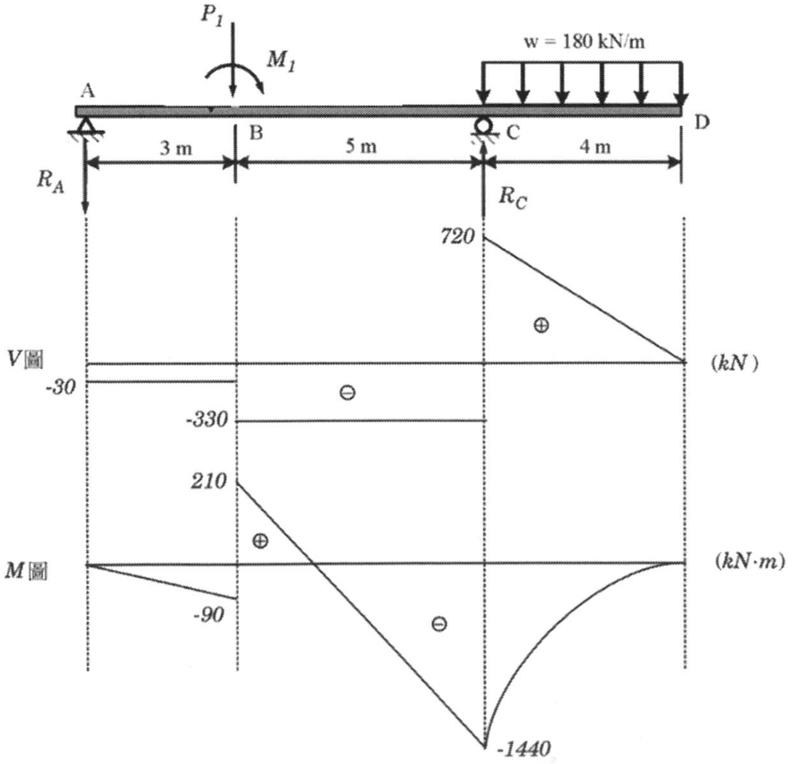

六、如圖之剛架，B 點為鉸支承，F 點為滾支承。今於 CE 桿件中 D 點，施加 $M_O = 2PL$ 之彎矩，試求 B 點及 F 點之水平及垂直反力，並標示其作用之方向各為何？此外並繪製 CDE 桿件之軸力圖、剪力圖及彎矩圖。（25 分）

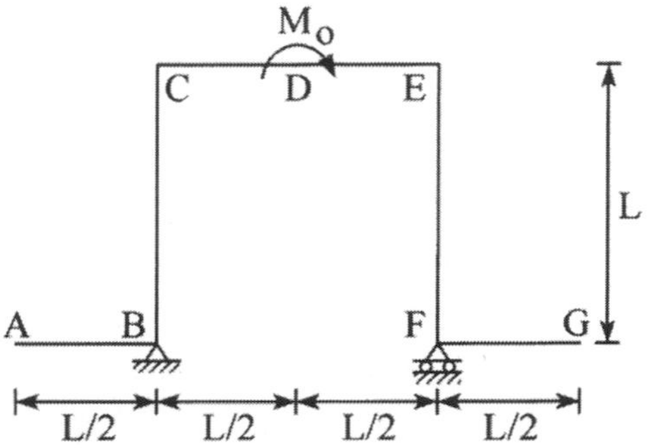

（107 普考-結構學概要與鋼筋混凝土學概要#1）

參考題解

（一）計算支承反力：

1. $\sum M_B = 0$, $R_F \times L = M_o$

$$\therefore R_F = \frac{M_o}{L} = 2P(\uparrow)$$

2. $\sum F_y = 0$, $R_B + R_F = 0$

$$\therefore R_B = -\frac{M_o}{L} = -2P(\downarrow)$$

3. $\sum F_x = 0$, $H_B = 0$

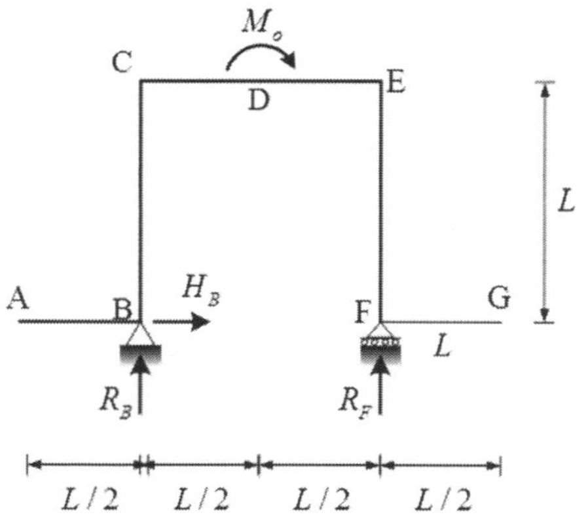

（二）軸力圖、剪力圖、彎矩圖如下：

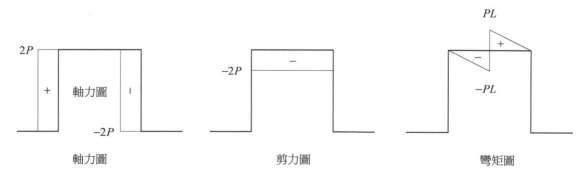

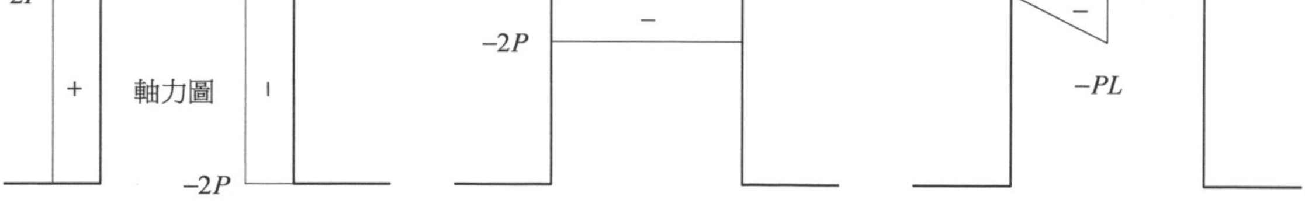

軸力圖　　剪力圖　　彎矩圖

七、試繪製圖示構架的剪力圖和彎矩圖。（25分）

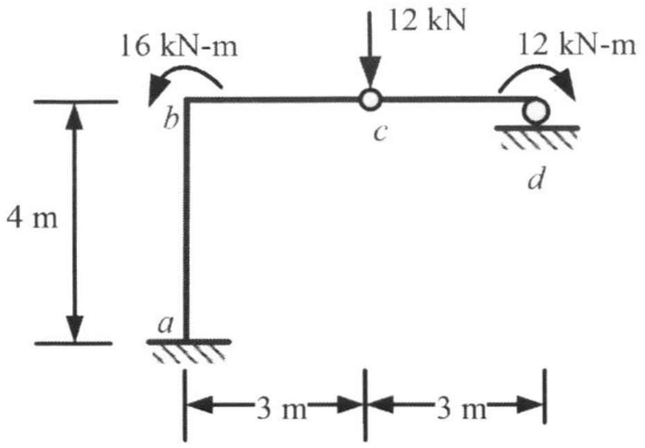

（107四等-結構學概要與鋼筋混凝土學概要#2）

參考題解

支承反力與剪力圖和彎矩圖如下圖所示

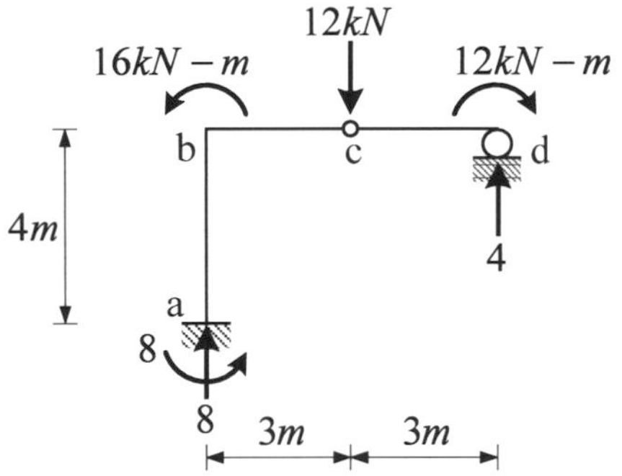

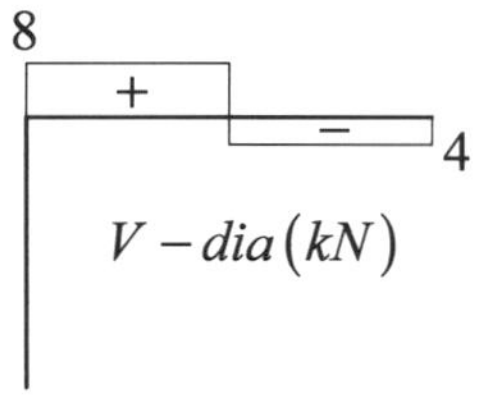

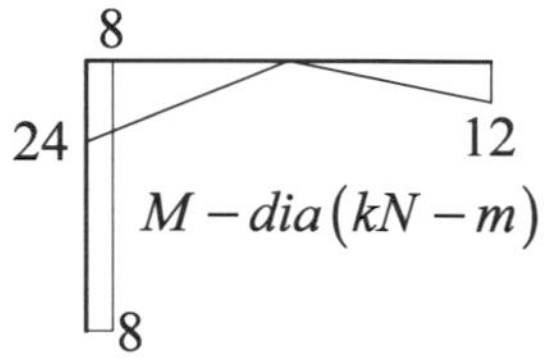

八、圖為一梁結構，C 點為一內鉸接無法承受彎矩，AB 段及 CD 段分別施加均佈載重 $w_1 = 8t/m$、$w_2 = 4t/m$。試求 B 點反力 R_B，及 D 點反力 R_D，並繪製該梁受力後之剪力圖及彎矩圖。（25 分）

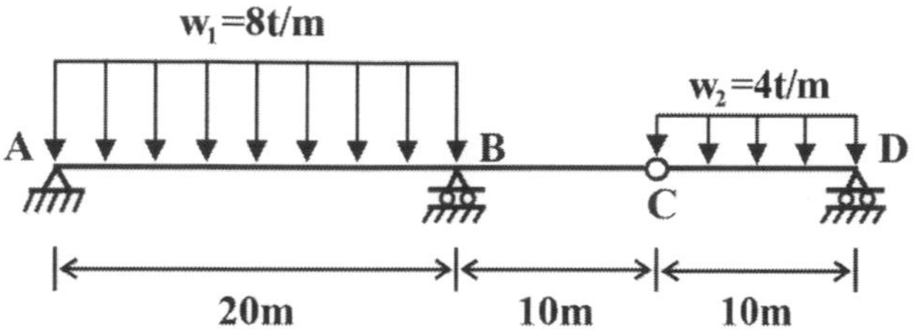

（108 普考-工程力學概要#3）

參考題解

（一）支承力如下圖所示，其中

$$R_A = 70t(\uparrow)\text{；}R_B = 110t(\uparrow)\text{；}R_D = 20t(\uparrow)$$

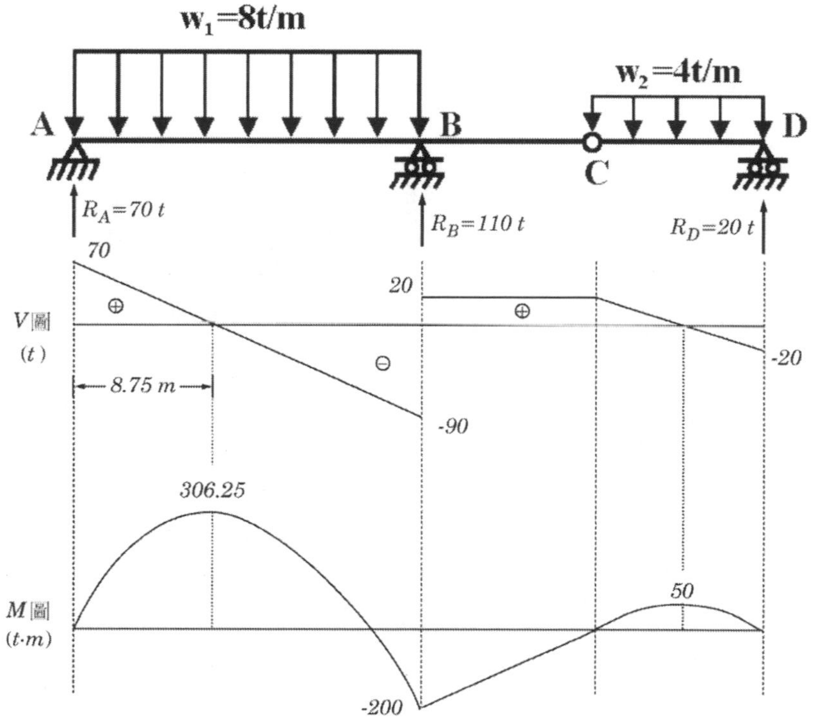

（二）依面積法可得剪力圖及彎矩圖，如上圖中所示。

九、考慮如圖所示之簡支梁，其中 $T = 15$ kN-m。試求：

（一）簡支承 A 及 C 之反力。（5 分）

（二）梁之剪力圖及彎矩圖。（圖上須標出各轉折點之剪力值、彎矩值）（20 分）

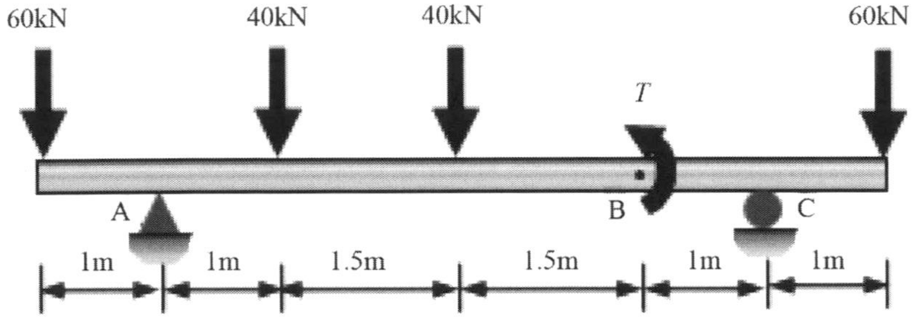

（108 四等-靜力學概要與材料力學概要#4）

參考題解

（一）如下圖所示，A 點及 C 點的支承力為

$$R_A = \frac{60(6)+40(4+2.5)+15-60(1)}{5} = 115kN(\uparrow)$$

$$R_C = \frac{60(6)+40(1+2.5)-15-60(1)}{5} = 85kN(\uparrow)$$

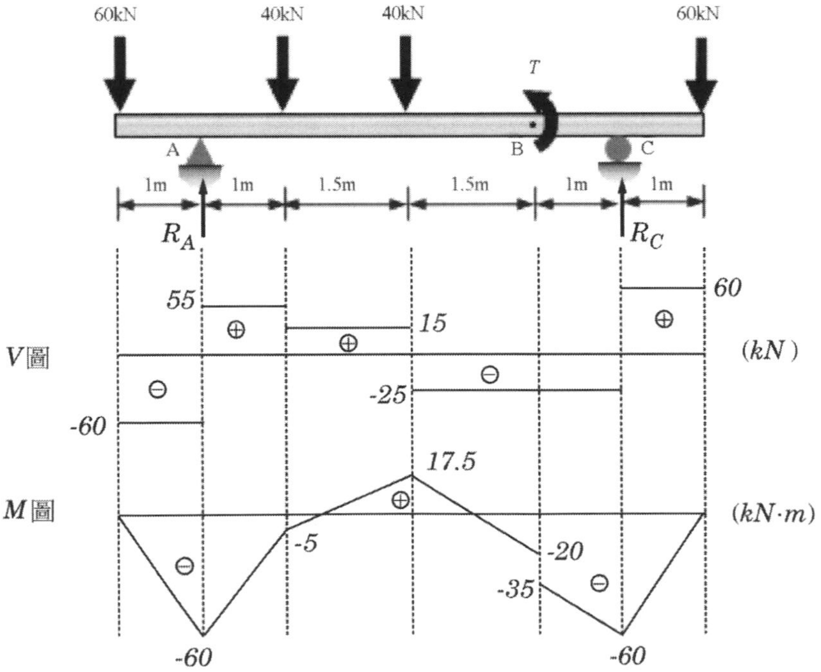

（二）剪力圖及彎矩圖如上圖中所示。

十、圖示梁結構，*A* 點為固定支承，*D* 點為滾支承，梁中 *C* 點為鉸接點。承載外力如圖所示，*CD* 段為三角形分布外力，*B* 點為集中外力 *P*。若已知 *A* 點之支承彎矩為 $M_A = 340$ kN-m，作用方向如圖示，試求 *B* 點集中外力 *P* 之值，並繪製在前述所有外力作用下，全梁之剪力圖與彎矩圖。（25 分）

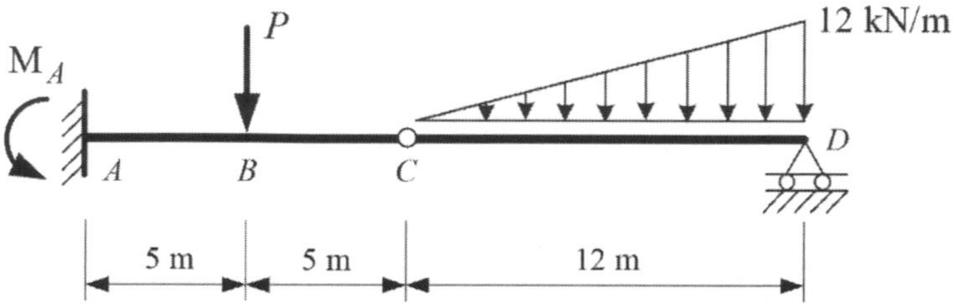

（108 四等-結構學概要與鋼筋混凝土學概要#1）

參考題解

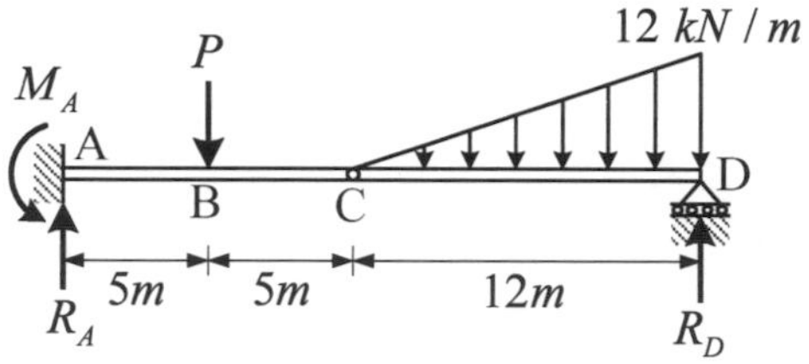

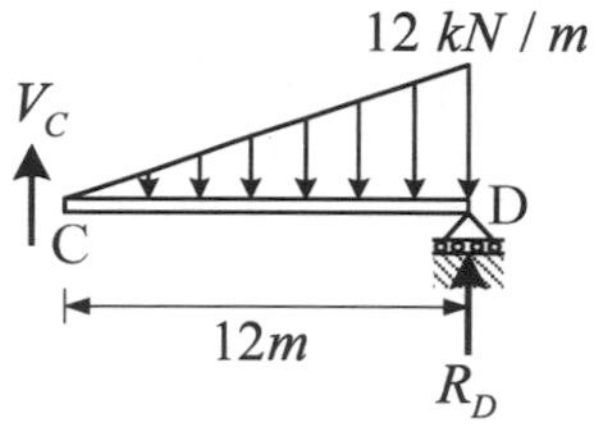

（一）切開 C 點，取出 CD 段

1. 對 C 點取力矩平衡：$\sum M_C = 0$，$R_D \times 12 = \left(\frac{1}{2} \times 12 \times 12\right) \times (8)$ $\therefore R_D = 48\ kN$

2. $\sum F_y = 0$，$V_C + R_D = \left(\frac{1}{2} \times 12 \times 12\right)$ $\therefore V_C = 24\ kN$

（二）整體平衡

1. $\sum M_A = 0$，$P \times 5 + \left(\frac{1}{2} \times 12 \times 12\right) \times 18 = \cancel{R_D}^{48} \times 22 + \cancel{M_A}^{340}$ $\therefore P = 20\ kN$

2. $\sum F_y = 0$，$R_A + R_D = \left(\frac{1}{2} \times 12 \times 12\right) + P$ $\therefore R_A = 44\ kN$

（三）剪力彎矩圖如下圖所示

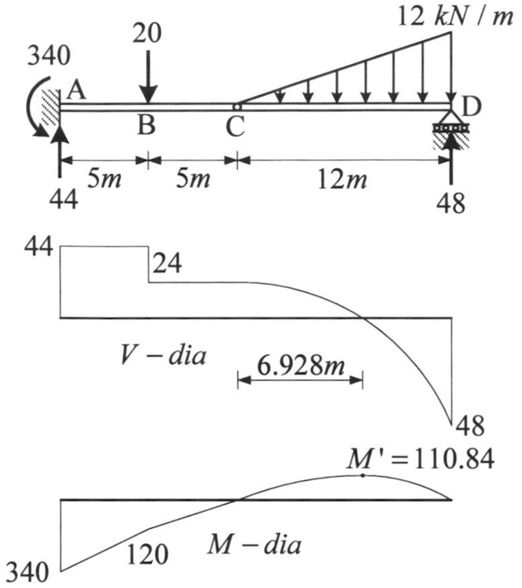

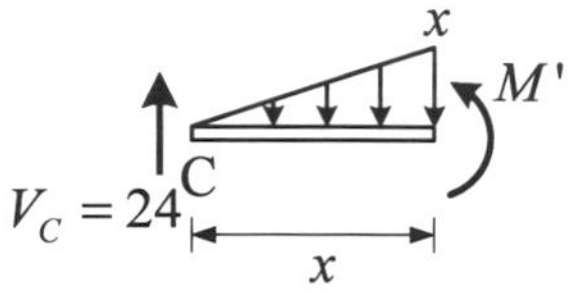

$\sum F_y = 0$, $\frac{1}{2} \cdot x \cdot x = 24$

$\therefore x = 6.928m$

$\sum M_C = 0$, $\left(\frac{1}{2} \cdot x \cdot x \right) \times \frac{2}{3} x = M'$

$\therefore M' = \frac{1}{3} x^3 = 110.84\ kN - m$

十一、圖所示之梁桿件 ABCDE 中，C 點為鉸接點，在圖示載重下，求 A 點、B 點及 D 點的反力並繪此整支梁的剪力圖與彎矩圖。（25 分）

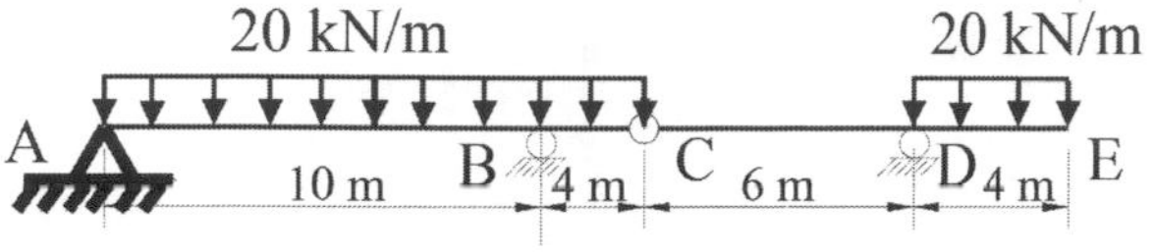

（109 三等-結構學#1）

參考題解

（一）支承力如下圖所示。

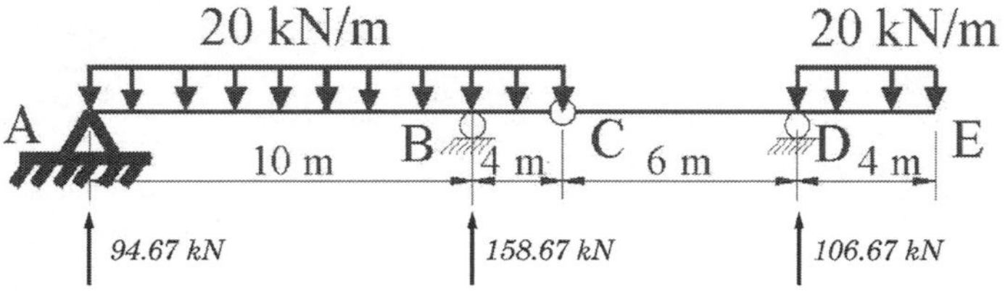

（二）剪力圖及彎矩圖如下圖中所示。

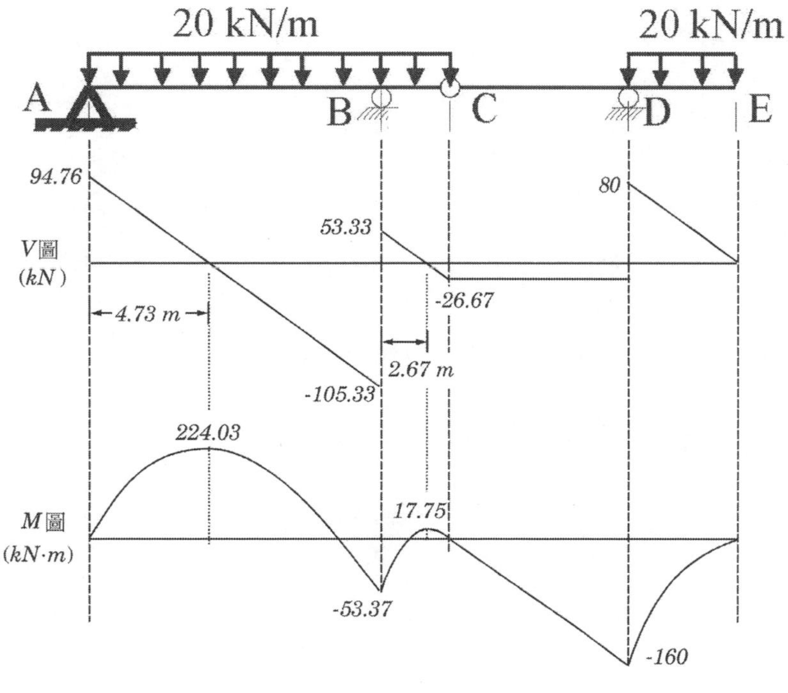

十二、如圖示，長度為 $2L$ 之梁，A 點為鉸接 B 點為滾接，承受三角形分布力作用，試繪出其剪力圖與彎矩圖，並標示出最大、最小之剪力與彎矩大小及其位置。（25 分）

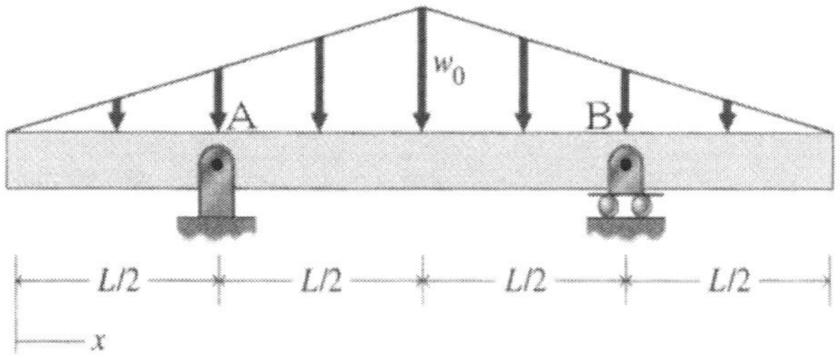

（109 普考-工程力學概要#2）

參考題解

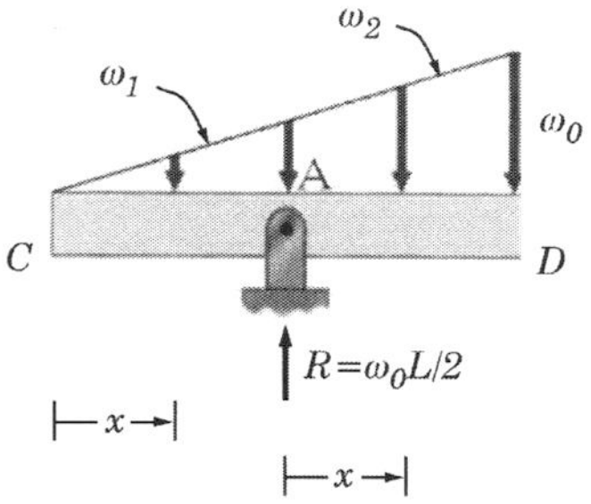

圖(a)

（一）如圖(a)所示，CA 段之負載函數 $\omega_1(x)$ 為

$$\omega_1(x)=-\frac{\omega_0}{L}x \quad \left(0\le x\le\frac{L}{2}\right)$$

積分上式並考慮邊界條件，可得剪力及彎矩函數為

$$V_1(x)=-\frac{\omega_0}{2L}x^2 \quad \left(0\le x\le\frac{L}{2}\right)$$

$$M_1(x)=-\frac{\omega_0}{6L}x^3 \quad \left(0\le x\le\frac{L}{2}\right)$$

（二）AD 段之負載函數 $\omega_2(x)$ 為

$$\omega_2(x)=-\left(\frac{\omega_0}{L}x+\frac{\omega_0}{2}\right) \quad \left(0\le x\le\frac{L}{2}\right)$$

積分上式並考慮邊界條件，可得剪力及彎矩函數為

$$V_2(x)=-\left[\frac{\omega_0}{2L}x^2+\frac{\omega_0}{2}x-\frac{3\omega_0 L}{8}\right] \quad \left(0\le x\le\frac{L}{2}\right)$$

$$M_2(x)=-\left[\frac{\omega_0}{6L}x^3+\frac{\omega_0}{4}x^2-\frac{3\omega_0 L}{8}x+\frac{\omega_0 L^2}{48}\right] \quad \left(0\le x\le\frac{L}{2}\right)$$

（三）依上述結果，並考慮對稱性，可得剪力圖及彎矩圖如圖(b)中所示。

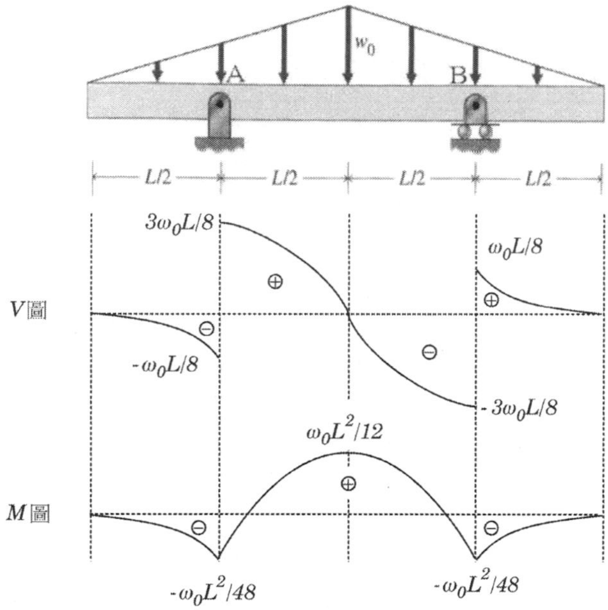

圖(b)

十三、有一 ABCDE 梁，B 點為鉸支承，D 點為內鉸接，C 點及 E 點為滾支承。P 為集中載重，q 為分布載重，設 P = qL，試求 B、C、E 點之反力及作用之方向，並繪製 ABCDE 梁之剪力圖及彎矩圖。（25 分）

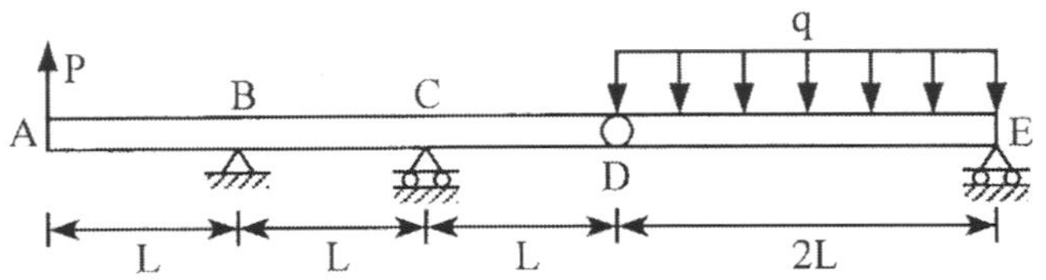

（109 四等-結構學概要與鋼筋混凝土學概要#1）

參考題解

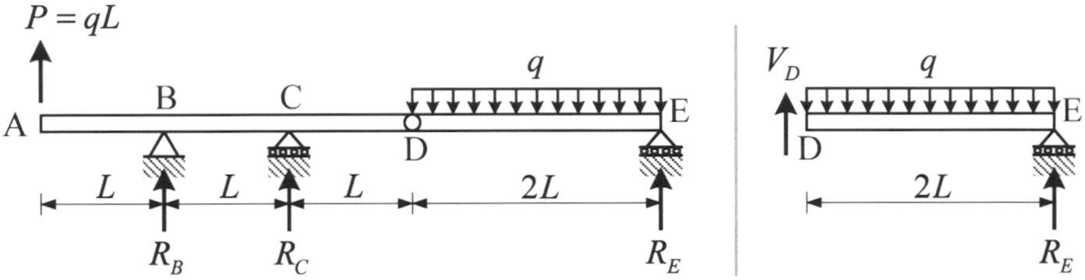

（一）切開 D 點，取出右半部 DE 自由體，對 D 點取力矩平衡

$$\sum M_D = 0\ ,\ (q\times 2L)L = R_E\times 2L\ \ \therefore R_E = qL(\uparrow)$$

（二）整體結構對 B 點取力矩平衡

$$\sum M_B = 0\ ,\ qL\times L + (q\cdot 2L)\times 3L = R_C\times L + R_E\times 4L\ \ \therefore R_C = 3qL\ (\uparrow)$$

（三）整體結構垂直力平衡

$$\sum F_y = 0\ ,\ R_B + R_C + R_E + qL = 2qL \Rightarrow R_B = -3qL(\downarrow)$$

（四）剪力圖與彎矩圖如下

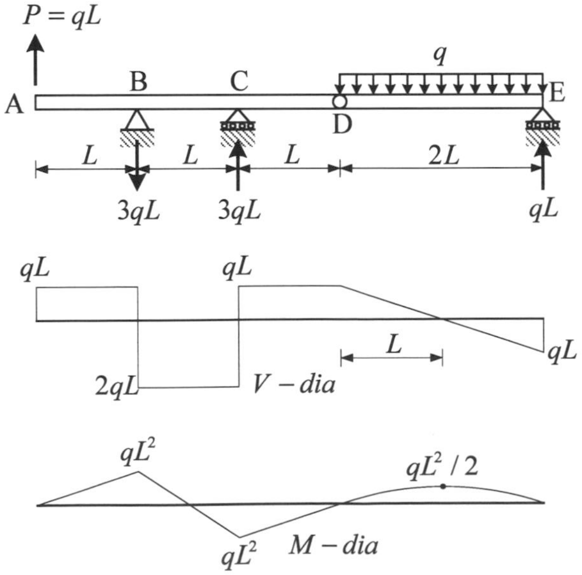

十四、圖示為長 4 m 之懸臂梁 AB，受均布與分布載重作用。若其固定端 A 點之反力矩為零，試求：

（一）均布載重施載長度 a。（10 分）

（二）並繪出 AB 梁之剪力圖（標示相關值或函數）。（15 分）

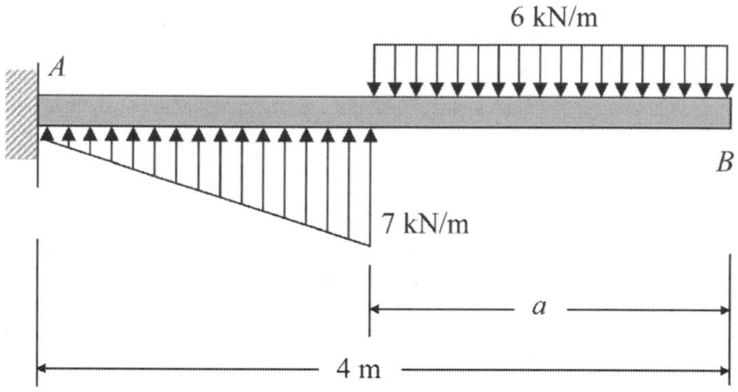

（110 高考-工程力學#3）

參考題解

（一）對 A 點取力矩平衡

$$\sum M_a = 0，(6a)\left(4-\frac{a}{2}\right)=\left[\frac{1}{2}(4-a)\times 7\right]\times\left[\frac{2}{3}(4-a)\right]$$

$$\Rightarrow 24a-3a^2=\frac{7}{3}(4-a)^2$$

$$\Rightarrow 16a^2-128a+112=0 \Rightarrow \begin{cases} a=1 \\ a=7(\text{不合}) \end{cases}$$

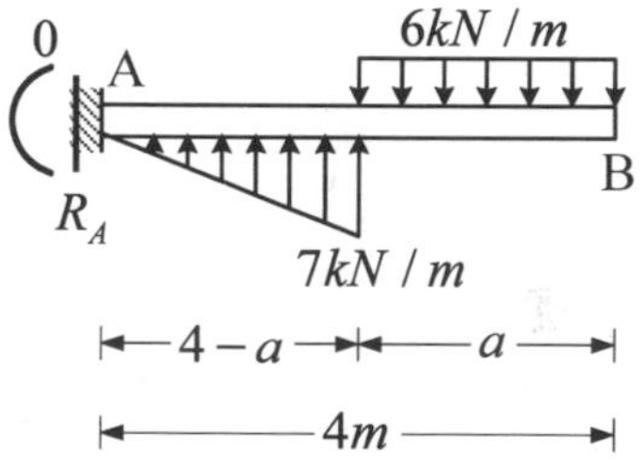

（二）繪製剪力圖

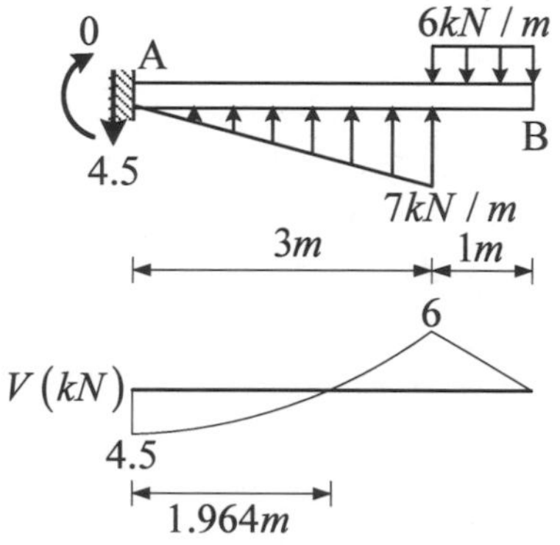

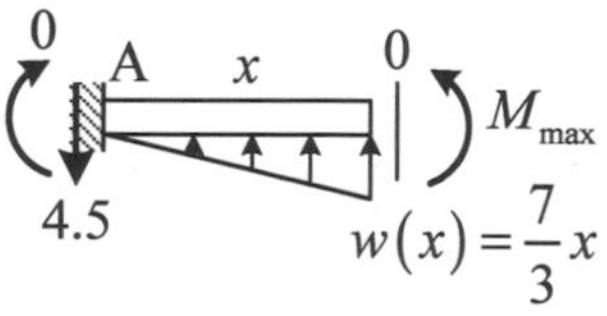

$$\frac{w(x)}{x}=\frac{7}{3}\Rightarrow w(x)=\frac{7x}{3}$$

$$\frac{1}{2}w(x)\cdot x=4.5\Rightarrow\frac{1}{2}\left(\frac{7x}{3}\right)x=4.5$$

$$\therefore x=1.964m$$

十五、圖示 AD 梁受外力 $P = Q = 500$ N 作用。試求點 A、C 間的跨距 a，使得 AD 梁中彎矩的絕對值盡可能小。（25 分）

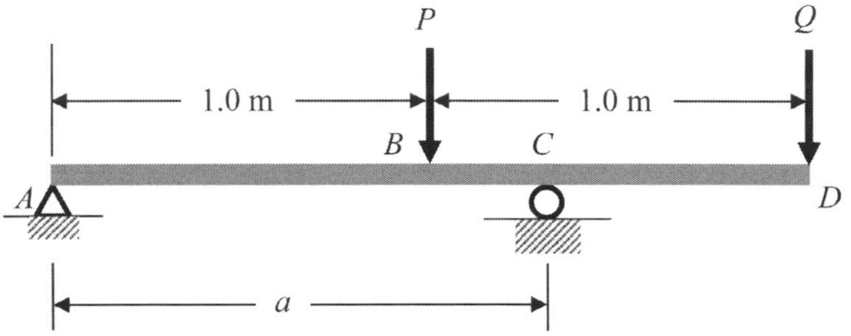

（110 普考-工程力學概要#3）

參考題解

（一）如下圖所示，其中 A 點支承力 R_A 為

$$R_A = \frac{P(a-1)-Q(2-a)}{a} = \frac{500(2a-3)}{a}$$

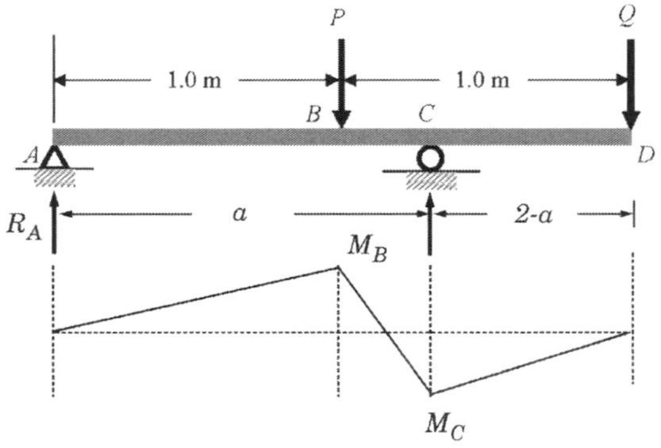

（二）參上圖所示的彎矩示意圖，彎矩之極值出現在 B 點或 C 點，兩點彎矩之大小（絕對值）分別表

$$M_B = R_A(1) = \frac{500(2a-3)}{a}$$

$$M_C = Q(2-a) = 500(2-a)$$

欲使樑中彎矩之絕對值儘可能小，則應使 $M_B = M_C$，亦即有

$$\frac{2a-3}{a} = 2-a$$

由上式可解得 $a = \sqrt{3}\ m$。

十六、圖為一靜定梁，尺寸與載重配置如圖所示。試求此梁受力後支承 A 及支承 B 之垂直反力 A_y 及 B_y 的大小及方向，並請繪製此梁之剪力圖及彎矩圖。（25 分）

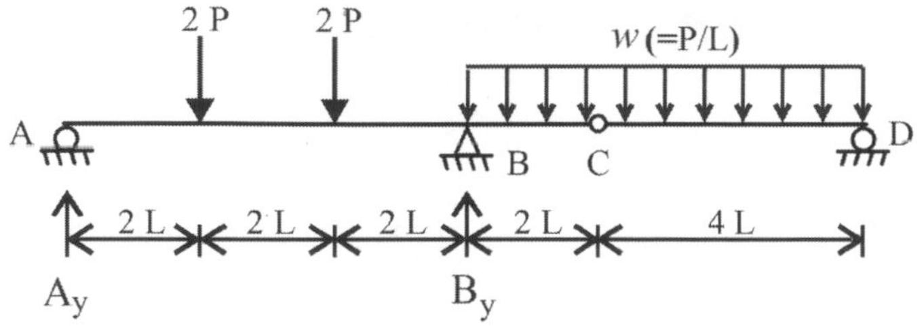

（110 普考-結構學概要與鋼筋混凝土學概要#1）

參考題解

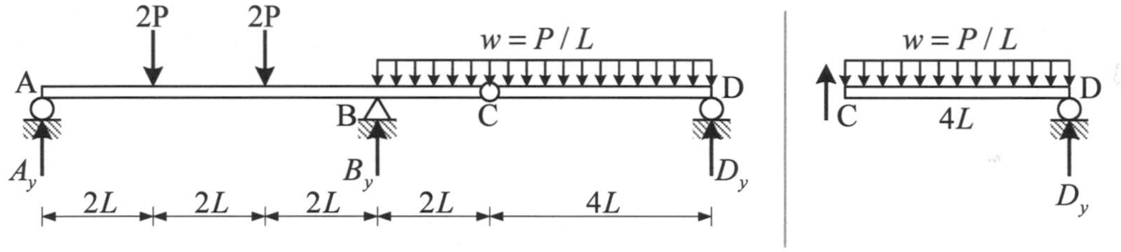

（一）切開 C 點，取出 CD 自由體

$\Sigma M_C = 0$，$D_y \times 4L = (w \times 4L) \times 2L \quad \therefore D_y = 2wL = 2P(\uparrow)$

（二）整體結構 $\Sigma M_A = 0 \Rightarrow 2P \times 2L + 2P \times 4L + (w \times 6L) \times 9L = B_y \times 6L + \overset{2P}{\cancel{D_y}} \times 12L$

$\therefore B_y = 7P\ (\uparrow)$

（三）整體結構 $\Sigma F_y = 0 \Rightarrow A_y + \overset{7P}{\cancel{B_y}} + \overset{2P}{\cancel{D_y}} = 2P + 2P + w \times 6L \quad \therefore A_y = P(\uparrow)$

（四）剪力彎矩圖如下

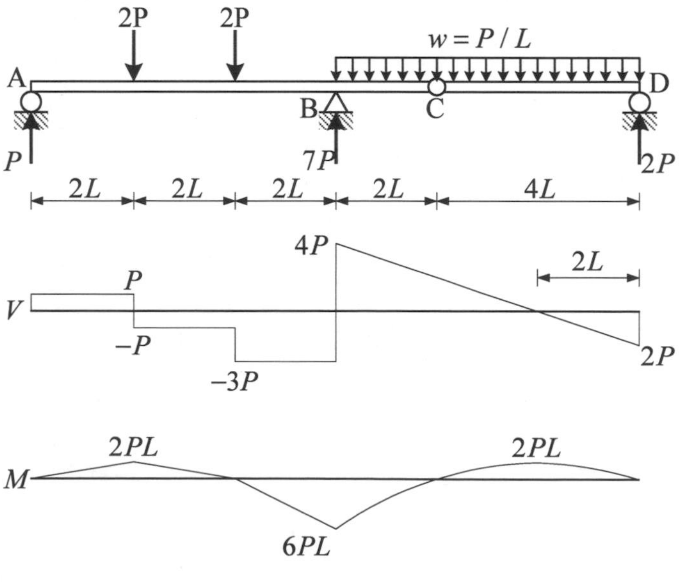

十七、有一 ABCDE 梁如下圖所示，A 點為鉸支撐，C 點為滾支撐。設集中載重 P = 100 N、Q = 200 N，均佈載重 q = 100 N/m。試求梁 A 點及 C 點之反力及反力作用方向，並繪製此梁之剪力圖及彎矩圖。（25 分）

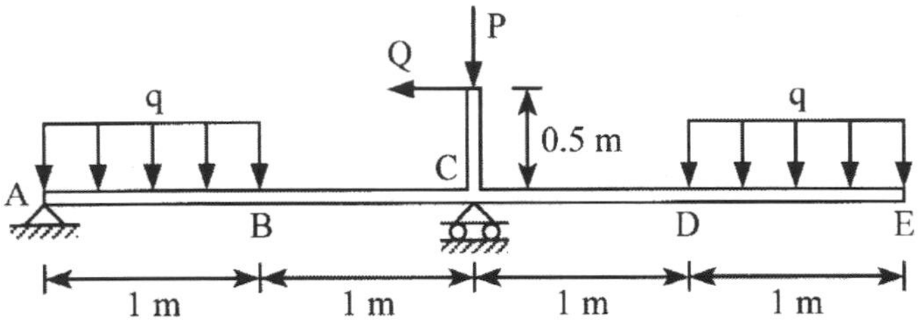

（110 四等-靜力學概要與材料力學概要#4）

參考題解

（一）利用等效力係的方式將 P 跟 Q 外力作用於梁上，並由力平衡方式求解支承反力。

$$\sum F_x = 0$$

$$A_x = 200(N) \rightarrow$$

$$\sum M_A = 0 \Rightarrow C_x \times 2 + 200 \times 0.5 = \frac{1}{2} \times 100 \times 1^2 + 2 \times 100 + 100 \times 1 \times 3.5$$

$$\sum C_x = 250(N) \uparrow$$

$$A_y + C_y = 100 \times 1 + 100 + 100 \times 1 \Rightarrow A_y = 50(N) \uparrow$$

（二）繪製剪力彎矩圖

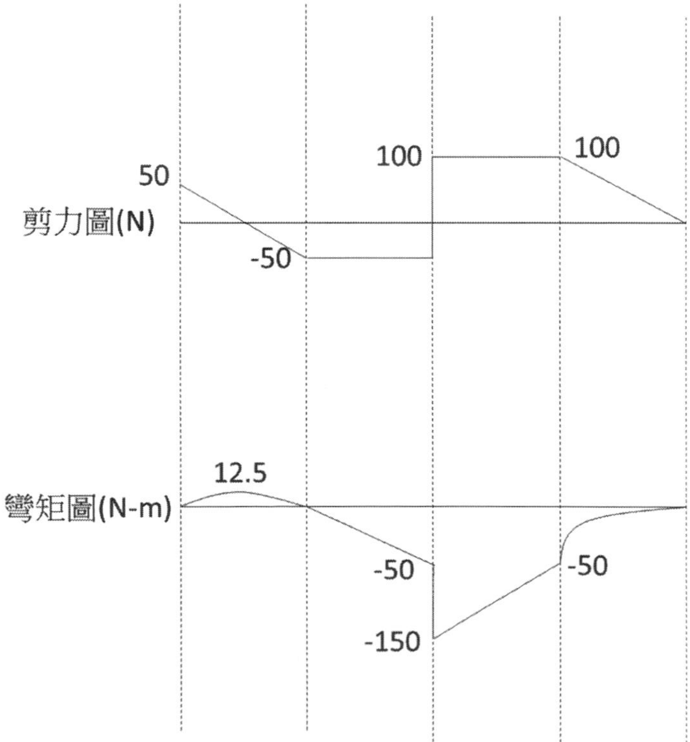

十八、如下圖簡支梁，BC 段長度 $l/2$ 受均佈載重 w，AB 段長度 $l/2$，A 點為鉸支承，C 點為滾支承。試畫出剪力圖（12 分）及彎矩圖。（13 分）

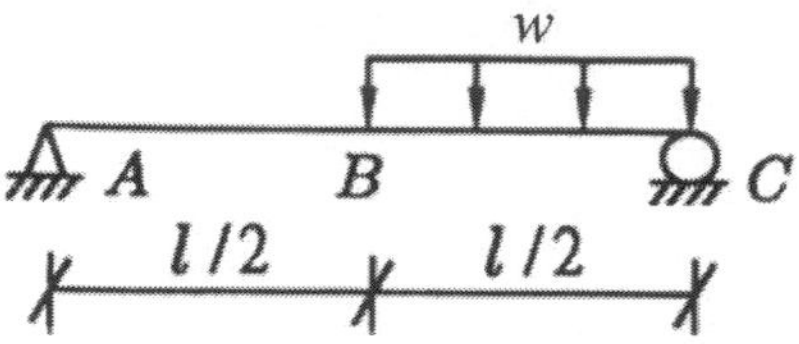

（110 四等-結構學概要與鋼筋混凝土學概要#1）

參考題解

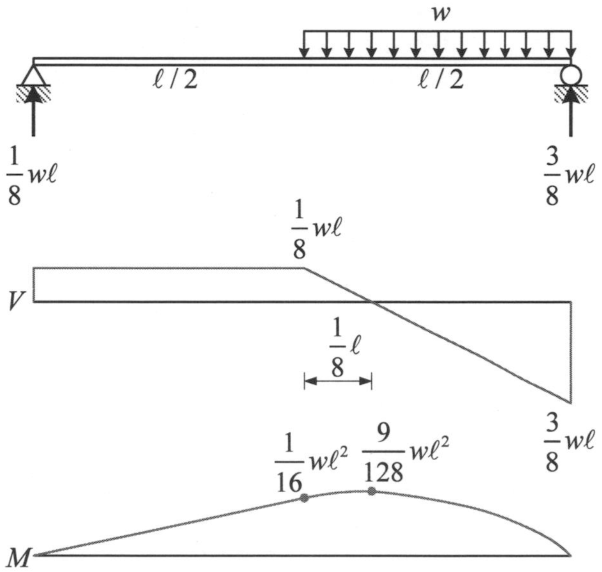

Chapter 4 梁內應力

重點內容摘要

（一）撓曲（彎曲）正應力相關公式

1. 撓曲應變：$\varepsilon = \kappa y$

2. 撓曲（彎曲）正應力：$\sigma = \dfrac{My}{I}$

3. 撓曲曲率：$\kappa = \dfrac{M}{EI}$

（二）撓曲剪應力公式

1. 撓曲剪應力：$\tau = \dfrac{VQ}{Ib}$

2. 剪力流：$f = \dfrac{VQ}{I}$

3. 斷面最大撓曲剪應力 $\tau_{\max}$

（1）矩形斷面：$\tau_{\max} = \dfrac{3}{2}\dfrac{V}{A}$

（2）圓形斷面：$\tau_{\max} = \dfrac{4}{3}\dfrac{V}{A}$

（三）應變能

1. 彎矩應變能：$U_M = \int \dfrac{1}{2}\dfrac{M^2 dx}{EI}$

2. 剪力應變能：$U_V = \int \dfrac{1}{2} f_s \dfrac{V^2}{GA} dx$；$f_s$：形狀修正係數。$\begin{cases} 矩形：f_s = \dfrac{6}{5} \\ 圓形：f_s = \dfrac{10}{9} \end{cases}$

（四）不對稱彎曲公式

1. 對稱斷面（含軸力作用時）：$\sigma_x = \dfrac{P_x}{A} + \dfrac{M_y z}{I_y} + \left(-\dfrac{M_z y}{I_z}\right)$

2. 不對稱斷面：$\sigma_x = \dfrac{\left(M_y I_z + M_z I_{yz}\right) z - \left(M_z I_y + M_y I_{yz}\right) y}{I_y I_z - I_{yz}^2}$ ………公式法

（五）轉換斷面法

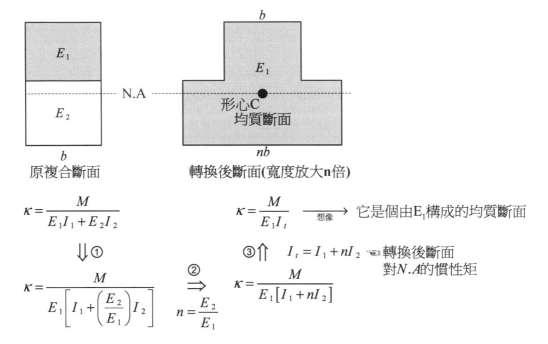

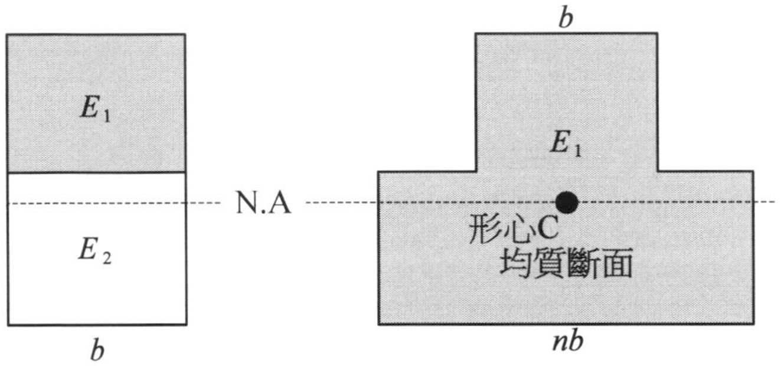

原複合斷面　　　　轉換後斷面(寬度放大**n**倍)

$\kappa = \dfrac{M}{E_1 I_1 + E_2 I_2}$

$\Downarrow$ ①

$\kappa = \dfrac{M}{E_1\left[I_1 + \left(\dfrac{E_2}{E_1}\right) I_2\right]}$　　② $\Rightarrow$ $n = \dfrac{E_2}{E_1}$　　$\kappa = \dfrac{M}{E_1 [I_1 + n I_2]}$

③ $\Uparrow$　$I_t = I_1 + n I_2$ ☜轉換後斷面對$N.A$的慣性矩

$\kappa = \dfrac{M}{E_1 I_t}$ $\xrightarrow{\text{想像}}$ 它是個由E_1構成的均質斷面

1. 計算「基底材質區應力σ_{E1}」，就直接代「撓曲正應力公式」

$$\sigma = \frac{My}{I} \Rightarrow \sigma_{E1} = \frac{My}{I_t}$$

2. 計算「被轉換材質區應力σ_{E2}」，直接代「撓曲正應力公式」，再乘以 n 倍

$$\sigma = \frac{My}{I} \Rightarrow \sigma_{E2} = n\frac{My}{I_t}$$

（六）塑性分析

1. 降伏彎矩M_y
2. 塑性彎矩M_P
3. 形狀係數：$f = \dfrac{M_P}{M_y} = \dfrac{\text{塑性模數}Z}{\text{斷面模數}S}$

參考題解

一、有一 I 型斷面之懸臂梁於自由端受一傾斜之集中載重 P 如圖中所示，若 P = 600 N 且 $\alpha = 30°$。請計算此梁斷面之慣性矩 I_y、I_z，中性軸與 z 軸之夾角 β，及最大之張應力 σ_x 值？（25 分）

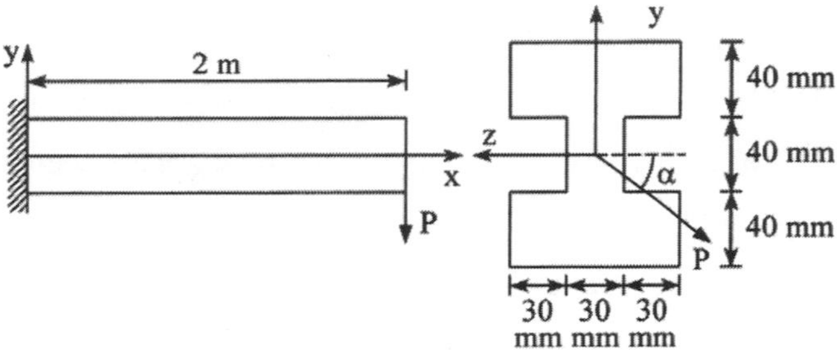

（106 高考-工程力學#3）

參考題解

（一）計算 I_y、I_z

$$I_y = 2\left[\frac{1}{12}\times 40\times 90^3\right]+\frac{1}{12}\times 40\times 30^3 = 4950000\ mm^4$$

$$I_z = \frac{1}{12}\times 90\times 120^3 - 2\left[\frac{1}{12}\times 30\times 40^3\right] = 12640000\ mm^4$$

（二）計算 M_y、M_z

$$M_y = P\cos\alpha\times 2 = 1039.23\ N-m$$

$$M_z = -P\sin\alpha\times 2 = -600\ N-m$$

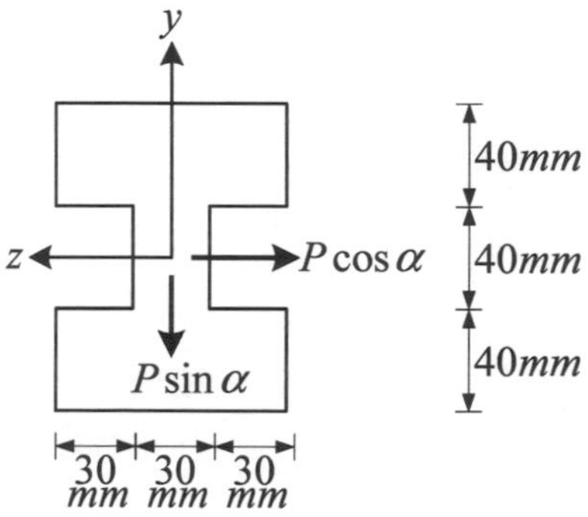

（三）中性軸與 z 軸之夾角 β

$$\sigma_x^{0} = \frac{M_y z}{I_y} - \frac{M_z y}{I_z}$$

$$\Rightarrow \frac{y}{z} = \frac{I_z}{I_y}\frac{M_y}{M_z} = \frac{12640000}{4950000}\frac{1039.23}{-600} = -4.42$$

$$\Rightarrow \tan\beta = -4.42 \quad \therefore \beta = -77.25°$$

（四）最大拉應力在 A 點

$$\sigma_x=\frac{M_y z}{I_y}-\frac{M_z y}{I_z}$$
$$=\frac{(1039.23\times10^3)(45)}{4950000}-\frac{(-600\times10^3)(60)}{12640000}$$
$$=9.45+2.84=12.29\ \text{MPa}$$

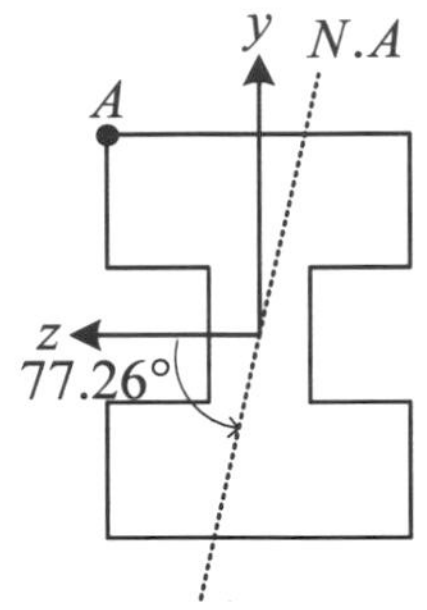

二、如下圖之均勻薄壁梁斷面及尺寸，令 t = 斷面壁厚，若 H > h 及$(t/h)^2\ll 1$，回答以下問題：（每小題 15 分，共 30 分）

（一）計算圖(a)之單對稱工型薄壁梁斷面的剪力中心（shear center）位置。

（二）承上題(一)之薄壁斷面及尺寸，如下圖(b)之懸臂梁，長度為 L。當 h = 0、H = B、E = 彈性模數、G = 0.375 E = 剪力模數，在不考慮薄壁斷面的翹曲（warping）影響，於圖(b)之 P 力作用在橫 T 型斷面端部，則當斷面 c 位置出現位移向上的條件為何？

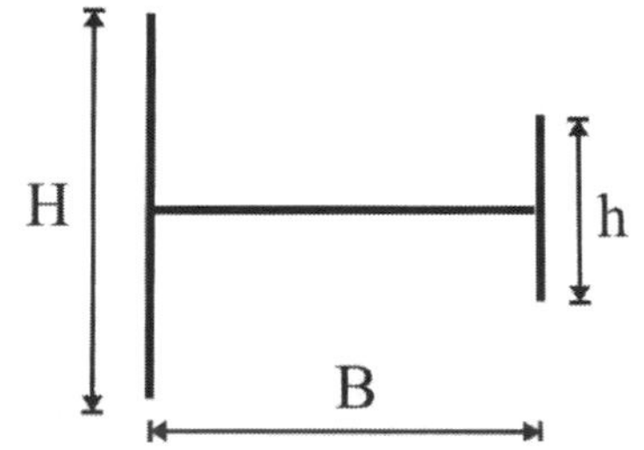

(a)單對稱工型斷面

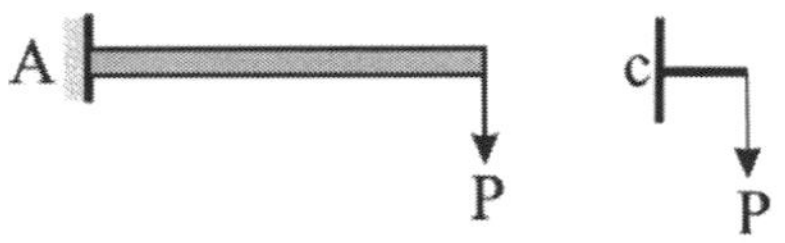

(b)懸臂梁及橫 T 型斷面與 P 力作用位置

（106 司法-結構分析#1）

參考題解

（一）圖(a)斷面對水平中心軸之面積慣性矩為

$$I=\frac{tH^3}{12}+\frac{th^3}{12}+\frac{Bt^3}{12}\approx\frac{t\left(H^3+h^3\right)}{12}$$

如圖(c)所示，左側垂直肢之面積一次矩 Q_1 為

$$Q_1=\frac{t}{2}y_1\left(H-y_1\right)$$

圖(c)

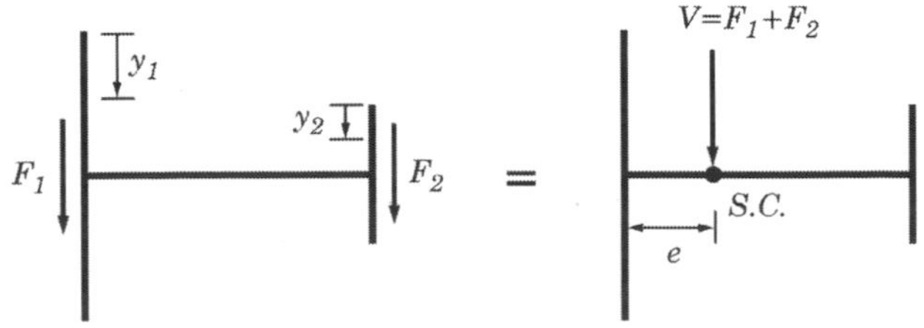

（二）當斷面承受垂直向剪刀 V 時，左側垂直肢之剪應力 τ_1 為

$$\tau_1=\frac{VQ_1}{It}=\frac{6V}{t\left(H^3+h^3\right)}y_1\left(H-y_1\right)$$

故其總力 F_1 為

$$F_1=2t\int_0^{H/2}\tau_1 dy_1=\frac{H^3V}{H^3+h^3}$$

同理可得右側垂直肢之總力 F_2 為

$$F_2=\frac{h^3V}{H^3+h^3}$$

參圖(c)所示，設剪力中心（S.C.）距左側垂直肢為 e，則可得

$$e=\frac{F_2B}{V}=\frac{h^3B}{H^3+h^3}$$

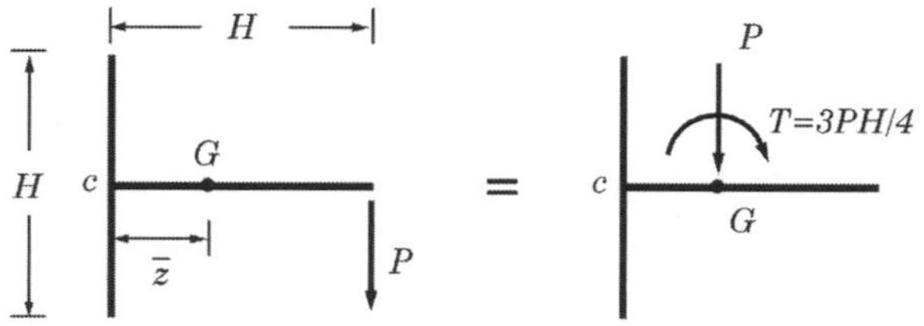

圖(d)

（三）參圖(d)所示，T 形斷面之形心(G)距左側垂直肢為 $\bar{Z}=H/4$，故在形心處之等效力及力隅矩如圖(d)中右側所示。c 點因樑之彎曲變形所造成的垂直位移 Δ_M 為

$$\Delta_M=\frac{PL^3}{3EI}=\frac{4PL^3}{EtH^3}(\downarrow)$$

上式中 $I=tH^3/12$。又扭矩造成之扭轉角 ϕ 為

$$\phi=\frac{TL}{G\left(2Ht^3\right)/3}=\frac{3TL}{2GHt^3}\ (\circlearrowright)$$

所以，c 點因扭轉變形所造成的垂直位移 Δ_T 為

$$\Delta_T=\frac{H}{4}\phi=\frac{3TL}{8Gt^3}=\frac{3PHL}{4Et^3}(\uparrow)$$

（四）當 c 點位移向上時應有 $\Delta_T>\Delta_M$，亦即

$$\frac{3PHL}{4Et^3}>\frac{4PL^3}{EtH^3}$$

化簡上式得 c 點位移向上之條件為 $3H^4>16L^2t^2$

三、某工程原規劃使用一支直徑 d = 500 mm 圓形斷面石材作為大梁，但考量節省空間及節省材料，擬將此圓形斷面石材改成寬為 b 及高為 h 內接圓形之矩形斷面梁，如圖所示，試回答下列問題：

（一）如須將圓形斷面石材製成能抵抗彎矩之最強矩形斷面梁，則最佳之 b 值與 h 值應各為何？（15 分）

（二）此最強矩形斷面梁撓曲應力為原圓形斷面石材撓曲應力之多少倍？材料可節省多少百分比？（10 分）

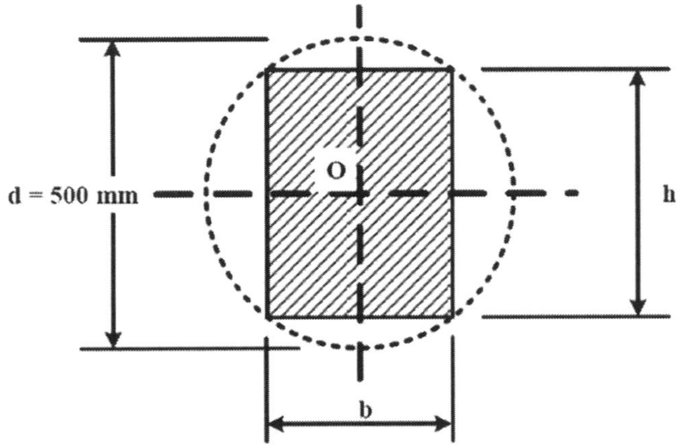

（107 高考-工程力學#4）

參考題解

（一）矩形斷面之斷面模數 S 為

$$S=\frac{bh^2}{6}=\frac{b\left(d^2-b^2\right)}{6}$$

當為 S 極大值時，可得抵抗彎矩之最強矩形斷面。故微分上式並令為零，亦即

$$\frac{dS}{db}=\frac{1}{6}\left(d^2-3b^2\right)=0$$

由上式得最佳 b 值為

$$b=\frac{d}{\sqrt{3}}=288.675\ mm$$

又最佳 h 值為

$$h=\sqrt{d^2-b^2}=\sqrt{\frac{2}{3}}d=408.248\ mm$$

（二）承受彎矩 M 時，圓形斷面之最大彎曲應力 σ_0 為

$$\sigma_0 = \frac{M(d/2)}{\pi d^4/64} = \frac{32M}{\pi d^3}$$

又，最強矩形斷面之最大彎曲應力 σ 為

$$\sigma = \frac{6M}{bh^2} = \frac{6M}{\left(d/\sqrt{3}\right)\left(2d^2/3\right)} = \frac{9\sqrt{3}M}{d^3}$$

兩應力之比值為

$$\frac{\sigma}{\sigma_0} = \frac{9\sqrt{3}}{32/\pi} = 1.53$$

（三）圓形斷面之面積 A_0 與矩形斷面之面積 A 分別為

$$A_0 = \frac{\pi d^2}{4} = 0.785d^2 \;；\; A = \left(\frac{d}{\sqrt{3}}\right)\left(\sqrt{\frac{2}{3}}\,d\right) = 0.471d^2$$

故節省材料百分比 s 為

$$s = \frac{A_0 - A}{A_0} = \frac{0.785 - 0.471}{0.785} = 0.4 = 40\%$$

四、矩形截面簡支梁，長度為 L，截面寬為 b，截面高為 h，此簡支梁受均布載重 q 作用。設最大應力處之應變能密度稱為最大應變能密度，以 $U_{0,\max}$ 表之；而簡支梁之平均應變能密度 $\overline{U}_0 = U / V$，其中，U 為梁之總應變能，V 為梁之體積。求 $U_{0,\max} / \overline{U}_0$。（25分）

（107結技-材料力學#4）

參考題解

（一）樑之最大彎矩為 $M_{\max} = qL^2/8$，故最大應力值為

$$\sigma_{\max} = \frac{M_{\max}(h/2)}{bh^3/12} = \frac{3qL^2}{4bh^2}$$

最大應力處之 $U_{0,\max}$ 為

$$U_{0,\max} = \frac{\sigma_{\max}{}^2}{2E} = \frac{9}{32E}\left(\frac{qL^2}{bh^2}\right)^2$$

（二）樑之內彎矩函數 $M(x)$ 為

$$M(x) = \frac{q}{2}(Lx - x^2) \qquad (0 \le x \le \frac{L}{2})$$

桿件之總應變能 U 為

$$U = 2\int_0^{L/2} \frac{M(x)^2}{2EI}dx = \frac{q^2L^5}{20Ebh^3}$$

故有

$$\overline{U}_0 = \frac{U}{bhL} = \frac{1}{20E}\left(\frac{qL^2}{bh^2}\right)^2$$

（三）最後得 $U_{0,\max}$ 與 $\overline{U}_0$ 之比值為

$$\frac{U_{0,\max}}{\overline{U}_0} = \frac{9/32}{1/20} = \frac{45}{8}$$

五、一長度 $\ell = 10$ m 之懸臂梁，於其自由端承受一集中力 F 作用，如圖(a)所示，此均勻梁斷面 $b = 12$ cm 及 $h = 12$ cm，其固體材料之應力應變行為屬線彈性完美塑性（Elastic perfectly plastic），如圖(b)所示，其中彈性模數（Elastic modulus）$E = 200$ GPa 及降伏強度（Yield strength）$\sigma_y = 200$ MPa，假設此梁產生撓曲變位時，其斷面平面仍保持平面，此梁於 a-a 斷面處不同位置之應變量，如圖(c)所示，求此時梁所承受之集中力 F。（25分）

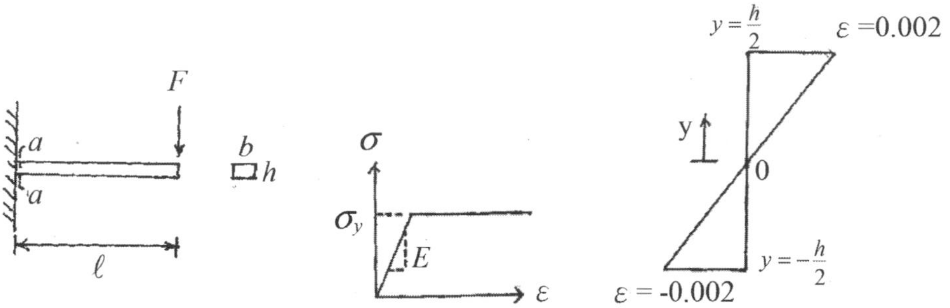

圖(a)　　圖(b)　　圖(c)

（107 三等-靜力學與材料力學#3）

參考題解

（一）由應力-應變關係可得降伏應變 ε_y 為

$$\varepsilon_y=\frac{\sigma_y}{E}=0.001$$

因此，可得如下圖所示之應力分佈圖，其中降伏區域之合力 N_1 為

$$N_1=\sigma_y\left(\frac{hb}{4}\right)=\frac{hb}{4}\sigma_y$$

彈性核心區域之合力 N_2 為

$$N_2=\frac{hb}{8}\sigma_y$$

所以，固定端斷面之內彎矩 M 為

$$M=N_1\left(\frac{3h}{4}\right)+N_2\left(\frac{h}{3}\right)=\frac{11}{48}\sigma_y bh^2$$

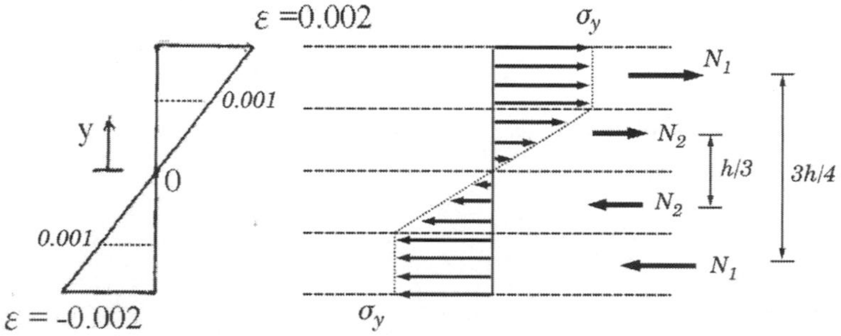

（二）另外，由整體懸臂樑可得

$$M=Fl=\frac{11}{48}\sigma_y bh^2$$

所以解得 F 為　$F=\frac{11}{48}\left(\frac{\sigma_y bh^2}{l}\right)=7920N$

六、附圖所示，為一根由梁與版所合成的簡支梁結構。梁與版均使用相同的材料。該材料之彈性模數為 $E = 1.0 \times 10^5\ kgf/cm^2$，單位體積重為 $\gamma = 2{,}000\ kgf/m^3$。首先，梁於工廠內製作完成，並運送至工地，然後以吊車將梁的兩端分別安放在鉸支承與輥支承上。隨後，將版構材黏著於梁頂面上，因而形成一個 T 形斷面之撓曲構材。最後，再於跨度中央處放置一個 P = 6,000 kgf 的集中荷重。試求：在跨度中央處，預鑄梁之頂面與底面的撓曲應力。（25 分）

附註：預鑄梁與版的自重，均須被考慮於本問題之分析。

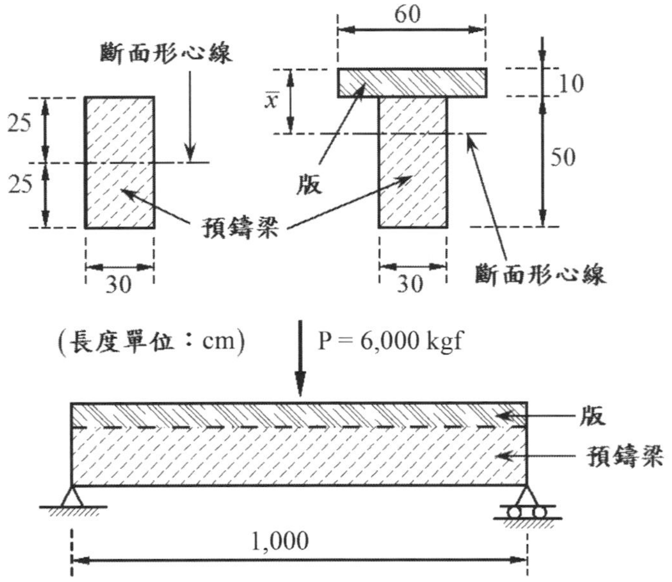

（107 司法-結構分析#2）

參考題解

（一）斷面形心位置 $\bar{x}$ 為

$$\bar{x} = \frac{600(5)+1500(35)}{600+1500} = 26.429\ cm$$

斷面對形心軸（中性軸）之面積慣性矩 I 為

$$I = \left[\frac{60(10)^3}{12} + 600(21.429)^2\right] + \left[\frac{30(50)^3}{12} + 1500(8.571)^2\right]$$
$$= 7.032 \times 10^5\ cm^4$$

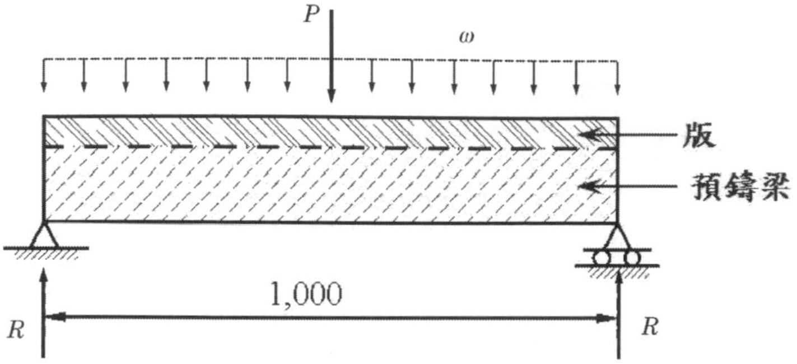

（二）參上圖所示，其中自重產生之均佈負荷為

$$\omega = (2100\times1)\times(2000/10^{6}) = 4.2\, kgf/cm$$

支承力為

$$R = \frac{1}{2}[P + 1000\omega] = 5100\, kgf$$

故桿件中央處之內彎矩為

$$\mathrm{M} = \mathrm{R}(500) - \omega(500)(250) = 2.025\times10^{6}\, kgf\cdot cm$$

（三）預鑄樑之頂面的撓曲應力 σ_1 為

$$\sigma_1 = \frac{M(16.429)}{I} = 47.31\, kgf/cm^2\ (\text{壓應力})$$

預鑄樑之底面的撓曲應力 σ_2 為

$$\sigma_2 = \frac{M(33.571)}{I} = 96.67\, kgf/cm^2\ (\text{拉應力})$$

七、圖(a)之梁受均布載重 q 作用，梁的長度 $L = 2$ m，截面尺寸如圖(b)所示。

（一）求支撐點 BC 的距離 S，使梁之最大彎矩為最小，且求此最小化之最大彎矩 M_{max}= ?（15 分）

（二）接（一）小題求得之 M_{max}，若梁之允許拉應力 $\sigma_{allow} = 8.5$ MPa，求最大均布載重 q_{max}。（10 分）

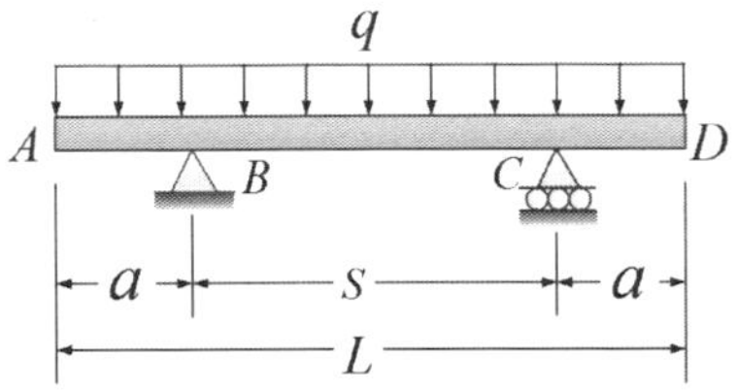

圖(a)

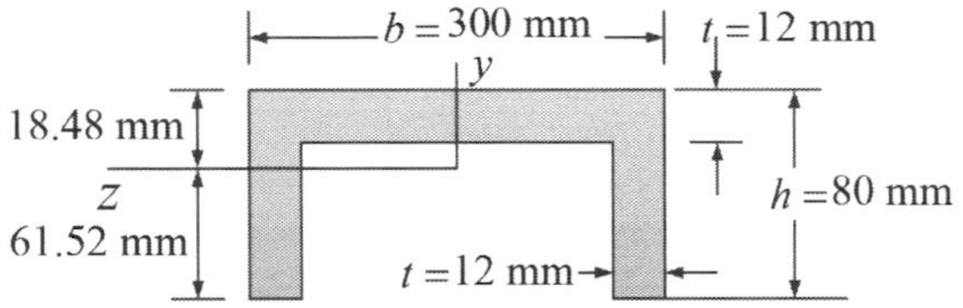

圖(b)

（107 四等-靜力學概要與材料力學概要#3）

參考題解

（一）樑之內彎矩示意圖如下圖所示，其中

$$M_B = -\frac{qa^2}{2} = -\frac{q}{8}(L-S)^2 \qquad ①$$

$$M_E = M_B + \frac{qS^2}{8} = \frac{q}{8}\left(2LS - L^2\right) \qquad ②$$

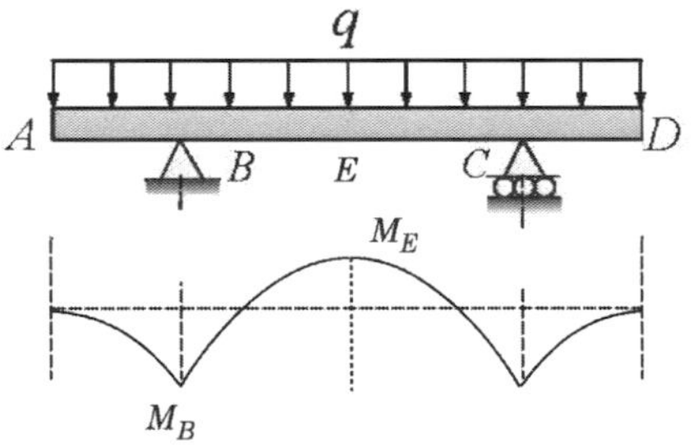

（二）當 $|M_B| = M_E$ 時，最大彎矩為最小（為何呢？），故令

$$(L-S)^2 = 2LS - L^2$$

由上式解得 $S = 0.586L = 1.172m$。因此，最小化之最大彎矩 $M_{\max}$ 為

$$M_{\max} = \frac{q}{8}\left[4(1.172) - 4\right] = 0.086q$$

（三）由圖(b)可得斷面之慣性矩 I_z 為

$$I_z = \left[\frac{300(80)^3}{12} + 24000(21.52)^2\right] - \left[\frac{276(68)^3}{12} + 18768(27.52)^2\right]$$

$$= 2.469\times10^6 mm^4 = 2.469\times10^{-6} m^4$$

最大拉應力為

$$\sigma_{\max} = \frac{(0.086q)(61.52\times10^{-3})}{I_z} = 8.5\times10^3 kPa$$

由上式解得最大允許均佈載重 $q_{\max}$ 為

$$q_{\max} = \frac{(8.5\times10^3)I_z}{0.086(61.52\times10^{-3})} = 3.97\,kN/m$$

八、倒 T 型斷面如下圖所示。b = 200 mm，a = 300 mm，t_w = 20 mm，t_f = 25 mm。受彎矩 M = 20 kN • m，角度 θ = 45°。請計算該斷面最大之拉應力與壓應力。（25 分）

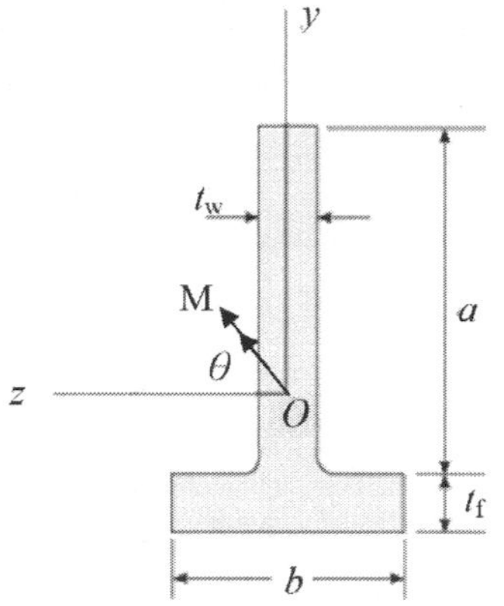

（108 土技-結構分析#1）

參考題解

（一）計算 I_y、I_z

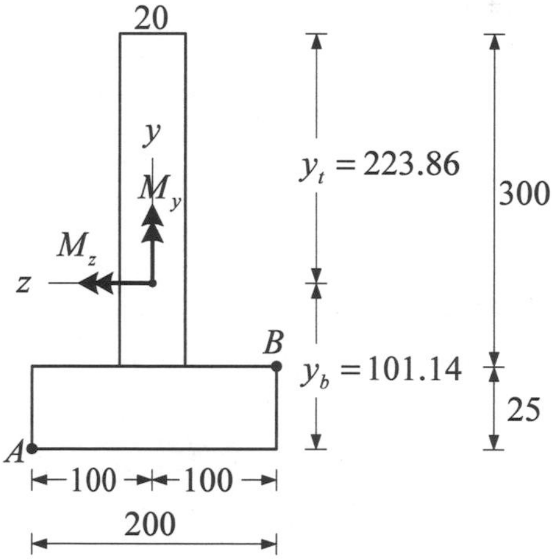

$$y_b = \frac{200\times25(12.5)+20\times300(150+25)}{200\times25+20\times300}$$
$$= 101.14\ mm$$

$$y_t = 300+25-101.14 = 223.86\ mm$$

$$z_1 = 10\ mm$$

$$z_2 = 100\ mm$$

$$I_y = \frac{1}{12}\times300\times20^3+\frac{1}{12}\times25\times200^3$$
$$= 16866667\ mm^4$$

$$I_z = \frac{1}{3}\times20\times223.86^3+\frac{1}{3}\times200\times101.14^3-\frac{1}{3}\times(200-20)\times(101.14-25)^3$$
$$= 117277462\ mm^4$$

（二）斷面最大拉應力在 A 點

$$\sigma_A=\frac{M_z(101.14)}{I_z}+\frac{M_y(100)}{I_y}=\frac{\left(10\sqrt{2}\times10^6\right)(101.14)}{117277462}+\frac{\left(10\sqrt{2}\times10^6\right)(100)}{16866667}$$

$$=12.2+83.85=96.05\ MPa\ ☜\sigma_{t,\max}$$

（三）斷面最大壓應力在 B 點

$$\sigma_B=\frac{M_z(101.14-25)}{I_z}-\frac{M_y(100)}{I_y}=\frac{\left(10\sqrt{2}\times10^6\right)(76.14)}{117277462}-\frac{\left(10\sqrt{2}\times10^6\right)(100)}{16866667}$$

$$=9.18-83.85=-74.67\,MPa\ ☜\sigma_{c,\max}$$

九、有一斷面（300 mm × 300 mm）之箱型梁，厚度為 25 mm，A 點為鉸支承，B 點為滾支承，C 點為自由端。此梁受均布載重 q，且梁之剪力圖已繪製於梁下方。（一）求均布載重 q 之值與 A 點及 B 點之反力；（二）繪製梁之彎矩圖；（三）計算梁內剪應力 τ_{xy} 之最大值；（四）計算梁內正向應力 σ_x 之最大值。（25 分）

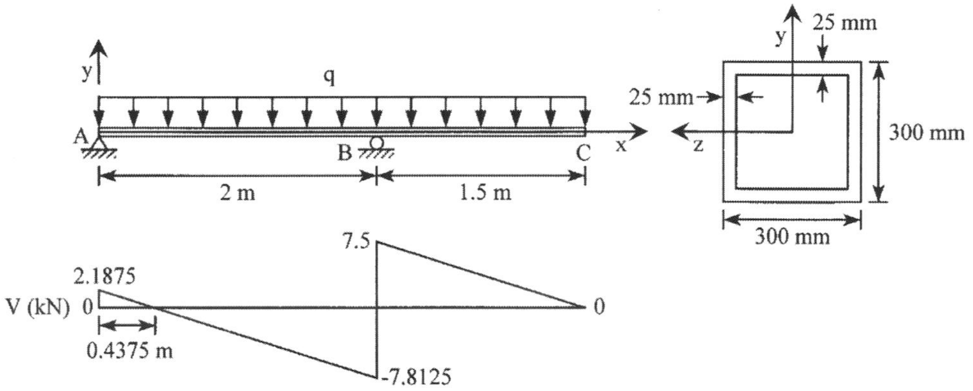

（108 結技-材料力學#2）

參考題解

（一）由剪力圖可知

$$q=\frac{7.5}{1.5}=5\,kN/m$$

A 點及 B 點之支承力為

$$R_A=2.1875kN(\uparrow)\ ；\ R_B=7.8125+7.5=15.3125kN(\uparrow)$$

彎矩圖如下圖所示。

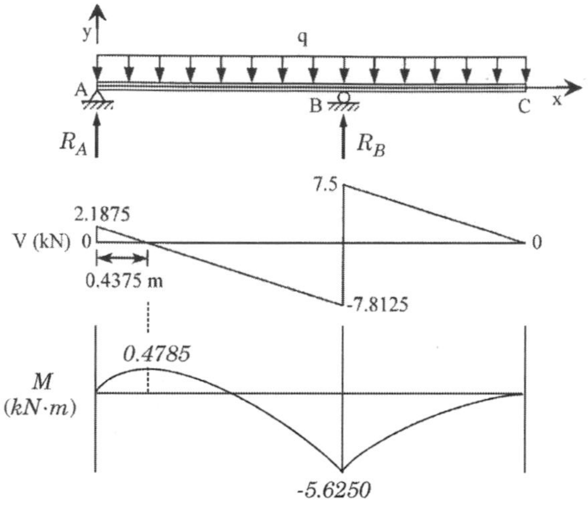

（二）斷面對 z 軸之慣性矩為

$$I_z = \frac{300(300)^3 - 250(250)^3}{12}$$

$$= 3.4948 \times 10^8 \, mm^4 = 3.4948 \times 10^{-4} \, m^4$$

參右圖所示，其中陰影面積對 z 軸之面積一次矩為

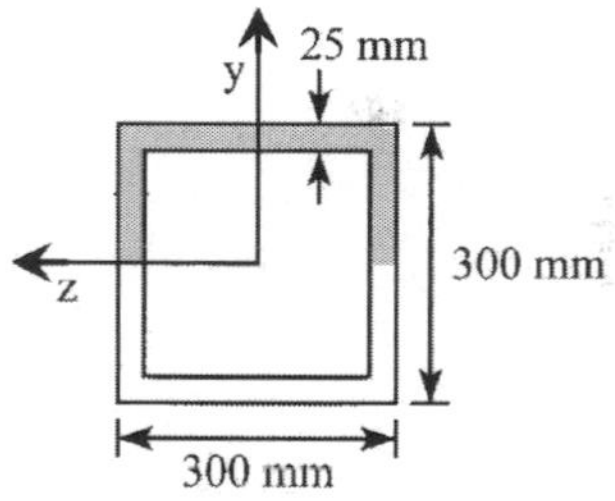

$$Q = 2(150 \times 25)(75) + (250 \times 25)(137.5)$$

$$= 1.4219 \times 10^6 \, mm^3 = 1.4219 \times 10^{-3} \, m^3$$

（三）樑內最大應力值為

$$(\tau_{xy})_{\max} = \frac{(7.8125)Q}{I_z(2)(25 \times 10^{-3})} = 6.3572 \times 10^2 \, kPa$$

$$(\sigma_x)_{\max} = \frac{(5.625)(150 \times 10^{-3})}{I_z} = 2.4143 \times 10^3 \, kPa$$

十、如圖所示工型斷面之直樑，材料之彈性模數 $E = 240$ GPa。當工型斷面承受 $M_z = 24$ kN · m 彎矩及 $V_y = 12.5$ kN 剪力作用，求此時樑中性軸曲率半徑、a 點正向應力 σ_x 及 b 點剪應力 τ_{xy}。（25分）

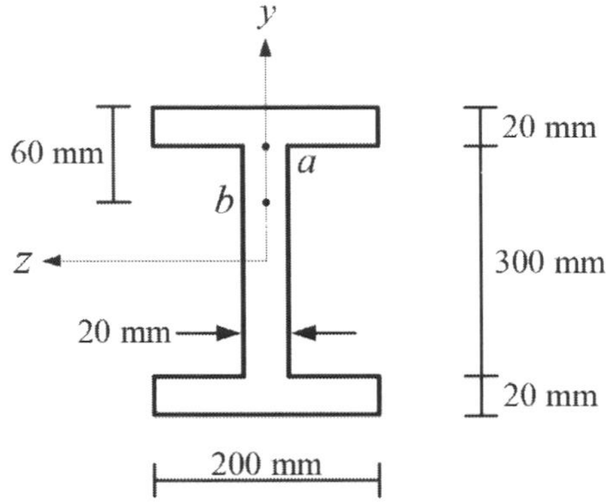

（108三等-靜力學與材料力學#3）

參考題解

（一）斷面之面積慣性矩為

$$I_z = \frac{20(300)^3}{12} + 2\left[\frac{200(20)^3}{12} + 4000(160)^2\right]$$

$$=2.501\times10^8 mm^4 = 2.501\times10^{-4} m^4$$

又參圖所示，陰影區域之面積一次矩為

$$Q = 4000(160) + 800(130) = 7.44\times10^5 mm^3 = 7.44\times10^{-4} m^3$$

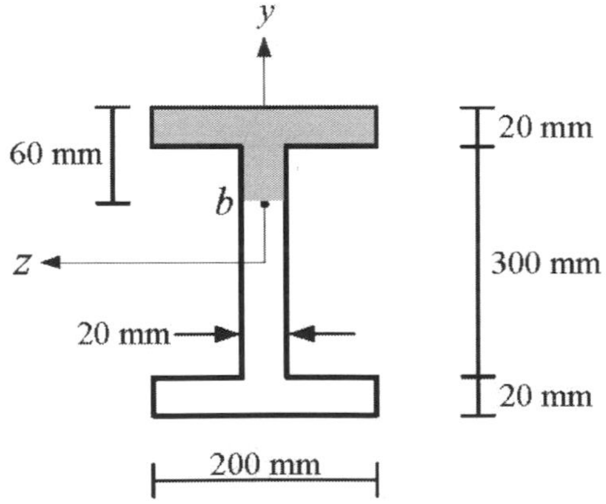

（二）中性軸之曲率半徑 ρ 為

$$\rho = \frac{EI_z}{M} = 2.501\times10^3 m$$

點 a 之正向應力 σ_x 為

$$\sigma_x = \frac{M\left(150\times10^{-3}\right)}{I_z} = 1.439\times10^4 kPa = 14.39 MPa$$

點 b 之剪應力 τ_{xy} 為

$$\tau_{xy} = \frac{VQ}{I_z\left(20\times10^{-3}\right)} = 1.859\times10^3 kPa = 1.859 MPa$$

十一、如圖所示之梁，已知最大正彎矩為最大負彎矩量值的 4 倍，試求 L 長度為何？註：正彎矩之定義為造成梁斷面底部產生拉應力者。（25 分）

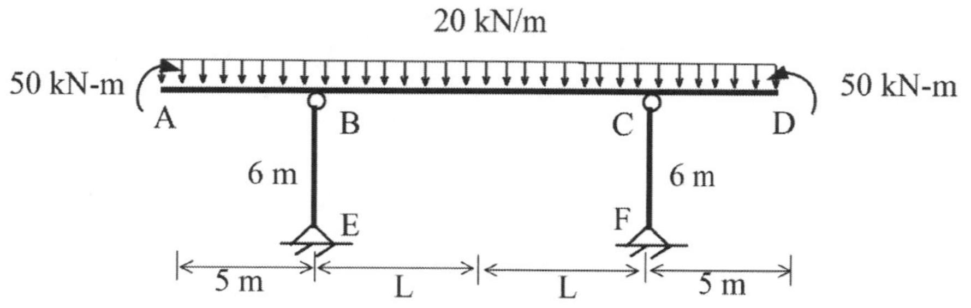

（108 普考-結構學概要與鋼筋混凝土學概要#2）

參考題解

（一）根據梁對稱受力特性，可得梁 ABCD 自由體的受力情況與剪力圖、彎矩圖如下

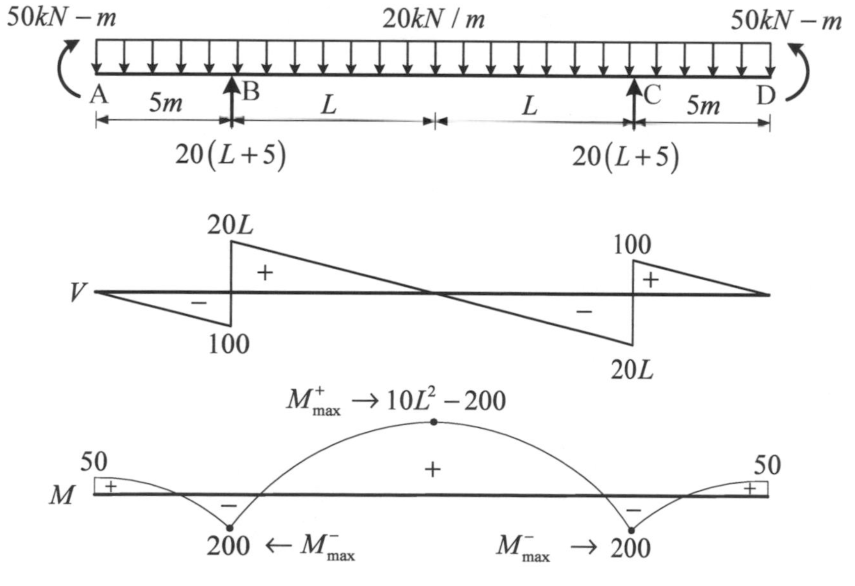

（二）依據題意

$$M^{+}_{max} = 4M^{-}_{max} \Rightarrow 10L^2 - 200 = 4(200) \quad \therefore L = 10m$$

十二、如圖示，剛架 ABC 係由兩根相同且均勻之圓管於 B 點焊接而成，A 端為鉸支承，C 端為滾支承。已知圓管斷面之面積為 $A = 22620\ mm^2$，二次面積矩為 $I = 92.74 \times 10^6\ mm^4$，外徑為 $d = 100\ mm$，於 B 點施加垂直力 $P = 10\ kN$，若 $L = H = 2.8\ m$，求剛架內最大拉應力與最大壓應力分別是多少？（25 分）

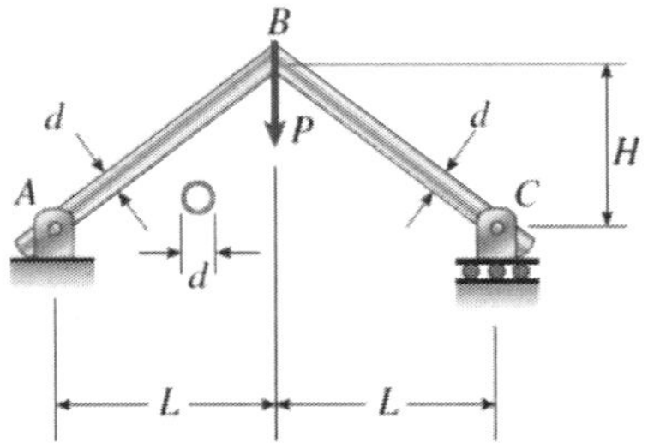

（109 高考-工程力學#4）

參考題解

（一）AB 段的軸力圖及彎矩圖如下圖所示，桿件內最大軸力及最大彎矩各為

$$S = \frac{5}{\sqrt{2}} kN \quad ; \quad M = \frac{5}{\sqrt{2}}\left(2.8\sqrt{2}\right) = 14 kN \cdot m$$

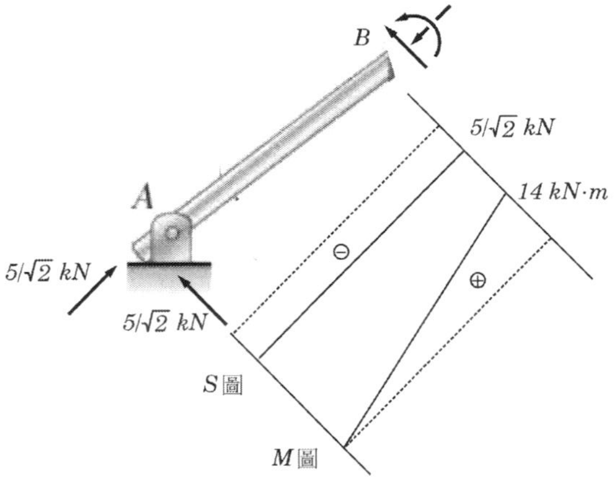

（二）軸力及彎矩所產生之最大應力分別為

$$\sigma_S = \frac{S}{A} = 1.563 \times 10^2\ kN/m^2$$

$$\sigma_M = \frac{M(0.05)}{I} = 75.480 \times 10^2\ kN/m^2$$

（三）剛架內最大拉應力為

$$\sigma^{+}_{\max} = \sigma_M - \sigma_S = 73.92 \times 10^2\ kN/m^2$$

剛架內最大壓應力為

$$\sigma^{-}_{\max} = \sigma_M + \sigma_S = 77.04 \times 10^2\ kN/m^2$$

十三、一根具有兩端外伸部份之鋼梁（見圖），在兩端外伸部份，各負荷均勻載重 q = 150 kN/m。鋼梁之截面為 W30 × 172（I = 329,239 cm⁴，高 h = 76 cm），其 E = 206 GPa。詳細列出計算式，求梁內最大正交應力 σ（kPa）及梁中間點之向上撓度 δ (cm)。（計算過程與答案使用單位必須與題目一致）（20 分）

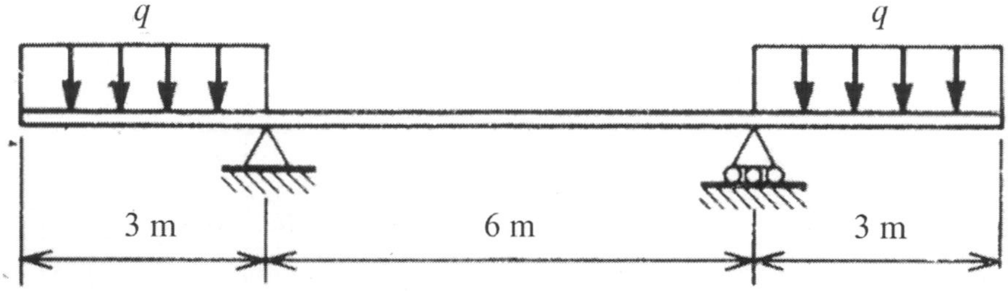

（109 土技-結構分析#1）

參考題解

（一）計算梁內最大正交應力

$M_{\max} = 675\ kN - m$

$y = \dfrac{h}{2} = 38cm = 0.38m$

$$\sigma_{\max} = \frac{M_{\max} y}{I} = \frac{675(0.38)}{329239 \times 10^{-8}} = 77907\ kPa$$

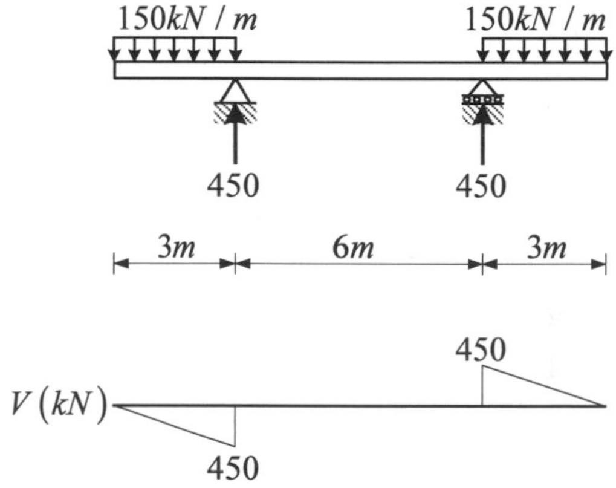

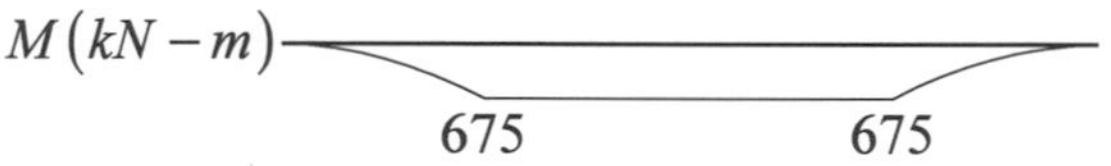

（二）計算梁中間點(C)之向上撓度 y_c

以力矩面積法求解

1. $y_B = y_A + L\theta_A + t_{B/A}$

$$\Rightarrow 0 = 0 + 6\theta_A + \left(-\frac{675}{EI} \times 6\right)(3) \quad \therefore \theta_A = \frac{2025}{EI}$$

2. $y_C = y_A + L\theta_A + t_{C/A}$

$$\Rightarrow y_C = 0 + 3\left(\frac{2025}{EI}\right) + \left(-\frac{675}{EI} \times 3\right)(1.5)$$

$$\therefore y_C = \frac{3037.5}{EI} = 4.48 \times 10^{-3}\ m = 4.48 \times 10^{-1}\ cm\ (\uparrow)$$

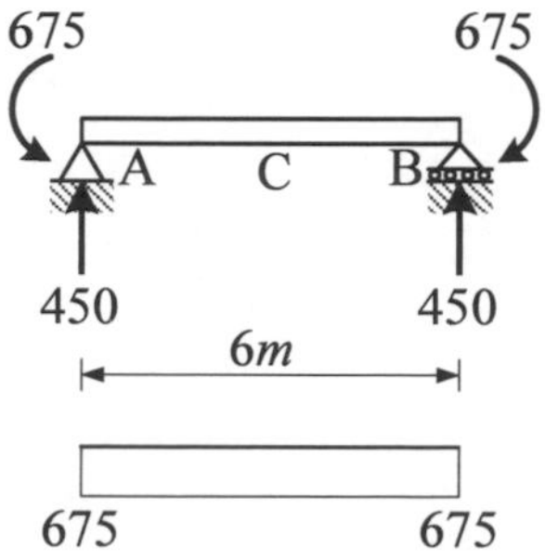

PS：$EI=\left(206\times10^{6}\dfrac{kN}{m^{2}}\right)\times\left(329239\times10^{-8}m^{4}\right)=678232\ kN-m^{2}$

【補充】

亦可以直接以基本變位公式求解

$$y_C=\frac{1}{16}\frac{ML^2}{EI}\times2=\frac{1}{16}\frac{(675)6^2}{EI}\times2=\frac{3037.5}{EI}$$

十四、一根直立石柱，材料彈性係數 60 GPa，斷面積為 0.3 m × 0.3 m 的方形，慣性矩為 $6.75\times10^{-4}\ m^4$，長 2 m，假設上端滾輪支撐，下端固定支撐，承受一偏心集中載重 P = 100 N，偏心距 e = 3 cm，如下圖所示，計算該柱斷面上最大的壓應力。其他條件不變，斷面上不出現拉應力的條件下，偏心距 e 最大是多少？（25 分）

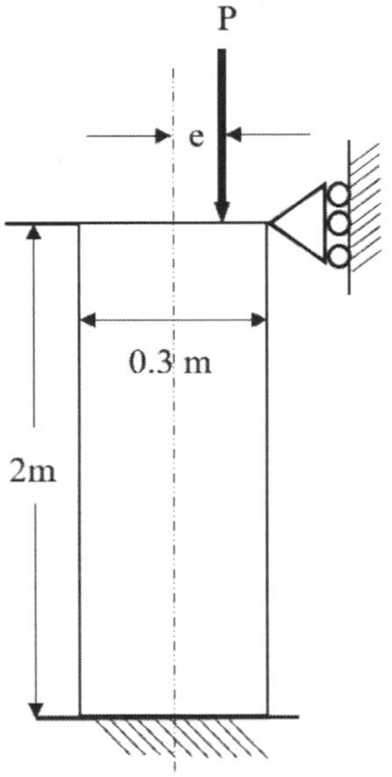

（109 結技-材料力學#3）

參考題解

（一）如圖(a)所示，將負載轉化成無偏心之軸力 P 及力隅矩 $M=Pe$。斷面內的應力如圖(b)所示，可得最大壓應力為

$$(\sigma_c)_{\max}=\frac{P}{A}+\frac{Pe(0.15)}{I}$$

$$=\frac{100}{0.09}+\frac{100(0.03)(0.15)}{6.75\times10^{-4}}=1777.78\,N/m^2$$

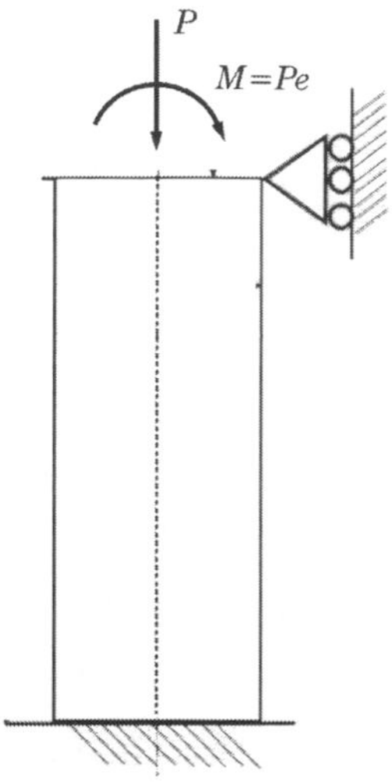

圖(a)

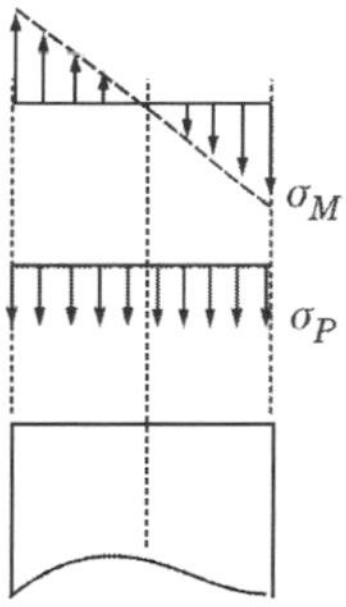

圖(b)

（二）又最大拉應力為

$$(\sigma_t)_{\max} = -\frac{P}{A} + \frac{Pe(0.15)}{I} = -\frac{100}{0.09} + \frac{100e(0.15)}{6.75\times10^{-4}}$$

令 $3(\sigma_t)_{\max} = 0$ ，可得不出現拉應力時 $e = 0.05\ m$ 。

十五、如圖所示結構，a 點為固定支承，c 點為鉸接點，桿件 bd 為二端以銷接點（pin joint）方式與撓曲桿件 ac 與 ce 連接。已知桿件 ac 與 ce 為矩形斷面且對強軸撓曲，楊氏係數（Young's modulus）E = 200 GPa，且容許正向應力為 100 MPa。假設有一個垂直載重 P 作用在 e 點上，求撓曲桿件之剪力圖與彎矩圖，並求撓曲桿件內最大彎曲應力小於容許正向應力條件下之最大載重 P。（25 分）

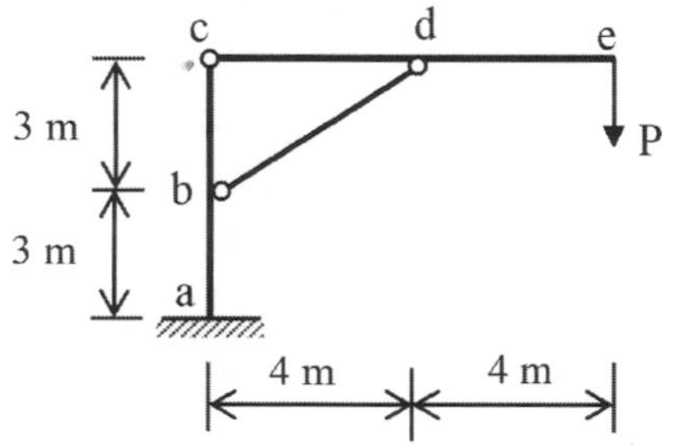

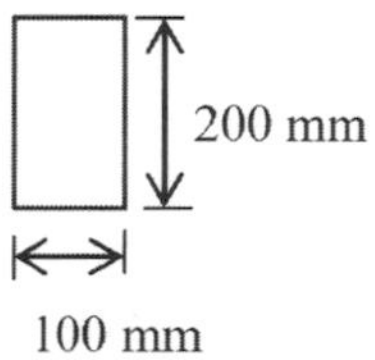

撓曲桿件斷面尺寸

（109 司法-結構分析#1）

參考題解

（一）桿件 cde 的自由體圖如圖(a)所示，其中

$$S=\frac{10P}{3}\ ,\quad C_x=-\frac{8P}{3}\ ,\quad C_y=-P$$

桿件 cde 的剪力圖及彎矩圖如圖(a)中所示。

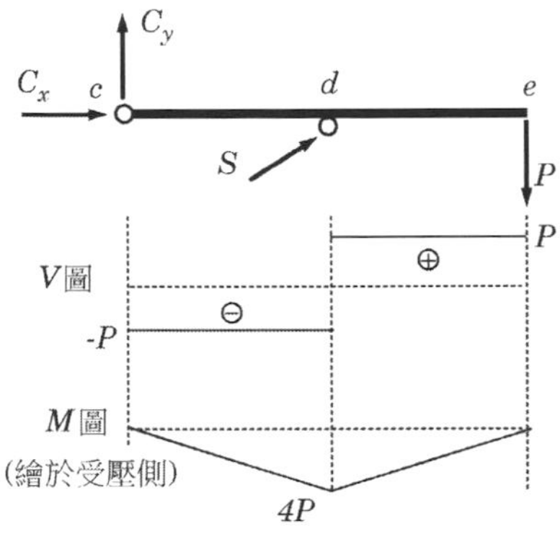

圖(a)

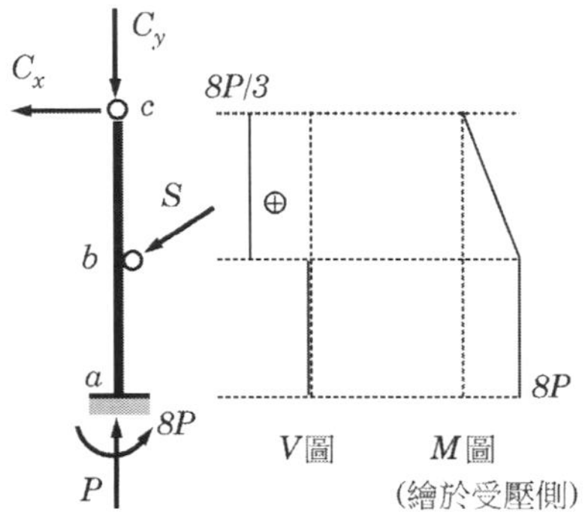

圖(b)

桿件 abc 的自由體圖如圖(b)所示，其剪力圖及彎矩圖如圖中所示。結構內最大彎矩為

$$M_{\max}=8P$$

（二）斷面對強軸之面積慣性矩為

$$I=\frac{(0.1)(0.2)^3}{12}=6.667\times10^{-5}m^4$$

（三）最大彎曲應力為

$$\sigma_{\max}=\frac{M_{\max}(0.1)}{I}=1.20\times10^4P$$

令 $\sigma_{\max}=100MPa$ ，可得最大載重 $P=8.33kN$

十六、如圖所示工字形斷面之梁，a 點為鉸支承，b 點為滾支承，c 點承受 8 kN 之垂直載重，梁之楊氏係數 E = 200 GPa。求梁內之最大剪應力及計算 c 點之垂直位移量。（25 分）

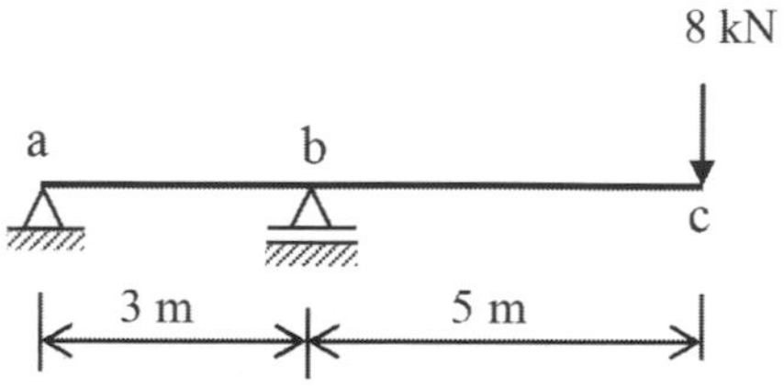

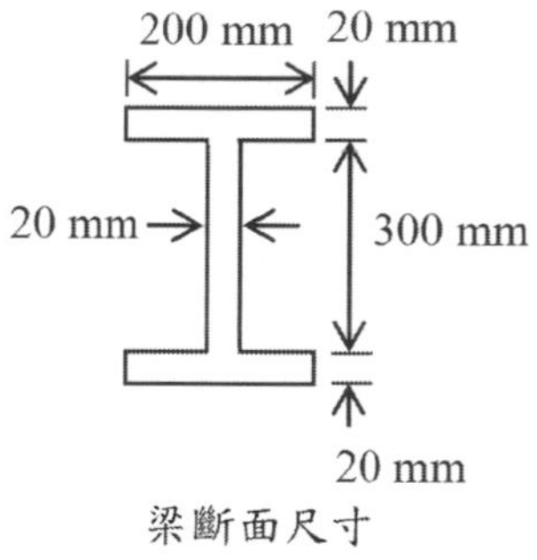

（109 司法-結構分析#2）

參考題解

（一）桿件之支承力及彎矩圖如下圖中所示。最大彎矩值為

$$M_{\max} = 40kN \cdot m$$

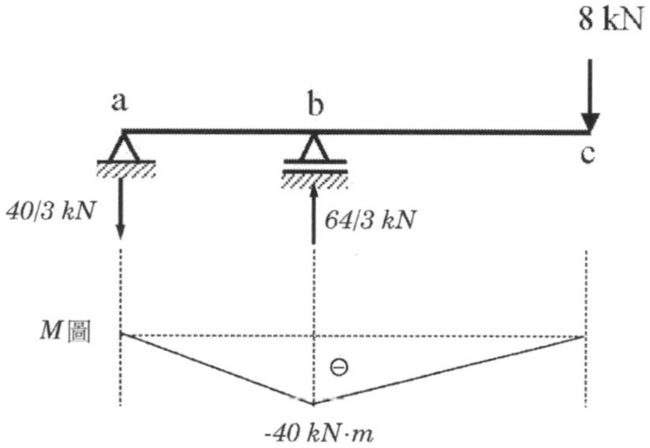

（二）斷面之面積慣性矩為

$$I = 2(200 \times 20)(160)^2 + \frac{20(300)^3}{12}$$
$$= 2.498 \times 10^8 mm^4 = 2.498 \times 10^{-4} m^4$$

（三）最大彎曲應力為

$$\sigma_{\max} = \frac{M_{\max}(0.17)}{I} = 2.72 \times 10^4 kN / m^2$$

樑內最大剪應力為

$$\tau_{\max} = \frac{\sigma_{\max}}{2} = 1.36 \times 10^4 kN / m^2$$

【註】

1. 讀者宜注意，上述τ_{max}並非最大「撓曲剪應力」，而是b點斷面之樑頂部及底部的最大剪應力值。
2. 此樑中最大「撓曲剪應力」發生在b點左側斷面之中性軸處，其值為撓曲 $\tau_{max} = 2.31\times10^3 kN/m^2$

（四）取ab段，依彎矩面積法公式

$$\theta_b = \theta_a - \left(\frac{40\times3}{2EI}\right)$$

$$y_b = y_a + 3\theta_a - \left(\frac{60}{EI}\times1\right)$$

其中$y_b = y_a = 0$，解得

$$\theta_a = \frac{20}{EI} \quad ; \quad \theta_b = -\frac{40}{EI}$$

再取bc段，依彎矩面積法公式

$$\theta_c = \theta_b - \left(\frac{40\times5}{2EI}\right)$$

$$y_c = y_b + 5\theta_b - \left(\frac{100}{EI}\times\frac{10}{3}\right)$$

解得c得位移

$$y_c = -\frac{1600}{3EI} = -1.07\times10^{-2} m$$

十七、有一外伸梁（overhanging beam）ABC 如圖所示，AB 長度為 2L，BC 長度為 L。在梁上受到一三角形的垂直向下的分布載重，三角形分布載重的最大荷重密度在 A 處，大小為 w_0。梁在 A 處受到鉸支承，在 B 處受到滾支承。梁的彈性模數為 E，對斷面中性軸（neutral axis）的轉動慣量為 I。若有需要可以使用 $\sqrt{2}=1.41412$，據此回答以下問題：

（一）請問最大彎矩值出現在何處？彎矩值為多少？（10 分）

（二）若梁的斷面為矩形斷面，梁高為 h，梁寬為 b，則梁的最大彎矩應力為多少？（10 分）

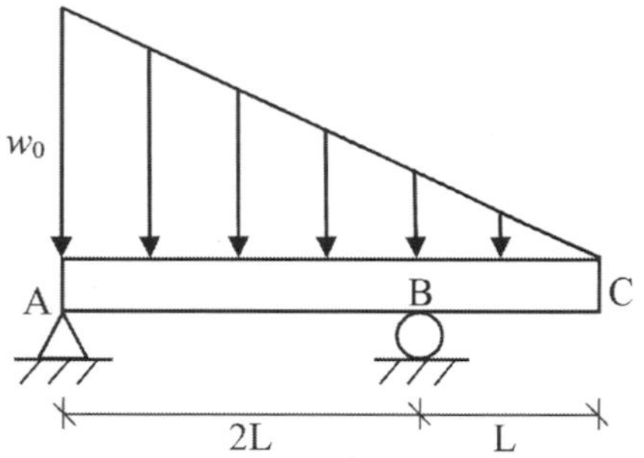

（109 四等-靜力學概要與材料力學概要#4）

參考題解

（一）如下圖所示，先求支承力

$$R_A = R_B = \frac{3\omega_0 L}{4}$$

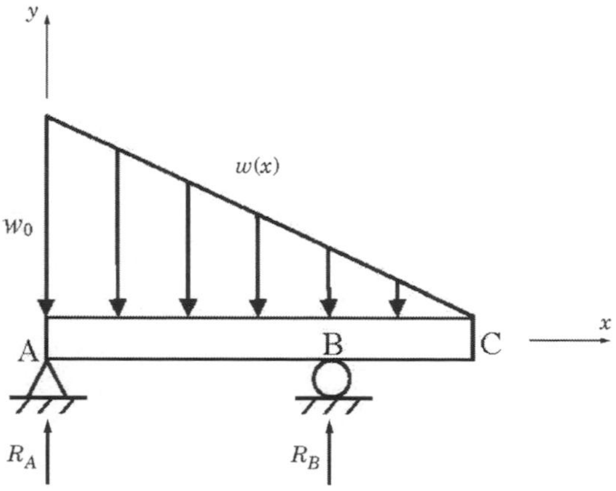

（二）負載函數為

$$\omega(x) = -\frac{\omega_0}{3L}x + \omega_0$$

考慮負載的方向可得

$$\frac{dV}{dx}=-\omega(x)=\frac{\omega_0}{3L}x-\omega_0$$

積分上式並考慮 B.C.可得剪力函數為

$$V(x)=\frac{\omega_0}{6L}x^2-\omega_0 x+\frac{3\omega_0 L}{4} \qquad ①$$

令上式$V(x)=0$，解得彎矩之區域極大值發生於

$$x=0.879L$$

（三）積分①式並考慮 B.C.可得彎矩函數為

$$M(x)=\frac{\omega_0}{18L}x^3-\frac{\omega_0}{2}x^2+\frac{3\omega_0 L}{4}x$$

將$x=0.879L$代入上式，可得彎矩之區域極大值為

$$M_{\max}=0.311\omega_0 L^2$$

（四）最大彎曲應力為

$$\sigma_{\max}=\frac{M_{\max}(h/2)}{bh^3/12}=1.864\frac{\omega_0 L^2}{bh^2}$$

十八、如圖示懸臂梁，由兩不同深度的矩形斷面的桿件組成。其寬度均為 50 mm，深度分別為 100 mm 及 150 mm。試求該梁的最大的彎曲應力。（25 分）

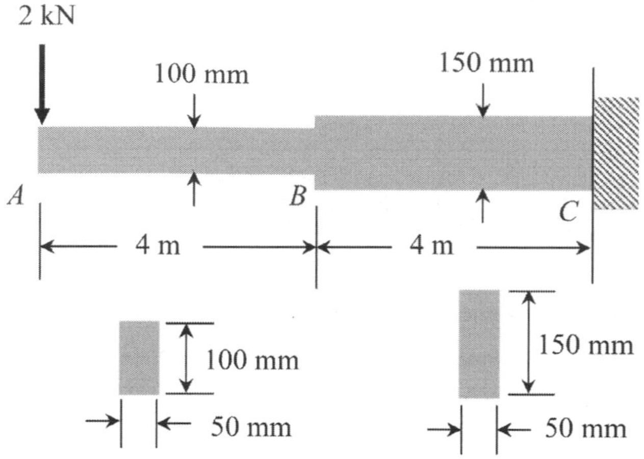

（110 高考-工程力學#1）

參考題解

（一）AB 段最大彎曲應力

$$\sigma_{max} = \frac{M_{\max}}{S} = \frac{8\times10^6}{\frac{1}{6}\times50\times100^2} = 96MPa$$

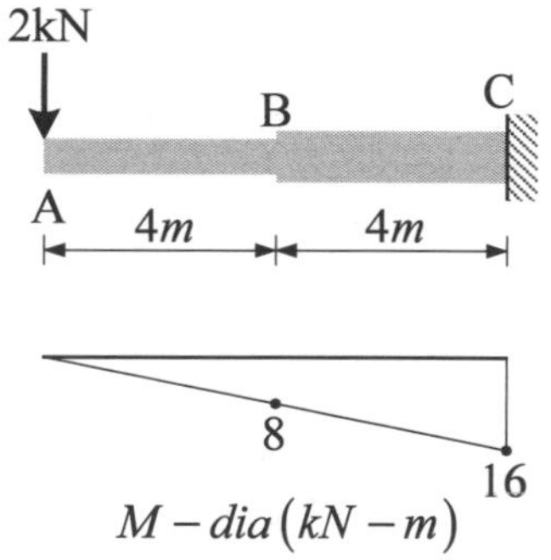

（二）BC 段最大彎曲應力

$$\sigma_{max} = \frac{M_{\max}}{S} = \frac{16\times10^6}{\frac{1}{6}\times50\times150^2} = 85.33MPa$$

（三）$\sigma_{\max} = [96\ ,\ 85.33]_{\max} = 96MPa$

十九、圖示為某直梁之三角形斷面，若斷面上受剪力 V 的作用。試推證斷面上最大的剪應力發生在 $y=h/6$ 處。（25 分）

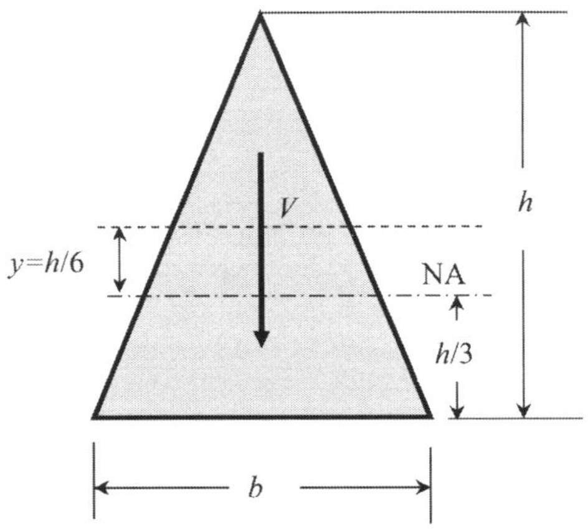

（110 高考-工程力學#2）

參考題解

假設同一水平線上剪應力的垂直分量皆相同

（一）距離中性軸 y 處

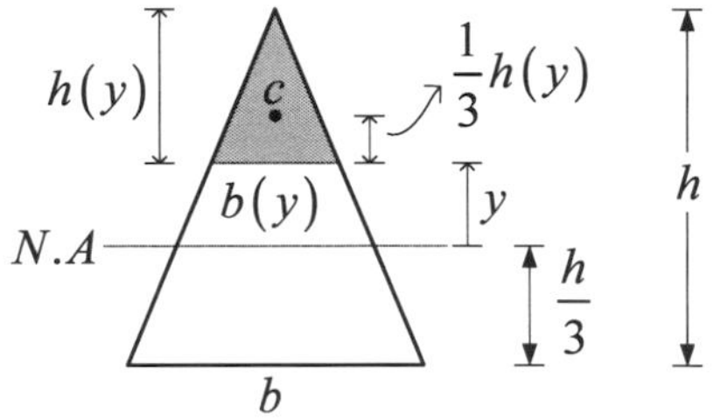

1. $h(y)=\dfrac{2}{3}h-y$

2. $b=b(y)$

3. $Q=Q(y)=\dfrac{1}{2}b(y)h(y)\times\left[y+\dfrac{1}{3}h(y)\right]$

（二）$\dfrac{Q}{b}=\dfrac{Q(y)}{b(y)}=\dfrac{1}{2}h(y)\times\left[y+\dfrac{1}{3}h(y)\right]$

$$=\frac{1}{2}\left(\frac{2}{3}h-y\right)\times\left[y+\frac{1}{3}\left(\frac{2}{3}h-y\right)\right]=\frac{1}{2}\left(\frac{2}{3}h-y\right)\times\left[\frac{2}{9}h+\frac{2}{3}y\right]$$

$$=\frac{2}{27}h^2+\frac{1}{9}hy-\frac{1}{3}y^2$$

（三）最大的剪應力垂直分量 τ_{max} 發生在 $\left(\dfrac{Q}{b}\right)_{max}$ 處

$\therefore \dfrac{Q(y)}{b(y)}$ 的極值發生在一階導數為零處

$$\frac{d\left[\dfrac{Q(y)}{b(y)}\right]}{dy}=0\Rightarrow\frac{d}{dy}\left(\frac{2}{27}h^2+\frac{1}{9}hy-\frac{1}{3}y^2\right)=0\quad\therefore y=\frac{1}{6}h$$

二十、一 8 m 長，上下不對稱斷面之 I 型懸臂梁承受一均布載重 15 kN/m（如圖(a)所示，斷面尺寸則如圖(b)所示。今在其自由端點施加一具偏心距 e 之軸向壓力 1500 kN。（25 分）

（一）試求可使梁斷面不產生張應力之最小偏心距。

（二）另求出前述最小偏心距時梁斷面之最大壓應力值。

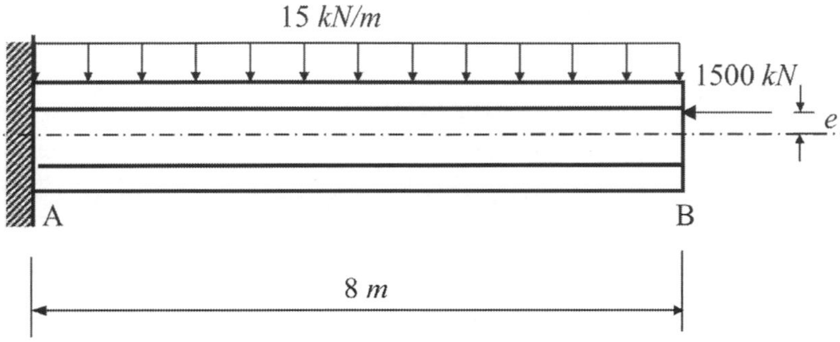

圖(a)

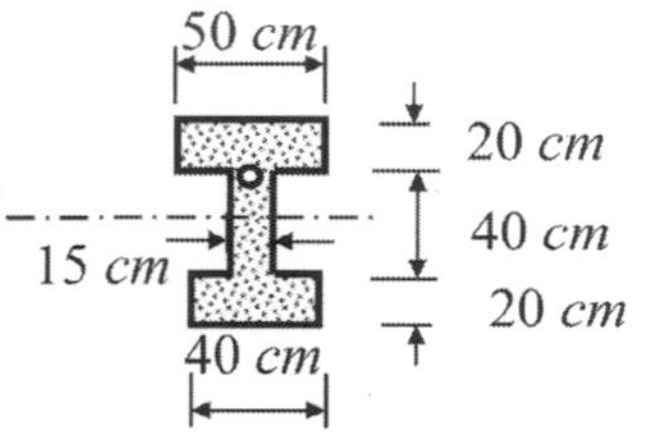

圖(b)

（110 土技-結構分析#2）

參考題解

（一）斷面形心位置與慣性矩

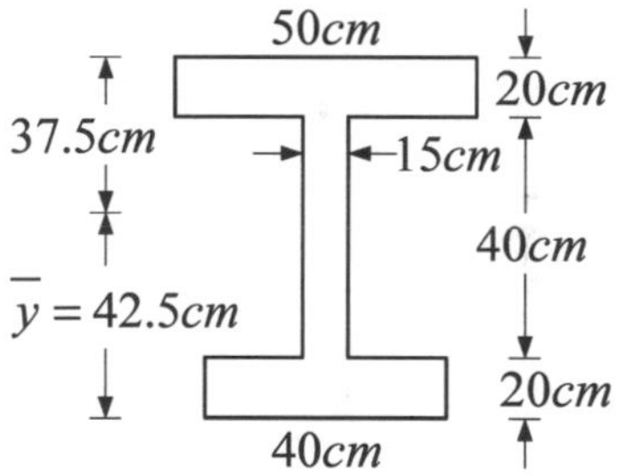

$$\bar{y}=\frac{(40\times20)(10)+(40\times15)(40)+(50\times20)(70)}{40\times20+40\times15+50\times20}$$

$$=\frac{10200}{2400}=42.5\ cm$$

$$A=2400\ cm^2=2400\times10^2\ mm^2$$

$$I=\left(\frac{1}{3}\times50\times37.5^3-\frac{1}{3}\times35\times17.5^3\right)+\left(\frac{1}{3}\times40\times42.5^3-\frac{1}{3}\times25\times22.5^3\right)$$

$$=1745000\ cm^4=1745000\times10^4\ mm^4$$

（二）使斷面不產生拉應力的最小偏心距 e

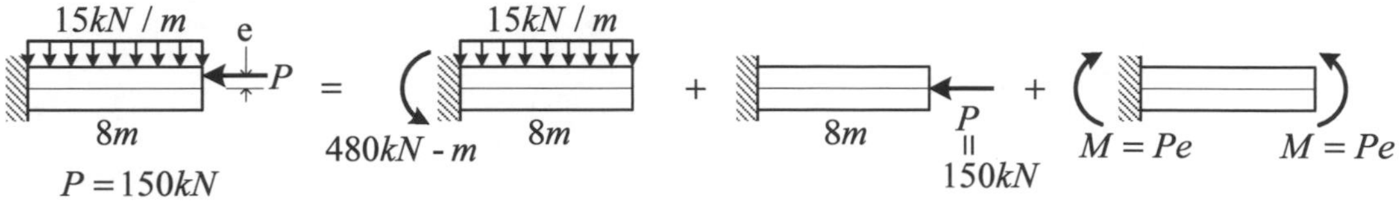

1. 側向載重 $15kN/m$ 對固定端處斷面（彎矩 $480\ kN-m$）的梁頂部造成拉應力

$$\sigma_{480}=\frac{My}{I}=\frac{\left(480\times10^{6}\right)(375)}{1745000\times10^{4}}=10.315\ MPa\ (\text{拉應力})\ ....①$$

2. 軸力造成全斷面受壓，產生的壓應力

$$\sigma_{P}=\frac{P}{A}=\frac{1500\times10^{3}}{2400\times10^{2}}=6.25\ MPa\ (\text{壓應力})\ ....②$$

3. 彎矩 $M=Pe$ 對固定端處斷面梁頂造成壓應力

$$\sigma_{M}=\frac{My}{I}=\frac{\left(1500\times10^{3}\times e\right)(375)}{1745000\times10^{4}}=0.0322e\ \text{ MPa}(\text{壓應力})\ ....③$$

4. 欲使梁不產生拉應力，則①造成的拉應力需與②③造成的壓應力互相抵銷

$$\sigma_{480}-\left(\sigma_{P}+\sigma_{M}\right)=0\Rightarrow10.315-(6.25+0.0322e)=0\ \therefore e\doteq126\text{mm}$$

（三）當 $e\doteq126$ mm 時的最大壓應力：發生在固定端處斷面的底部

1. 固定端處彎矩 480 $kN-m$ 對梁底造成的壓應力

$$\sigma_{480}=\frac{My}{I}=\frac{\left(480\times10^{6}\right)(425)}{1745000\times10^{4}}=11.691\ MPa\ (\text{壓應力})$$

2. 軸力對梁底造成的壓應力：$\sigma_{P}=\frac{P}{A}=\frac{1500\times10^{3}}{2400\times10^{2}}=6.25\ MPa\ (\text{壓應力})$

3. 彎矩 $M=Pe$ 對固定端處梁底造成的拉應力

$$\sigma_{M}=\frac{My}{I}=\frac{\left(1500\times10^{3}\times \cancel{e}^{126}\right)(425)}{1745000\times10^{4}}=4.603\ \text{ MPa}(\text{壓應力})$$

4. $\sigma_{c,\max}=11.691+6.25-4.603=13.338\ MPa$

PS：自由端頂部的壓應力並沒有大於固定端底部的壓應力

自由端頂部的壓應力：$\sigma_{P}+\sigma_{M}=6.25+0.0322\cancel{e}^{126}=10.307\ MPa<13.338\ MPa$

二一、矩形截面之懸臂梁受彎矩 M_0 作用，如圖所示。此梁之楊氏模數沿著 y 軸呈函數變化：（25 分）

$$E(y)=E_0\left(\frac{y}{h}\right)^n, n=0, 2, 4, \cdots$$

設此梁之應力~應變關係為$\sigma(y)=E(y)\varepsilon$，求梁之最大應力$\sigma_{\max}$。

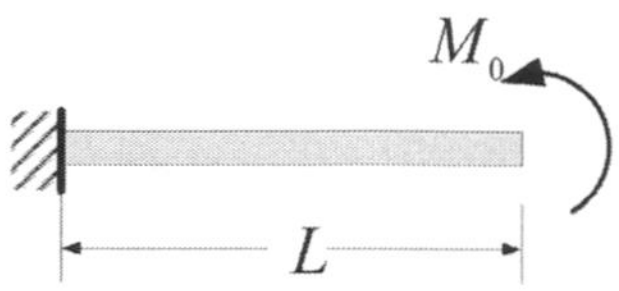

圖(a)等截面懸臂梁

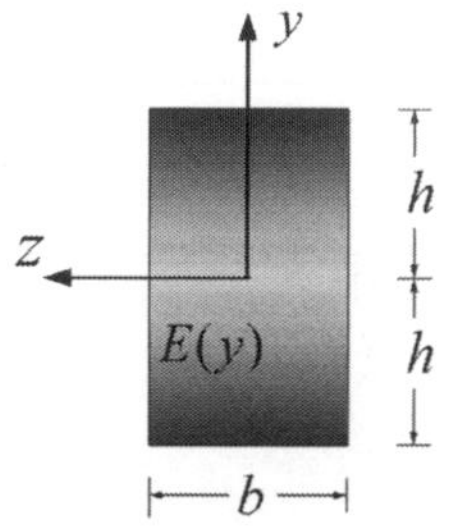

圖(b)梁之截面

（110 結技-材料力學#3）

參考題解

（一）$\sigma=E\times\varepsilon=E_0\times\left(\frac{y}{h}\right)^n\times\varepsilon$

又已知 $\begin{cases}\text{應變 } \varepsilon=k\times y\text{（代回上式）}\\ \text{樑內最大應力發生在離中性軸最遠處 } y=h\end{cases}$

故可得$\sigma=E_0\times k\times\frac{h^n\times h}{h^n}=E\times k\times h\cdots\cdots(1)$

（二）$M=$力量$\times$力臂(y)

應力$\times$面積(A)

應變$(\varepsilon)\times$彈性模數(E)

故 $M=2\times\int_0^h(\varepsilon\times E)\times(y)\times dA$

$=2\times\int_0^h(kyE)\times(y)\times(b\times dy)$

由上圖可知彎矩最大值為 M_0

$$M_0=\frac{2E_0bh^3}{n+3}\times k\cdots\cdots(2)\Rightarrow K=\frac{M_0(n+3)}{2E_0(bh^3)}$$

將(2)式代回(1)式

$$\sigma=\frac{(n+3)\times h}{2bh^3}\times M_0=\frac{n+3}{2bh^2}\times M_0$$

二二、有一薄管壁箱型懸臂梁於自由端受一個平行於 x 軸之集中力 P，及兩個平行於 y 軸且作用方向相反之集中力 Q，如下圖所示。如懸臂梁最大容許正向應力 σ_x 之絕對值不能超過 27.3 MPa，最大容許剪應力 τ_{xz} 或 τ_{xy} 之絕對值不能超過 11.1 MPa。試繪出此梁於固定端橫斷面（yz 面）之剪力流（含方向），請指出此梁於固定端承受絕對值最大正向應力之處（註明壓力或張力），並求 P 及 Q 之最大值為何？（25 分）

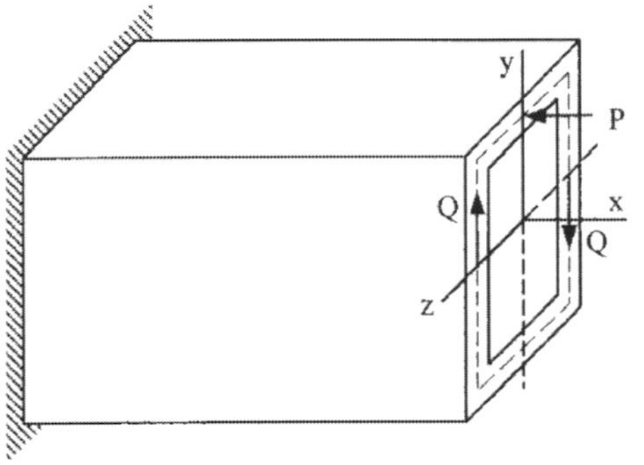

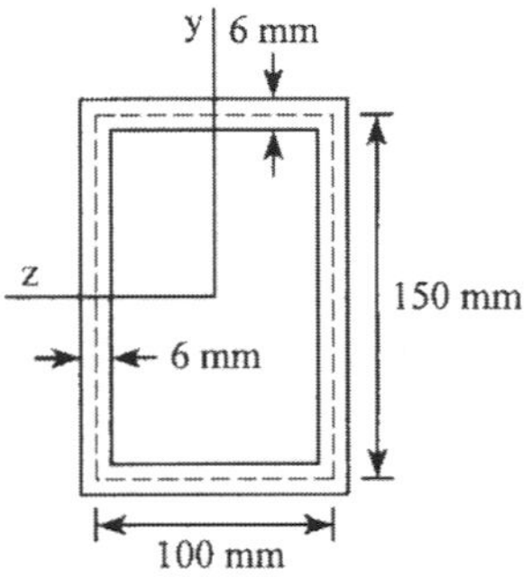

(110 司法-結構分析#2)

參考題解

（一）計算材料性質

$$A = 10\times156 - 94\times144 = 3000(cm^2)$$

$$I = \frac{1}{12}\times106\times156^3 - \frac{1}{12}\times94\times144^3 = 10144800(cm^4)$$

$$J = \frac{(2\times100\times150)^2\times6}{(100+150)\times2} = 10800000(cm^4)$$

（二）分析應力受力狀態

$$\sigma_x = \frac{P}{A} + \frac{MY}{I} = \frac{P}{3000} + \frac{75P\times78}{I} = 9.0998\times10^{-4}P \le 0.0273$$

$$P \le 30(kN)$$

$$\tau = \frac{T}{2A_m t} = \frac{100Q}{2\times100\times150\times6} = 0.000055Q \le 0.0111$$

$$Q \le 19.98(kN)$$

二三、若有材料、長度與重量均相同的三支直梁，其橫斷面分別為（一）正方形（二）圓形（三）深度為其寬度兩倍的矩形。考慮這三個斷面受相同彎矩作用下，試求三者之最大彎曲應力比。（25 分）

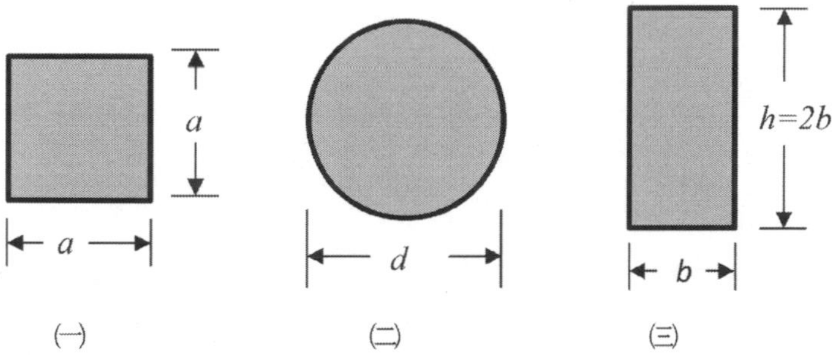

（110 普考-工程力學概要#4）

參考題解

（一）依題意，三桿件的斷面積應相同，亦即

$$a^2 = \pi\left(\frac{d}{2}\right)^2 = 2b^2$$

由上式可得

$$d = \frac{2}{\sqrt{\pi}}a \quad ; \quad b = \frac{a}{\sqrt{2}} \qquad ①$$

（二）承受相同彎矩 M 作用時，三者之最大彎曲應力分別為

$$\sigma_1 = \frac{M(a/2)}{a^4/12} = \frac{6M}{a^3}$$

$$\sigma_2 = \frac{M(d/2)}{\pi(d/2)^4/4} = \frac{32M}{\pi d^3}$$

$$\sigma_3 = \frac{Mb}{b(2b)^3/12} = \frac{3M}{2b^3}$$

所以，引用①式可得三者之比值為

$$\sigma_1 : \sigma_2 : \sigma_3 = \frac{6}{a^3} : \frac{32}{\pi d^3} : \frac{3}{2b^3} = 6 : 4\sqrt{\pi} : 3\sqrt{2}$$

5 應力應變轉換

重點內容摘要

（一）平面應力轉換公式

$$\sigma_\theta = \frac{\sigma_x + \sigma_y}{2} + \frac{\sigma_x - \sigma_y}{2}\cos 2\theta + \tau_{xy}\sin 2\theta$$

$$\tau_\theta = -\frac{\sigma_x - \sigma_y}{2}\sin 2\theta + \tau_{xy}\cos 2\theta$$

（二）平面應變轉換公式

$$\varepsilon_\theta = \frac{\varepsilon_x + \varepsilon_y}{2} + \frac{\varepsilon_x - \varepsilon_y}{2}\cos 2\theta + \frac{\gamma_{xy}}{2}\sin 2\theta$$

$$\frac{\gamma_\theta}{2} = -\frac{\varepsilon_x - \varepsilon_y}{2}\sin 2\theta + \frac{\gamma_{xy}}{2}\cos 2\theta$$

（三）莫爾圓對照關係

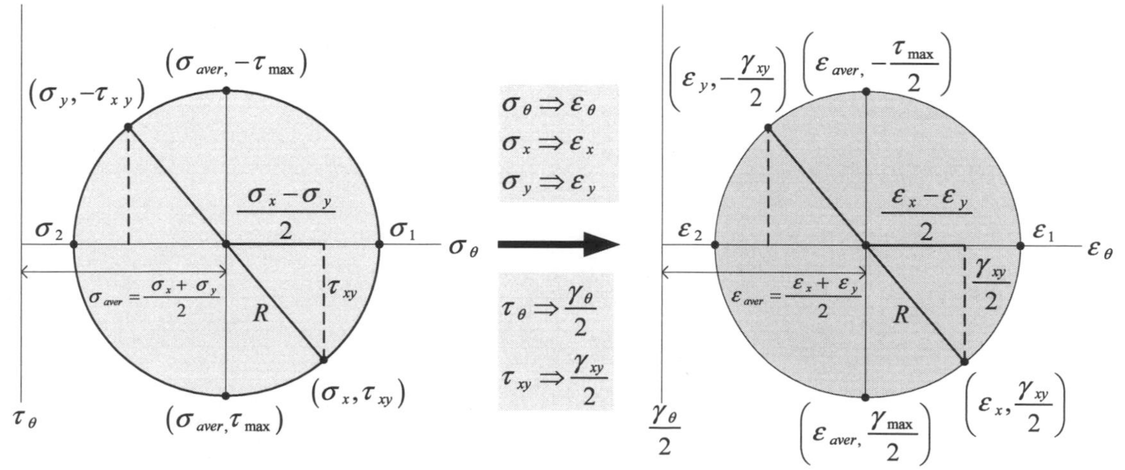

平面應力　　　　平面應變

（四）桿件內力造成的主應力σ_{p1}、σ_{p2}與最大剪應力$\tau_{\max}$

$$\sigma_{p1}=\frac{\sigma}{2}+\sqrt{\left(\frac{\sigma}{2}\right)^2+\tau^2}$$

$$\sigma_{p2}=\frac{\sigma}{2}-\sqrt{\left(\frac{\sigma}{2}\right)^2+\tau^2}$$

$$\tau_{\max}=\sqrt{\left(\frac{\sigma}{2}\right)^2+\tau^2}$$

（五）廣義虎克定律

$$\begin{aligned}\varepsilon_x&=\frac{\sigma_x}{E}-\nu\frac{\sigma_y}{E}-\nu\frac{\sigma_z}{E}\\ \varepsilon_y&=-\nu\frac{\sigma_x}{E}+\frac{\sigma_y}{E}-\nu\frac{\sigma_z}{E}\\ \varepsilon_z&=-\nu\frac{\sigma_x}{E}-\nu\frac{\sigma_y}{E}+\frac{\sigma_z}{E}\end{aligned}\Rightarrow\begin{bmatrix}\varepsilon_x\\ \varepsilon_y\\ \varepsilon_z\end{bmatrix}=\frac{1}{\mathrm{E}}\begin{bmatrix}1&-\nu&-\nu\\-\nu&1&-\nu\\-\nu&-\nu&1\end{bmatrix}\begin{bmatrix}\sigma_x\\ \sigma_y\\ \sigma_z\end{bmatrix}$$

$$G=\frac{E}{2(1+\nu)}$$

（六）體積應變e與體積模數K

$$e=(1+\varepsilon_x)(1+\varepsilon_y)(1+\varepsilon_z)-1\approx\varepsilon_x+\varepsilon_y+\varepsilon_z\text{（微小變形）}$$

$$K=\frac{E}{3(1-2\nu)}$$

（七）薄壁壓力容器（錶壓力為p）

1. 球狀壓力容器

（1）膜應力：$\sigma_2=\dfrac{pr}{2t}$

（2）絕對最大剪應力$(\tau_{\max})_{abs}$

①外表面：$(\tau_{\max})_{abs}=\dfrac{\sigma_2}{2}=\dfrac{pr}{4t}$

②內表面：$(\tau_{\max})_{abs}=\dfrac{\sigma_2+p}{2}=\dfrac{pr}{4t}+\dfrac{p}{2}$

2. 筒狀壓力容器

（1）應力

①環向應力：$\sigma_1 = \dfrac{pr}{t}$

②縱向應力：$\sigma_2 = \dfrac{pr}{2t}$

（2）絕對最大剪應力$(\tau_{\max})_{abs}$

①外表面：$(\tau_{\max})_{abs} = \dfrac{\sigma_1}{2} = \dfrac{pr}{2t}$

②內表面：$(\tau_{\max})_{abs} = \dfrac{\sigma_1 + p}{2} = \dfrac{pr}{2t} + \dfrac{p}{2}$

參考題解

一、有一平面應力元素受應力如圖四(a)所示，當此元素逆時鐘方向旋轉 30°後，其應力狀況如圖四(b)所示。請計算σ_x、$\sigma_{x'}$、$\sigma_{y'}$及此元素之主軸應力（principal stresses）與主軸應力方向，並將主軸應力標示於旋轉至主軸應力方向之應力元素上。（25 分）

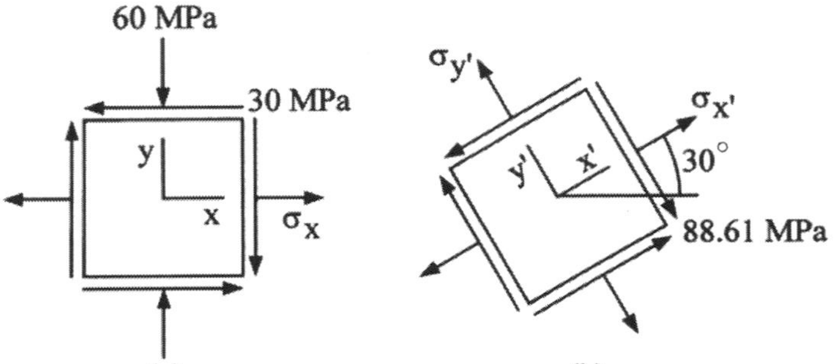

(a)　(b)

（106 高考-工程力學#4）

參考題解

（一）依平面應力轉換公式，圖(b)中之剪應力$\tau_{x'y'}$表為

$$\tau_{x'y'} = -\frac{\sigma_x + 60}{2}\sin 60^\circ + (-30)\cos 60^\circ = -88.61$$

由上式解得$\sigma_x = 110MPa$

（二）圖(b)中之應力$\sigma_{x'}$為

$$\sigma_{x'} = \frac{110-60}{2} + \frac{110+60}{2}\cos 60^\circ + (-30)\sin 60^\circ = 41.52MPa$$

又$\sigma_{y'}$為

$$\sigma_{y'} = (\sigma_x + \sigma_y) - \sigma_{x'} = 8.48MPa$$

（三）主應力方向角 θ_P 為

$$\theta_P=\frac{1}{2}\tan^{-1}\left(\frac{2\tau_{xy}}{\sigma_x-\sigma_y}\right)=\begin{cases}-9.72^\circ\\80.28^\circ\end{cases}$$

主應力

$$\sigma_P=\frac{110-60}{2}\pm\sqrt{\left(\frac{110+60}{2}\right)^2+(-30)^2}=\begin{cases}115.14MPa\\-65.14MPa\end{cases}$$

主應力態圖如圖所示。

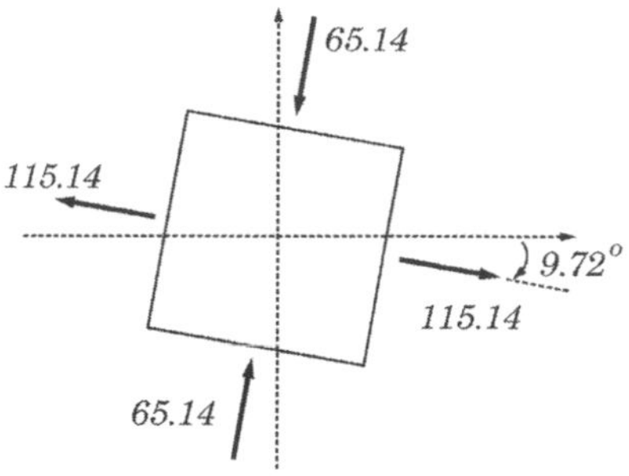

主應力態(*MPa*)

二、某矩形斷面梁受偏心載重 P 作用如下圖(a)所示，其斷面如圖(b)所示。已知其剪力彈性係數 G 為 75GPa，波松比（Poisson's ratio）ν 為 0.333。若某垂直斷面上 A、B 兩點之應變分別為 $\varepsilon_A=350\mu$，$\varepsilon_B=-70\mu$。試求此偏心距 d (mm)及作用力 P(kN)之值。（25分）

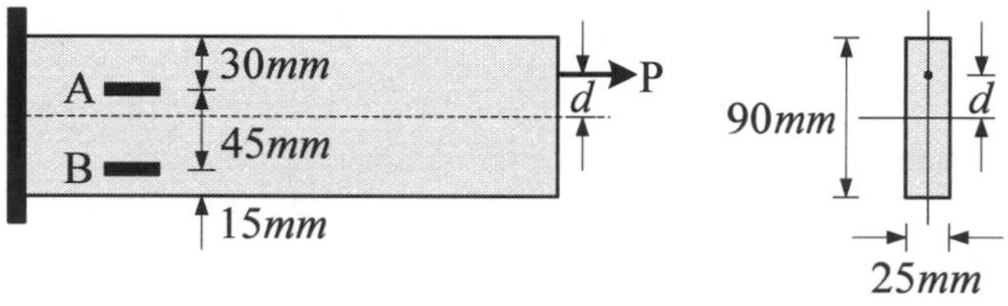

(a)　　(b)

（106 土技-結構分析#3）

參考題解

計算單位 N、mmm、Mpa

$$G=\frac{E}{2(1+\nu)}\Rightarrow 75=\frac{E}{2(1+0.333)}\quad\therefore E=200\ GPa=200\times10^3\ MPa$$

A 點應力、應變

$$\varepsilon_A=350\mu=350\times10^{-6}\Rightarrow\sigma_A=E\varepsilon_A=200\times10^3\left(350\times10^{-6}\right)=70\ MPa$$

B 點應力、應變

$$\varepsilon_B=-70\mu=-70\times10^{-6}\Rightarrow\sigma_B=E\varepsilon_B=200\times10^3\left(-70\times10^{-6}\right)=-14\ MPa$$

$$\sigma_A=\frac{P}{A}+\frac{My}{I}\Rightarrow 70=\frac{P}{25\times90}+\frac{M(15)}{\frac{1}{12}(25)(90^3)}\text{............①}$$

$$\sigma_B=\frac{P}{A}-\frac{My}{I}\Rightarrow -14=\frac{P}{25\times90}-\frac{M(30)}{\frac{1}{12}(25)(90^3)}\text{............②}$$

$$①-② \Rightarrow 84=\frac{M(15)}{\frac{1}{12}(25)(90^3)}-\left(-\frac{M(30)}{\frac{1}{12}(25)(90^3)}\right) \quad \therefore M=2835000N-mm$$

帶回①式，可得

$$70=\frac{P}{25\times 90}+\frac{(2835000)(15)}{\frac{1}{12}(25)(90^3)} \Rightarrow P=94500N=94.5\ kN$$

$$M=P\cdot d \Rightarrow 2835000=94500\cdot d \ \Rightarrow d=30\ mm$$

三、大部分的金屬材料其波松比（Poisson's ratio）ν 介於 0.25~0.35 之間，且受壓力作用，體積會減小。反之，受拉力作用則體積會變大。今有一線彈性材料，在雙軸應力（biaxial stress）σ_x 及 σ_y（同為拉應力或壓應力）作用下，亦滿足上述體積變化行為。若其彈性模數為 E，波松比為 ν，試以材料體積變化率，推導證明此材料波松比 ν 的上限值是 0.5（即 $\nu<0.5$）。（25 分）

（106 三等-靜力學與材料力學#1）

參考題解

（一）依題意材料之應力態如圖所示，由 Hooke's law 得

$$\varepsilon_x=\frac{\sigma_x}{E}-\nu\frac{\sigma_y}{E} \quad ; \quad \varepsilon_y=\frac{\sigma_y}{E}-\nu\frac{\sigma_x}{E} \quad ; \quad \varepsilon_z=-\nu\frac{\sigma_x}{E}-\nu\frac{\sigma_y}{E}$$

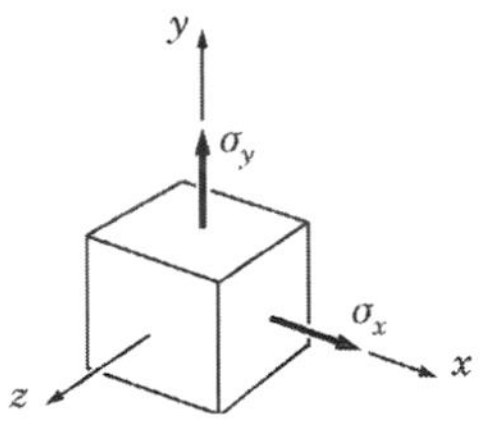

（二）體積應變 ε_V 為

$$\varepsilon_V=\varepsilon_x+\varepsilon_y+\varepsilon_z=\frac{1-2\nu}{E}(\sigma_x+\sigma_y)$$

改寫上式為

$$\sigma_x+\sigma_y=\left(\frac{E}{1-2\nu}\right)\varepsilon_V=k_V\varepsilon_V$$

其中 k_V 為此應力態之下的體積彈性係數，表為

$$k_V=\frac{E}{1-2\nu}$$

（三）體積彈性係數 k_V 須為正數，方可使材料受拉應力（σ_x 及 σ_y 均為正值）時，體積變大 $(\varepsilon_V>0)$；而材料受壓應力（σ_x 及 σ_y 均為負值）時，體積減少 $(\varepsilon_V<0)$。故 $1-2v>0$，亦即

$$v<\frac{1}{2}$$

（四）又當 $v\to\frac{1}{2}$ 時，體積彈性係數 k_V 將趨於無窮大，此為不可壓縮物質，實際上不存在，故波松比之上限為 0.5。

四、圖示 AC 為一等截面圓形實心桿件，其長度為 $L=3m$，直徑 $d=63mm$，彈性模數 $E=208GPa$，波松比 $v=0.3$。A 為固定端點，距 A 點 $L/3$ 處（B 點）及自由端（C 點）分別受 $3T_0$ 及 T_0 的扭矩作用。若 BC 段 $a-a$ 斷面上內徑 $\rho=25mm$ 的剪應變 $\gamma_\rho=250\mu$。試求：

（一）AC 桿件內最大的剪應力 τ_{max}、最大正向應力 σ_{max} 及最大的正向應變 ε_{max}。

（二）該桿件最大扭轉角 ϕ_{max} 及自由端的扭轉角 ϕ_C。

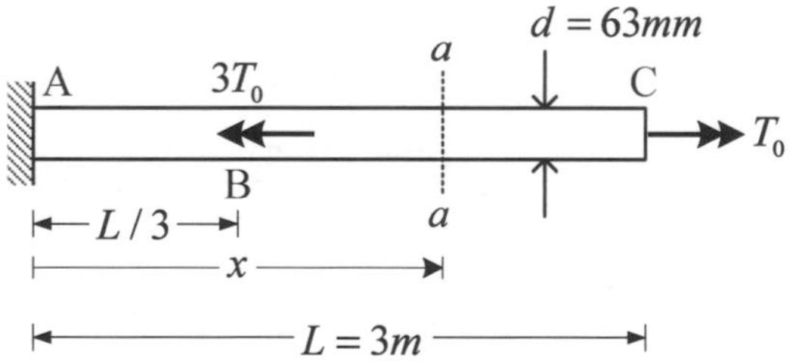

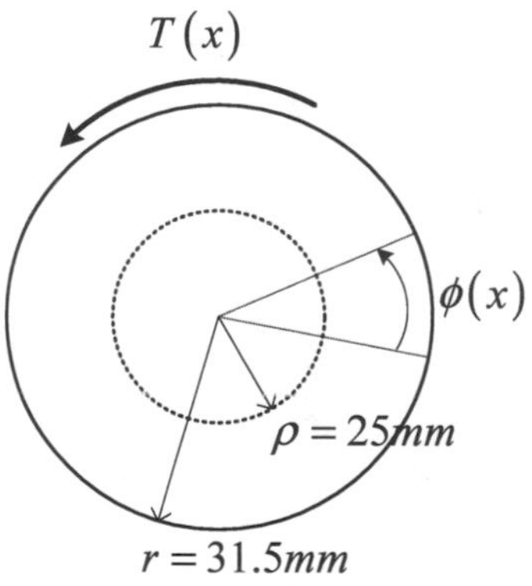

（106 三等-靜力學與材料力學#2）

參考題解

（一）各段受到的扭矩

$T_{BC}=T_0$

$T_{AB}=-2T_0$

AB 段受到的扭矩較大，故最大剪應力 τ_{max} 會發生在 AB 段的最外緣

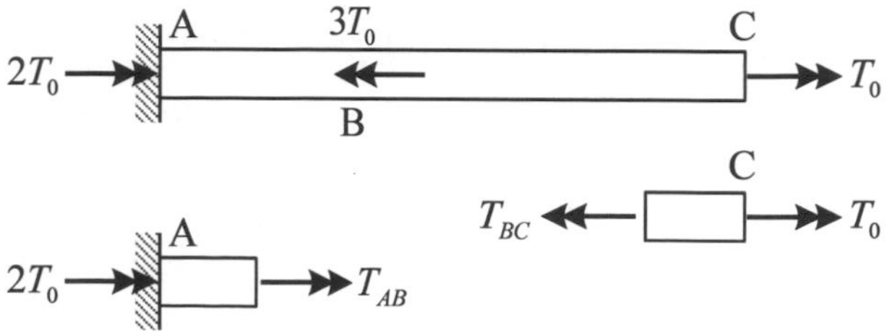

（二）計算 BC 段受到的扭矩大小

1. $G=\frac{E}{2(1+v)}=\frac{208}{2(1+0.3)}=80GPa$

2. $\gamma_\rho=250\mu\Rightarrow\tau_\rho=G\gamma_\rho=\left(80\times10^3\right)\left(250\times10^{-6}\right)=20MPa$

3. $\tau_\rho=\frac{T_{BC}\rho}{J_{BC}}\Rightarrow20=\frac{T_{BC}(25)}{\frac{1}{32}\pi\times63^4}\quad\therefore T_{BC}=1237235\ N-mm=T_0$

（三）計算 AB 段最外緣的剪應力大小

$$\tau_{\max}=\frac{T_{AB}\rho}{J_{AB}}=\frac{(2\times1237235)(31.5)}{\frac{1}{32}\pi\times63^4}=50.4MPa$$

（四）計算最大正向應力 $\sigma_{\max}$ 及最大的正向應變 $\varepsilon_{\max}$

AC 桿為純扭桿件，斷面內力只有扭矩⇒應力元素會是「純剪狀態」

1. 最大正向應力⇒主應力 σ_1

   「純剪狀態」：$\sigma_1=\tau_{\max}=50.4MPa$

2. 最大正向應變⇒主應變 ε_1

$$\varepsilon_1=\frac{\sigma_1}{E}-v\frac{\sigma_2}{E}-v\frac{\sigma_3}{E}=\frac{50.4}{208\times10^3}-0.3\frac{-50.4}{208\times10^3}-0.3\frac{0}{208\times10^3}=3.15\times10^{-4}$$

（五）計算各段的扭轉角與自由端的扭轉角，並找出最大扭轉角位置

1. $\phi_{AB}=\frac{T_{AB}L_{AB}}{GJ_{AB}}=\frac{(-2\times1237235)(1000)}{\left(80\times10^3\right)\left(\frac{\pi}{32}\times63^4\right)}=-0.02rad$

$$\phi_{BC}=\frac{T_{BC}L_{BC}}{GJ_{BC}}=\frac{(1237235)(2000)}{\left(80\times10^3\right)\left(\frac{\pi}{32}\times63^4\right)}=0.02rad$$

2. $\phi_C=\phi_{AB}+\phi_{BC}=-0.02+0.02=0$

3. 最大扭轉角發生在 B 點：$\phi_{\max}=\phi_B\Rightarrow\phi_{\max}=\phi_{AB}=-0.02rad$

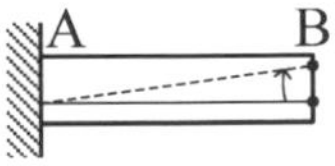

五、如下圖為量測三方向應變之應變座（45° strain rosette），已知量測之三個應變讀數為 $\varepsilon_a = 218\mu$、$\varepsilon_b = 36\mu$ 與 $\varepsilon_c = 62\mu$，受測體材質為鋼製彈性模數 E = 200 GPa、波松比 ν = 0.3。

（一）求出該量測位置平面上的主軸應變（ε_1 與 ε_2）與主軸的方向角度 θ_p。（10 分）

（二）計算此位置上對應的平面內主軸應力（σ_1 與 σ_2）及絕對最大剪應力（$\tau_{abs.\,max}$）。（10 分）

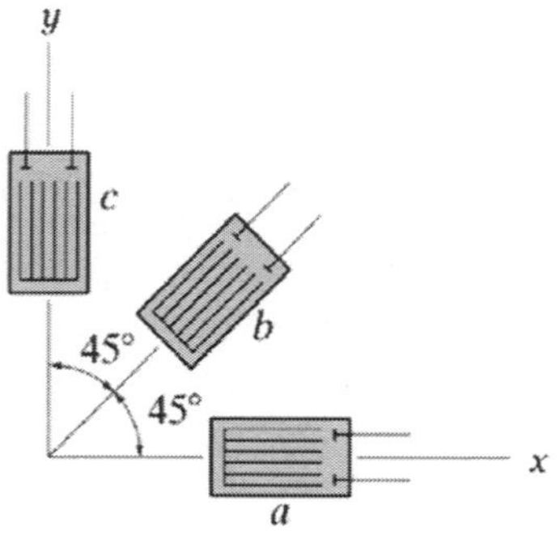

45° strain rosette

（107 土技-結構分析#1）

參考題解

（一）依應變轉換公式

$$\varepsilon_b = \varepsilon_a \cos^2(45^o) + \varepsilon_c \sin^2(45^o) + \gamma_{xy}\cos(45^o)\sin(45^o)$$

解得 $\gamma_{xy} = -208\mu$。故主應變方向角為

$$\theta_P = \frac{1}{2}\tan^{-1}\left(\frac{\gamma_{xy}}{\varepsilon_a - \varepsilon_c}\right) = \begin{cases} -26.57^o(\theta_1) \\ 63.43^o(\theta_2) \end{cases}$$ （正值表↺；負值表↻）

又主應變為

$$\varepsilon_P = \frac{\varepsilon_a + \varepsilon_c}{2} \pm \sqrt{\left(\frac{\varepsilon_a - \varepsilon_c}{2}\right)^2 + \left(\frac{\gamma_{xy}}{2}\right)^2} = (140 \pm 130)\mu = \begin{cases} 270\mu(\varepsilon_1) \\ 10\mu(\varepsilon_2) \end{cases}$$

（二）依 Hooke's law，主應力為

$$\sigma_1 = \frac{E}{1-\nu^2}(\varepsilon_1 + \nu\varepsilon_2) = 0.06\,GPa = 60\,MPa$$

$$\sigma_2 = \frac{E}{1-\nu^2}(\varepsilon_2 + \nu\varepsilon_1) = 0.02\,GPa = 20\,MPa$$

（三）絕對最大剪應力為

$$\left(\tau_{abs,\max}\right)=\frac{60}{2}=30MPa$$

又讀者宜注意，*xy* 平面之最大剪應力為

$$\left(\tau_{xy,\max}\right)=\frac{60-20}{2}=20MPa$$

六、一固體材料承受多軸應力作用，如下圖所示，其中 $\sigma_{11}=11$ MPa，$\sigma_{22}=\sigma_{33}=4$ MPa，$\tau_{23}=5$ MPa，於此多軸應力作用下，求此固體材料所承受之最大剪應力。（25 分）

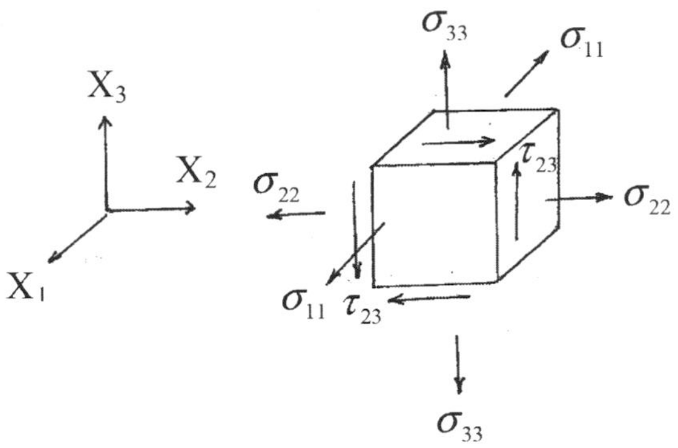

（107 三等-靜力學與材料力學#2）

參考題解

（一）在 X_2-X_3 平面上之主應力為

$$\sigma_p=\frac{\sigma_{22}+\sigma_{33}}{2}\pm\sqrt{\left(\frac{\sigma_{22}-\sigma_{33}}{2}\right)^2+\left(\tau_{23}\right)^2}$$

$$=4\pm5=\begin{cases}-1\\9\end{cases}\text{ MPa}$$

（二）又 X_1 為主軸，其主應力為 $\sigma_{11}=11MPa$。所以，由三維 Mohr 圓可知，最大剪應力 $\tau_{\max}$ 為

$$\tau_{\max}=\frac{1+11}{2}=6MPa$$

七、圖中顯示一平面應力元素受力狀態。試求主應力與主平面、最大剪應力及其所在平面，並請繪製相應之應力元素圖明確表示。（25 分）

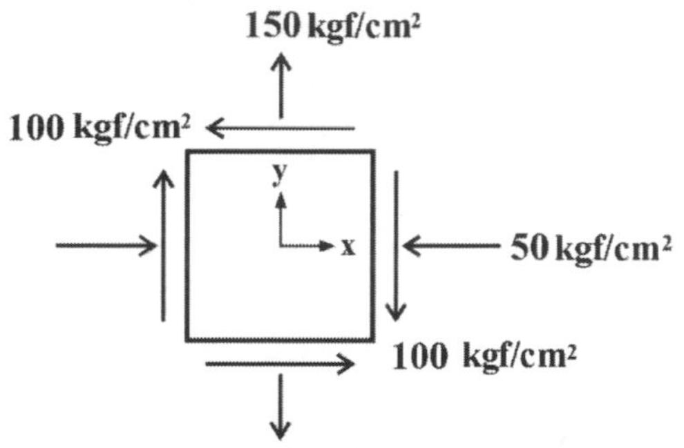

（108 高考-工程力學#3）

參考題解

（一）主軸方向角 θ_p 為

$$\theta_P = \frac{1}{2}\tan^{-1}\left(\frac{2(-100)}{-50-150}\right) = \begin{cases}112.5^\circ \\ 22.5^\circ\end{cases}$$

主應力為

$$\sigma_P = \frac{-50+150}{2} \pm \sqrt{\left(\frac{-50-150}{2}\right)^2 + (-100)^2}$$

$$= 50 \pm 141.42 = \begin{cases}191.42\, kgf/cm^2 \\ -91.42\, kgf/cm^2\end{cases}$$

主應力狀態圖如圖(a)所示

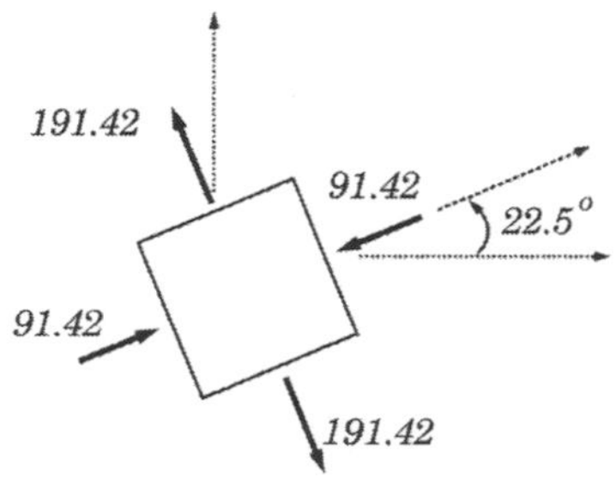

圖(a)（單位：kgf/cm2）

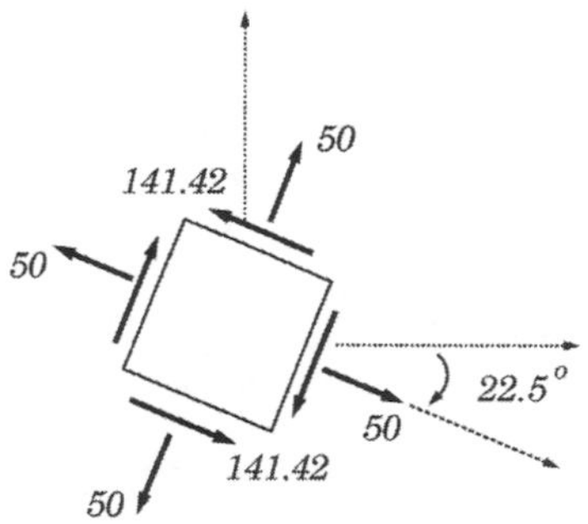

圖(b)（單位：kgf/cm2）

（二）最大剪應力方向角θ_S為

$$\theta_S=\frac{1}{2}\tan^{-1}\left(\frac{150+50}{2(-100)}\right)=\begin{cases}-22.5^\circ\\ 67.5^\circ\end{cases}$$

最大剪應力為

$$\tau_{\max}=\pm\sqrt{\left(\frac{-50-150}{2}\right)^2+(-100)^2}=\pm141.42\,kgf/cm^2$$

最大剪應力狀態圖如圖(b)所示。

八、某點平面應力狀態如圖所示，求其主應力、最大剪應力，及當θ=60°作用在 AB 斜面的應力分量$\sigma_{x'}$ 與$\tau_{x'y'}$。（25 分）

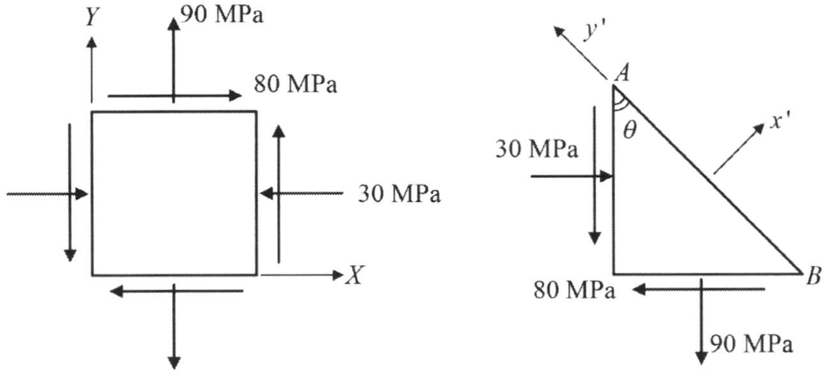

（108 三等-靜力學與材料力學#4）

參考題解

（一）主應力為

$$\sigma_P=\frac{-30+90}{2}\pm\sqrt{\left(\frac{-30-90}{2}\right)^2+(80)^2}$$

$$=30\pm100=\begin{cases}130\ MPa\\ -70\ MPa\end{cases}$$

最大剪應力為

$$\tau_{\max}=100MPa$$

（二）由平面應力轉換公式，可得 AB 斜面上之應力為

$$\sigma_{x'}=\frac{-30+90}{2}+\left(\frac{-30-90}{2}\right)\cos120^\circ+80\sin120^\circ=129.28MPa$$

$$\tau_{x'y'} = -\left(\frac{-30-90}{2}\right)\sin 120^\circ + 80\cos 120^\circ = 11.96MPa$$

九、圖所示混凝土試體為脆性材料，此圓柱試體直徑為 5 cm、高 20 cm，試體於兩端同時受到軸壓力（P）與扭力（T）作用，針對試體 10 cm 高度處的表面位置（陰影示意區域），回答下列問題：

（一）假設 P = 2 kN，T = 50 N-m，試求此表面陰影位置的應力狀態。（10 分）

（二）假設 P = 0，扭力 T 由零持續增加直到試體破裂，試論述圓柱試體表面裂縫的走向（以 θ 表示或畫圖示意）。在此簡化假設混凝土主軸張應力達 2 MPa 時便產生開裂並迅速破壞。（5 分）

（三）續（二），若軸壓力 P 維持在 2 kN，扭力 T 由零持續增加直到試體破裂。估計圓柱試體開始破壞時之扭力大小？根據你的計算，此情形下，圓柱試體表面裂縫的走向？（10 分）

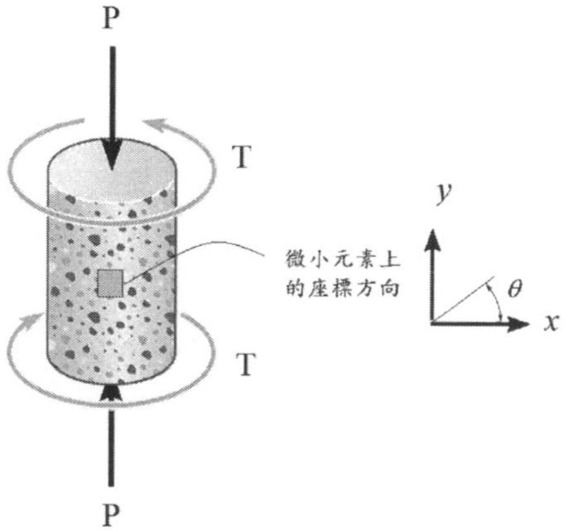

（108 司法-結構分析#2）

參考題解

（一）當 $P=2kN$，$T=50\ N\cdot m$ 時，材料點的應力態如圖(a)所示，

其中

$$\sigma = \frac{4P}{\pi d^2} = \frac{4(2)}{\pi(0.05)^2} = 1018.59\ kPa$$

$$\tau = \frac{16T}{\pi d^3} = \frac{16\left(50\times10^{-3}\right)}{\pi(0.05)^3} = 2037.18\ kPa$$

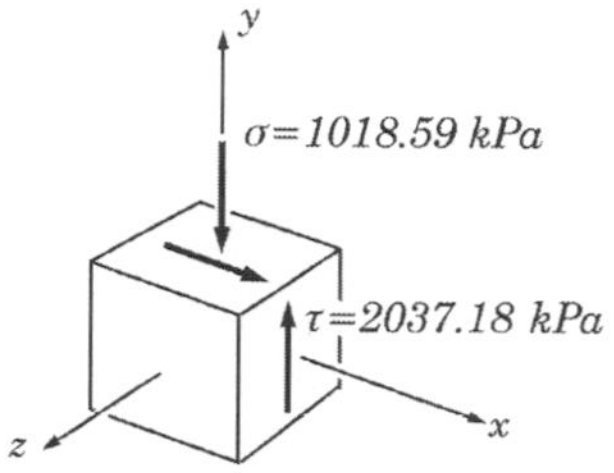

圖(a)

（二）當 P = 0，T 漸增時，材料點的應力態如圖(b)所示，此時之主應力 σ_P 為

$$\sigma_P = \frac{16T}{\pi d^3} = \frac{16T}{\pi(0.05)^3} = 2\times10^3\,kPa$$

由上式可解得$T = 49.09N\cdot m$。試體發生破壞之裂縫方向，如圖(b)中所示。

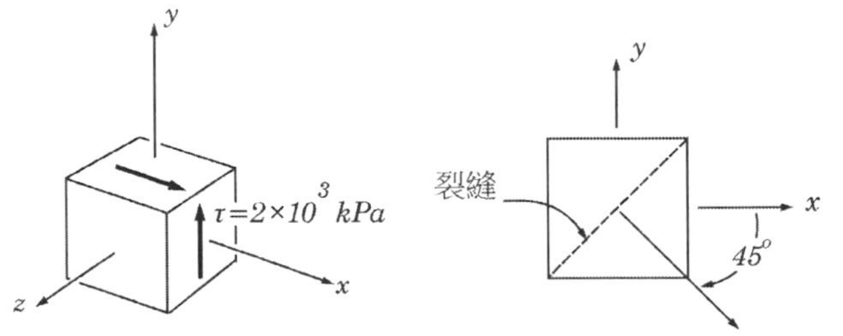

圖(b)

（三）當$P = 2kN$，T 漸增時，材料點的應力態如圖(c)所示，最大之主應力σ_P為

$$\sigma_P = -\left[\frac{1018.59}{2} + \sqrt{\left(\frac{-1018.59}{2}\right)^2 + (\tau)^2}\right] = -2\times10^3\,kPa$$

由上式得$\tau = 1401.01\,kPa$。再由$\tau = 16T/\pi d^3$得$T = 34.39\ N\cdot m$。另主軸方向角為

$$\theta_P = \frac{1}{2}\tan^{-1}\left(\frac{2(1401.01)}{1018.59}\right) = \begin{cases} 35.01^\circ \\ -54.99^\circ \end{cases}$$

須取上述54.99°（順鐘向），裂縫方向如圖(c)中所示。

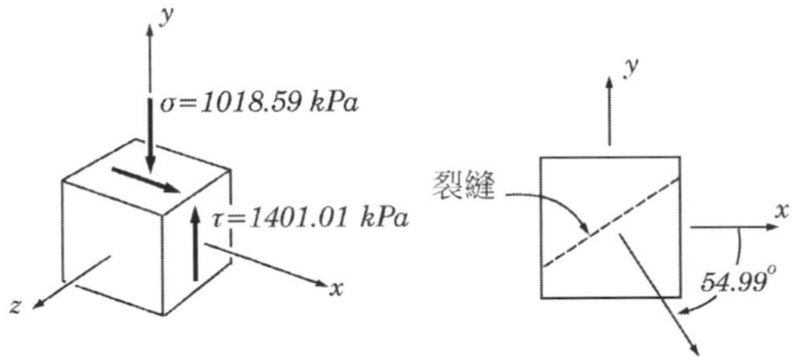

圖(c)

十、某平板受力，已知其表面上某點位上，三個方向的應力，各為$\sigma_1 = -10$ MPa，$\sigma_2 = -1$ MPa 及$\sigma_3 = 8$ MPa，夾角為 50°及 70°，如下圖所示，計算該點位上的最大主應力、最小主應力及最大剪應力。

註：sin (100°) = 0.984808，cos (100°) = –0.173648。（25 分）

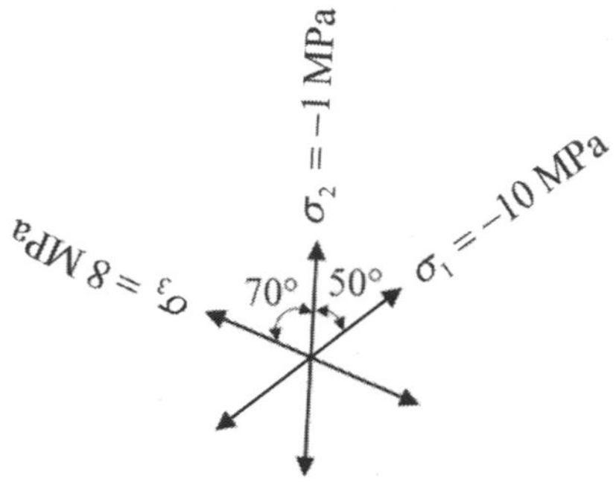

（109 結技-材料力學#2）

參考題解

（一）如下圖所示，取的方向為 x 軸，依應力轉換公式可得

$$\sigma_2 = (-10)(\cos 50°)^2 + \sigma_y(\sin 50°)^2 + 2\tau_{xy}\cos 50°\sin 50°$$

$$\sigma_3 = (-10)(\cos 120°)^2 + \sigma_y(\sin 120°)^2 + 2\tau_{xy}\cos 120°\sin 120°$$

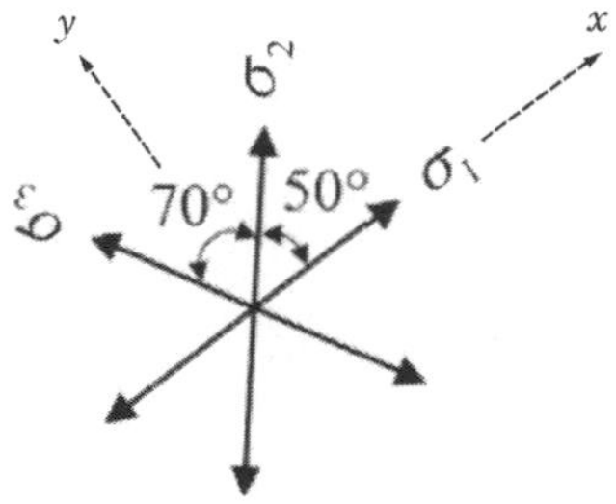

聯立上列二式，解出

$$\sigma_y = 10.469\ MPa \quad ; \quad \tau_{xy} = -3.058\ MPa$$

（二）主應力值為

$$\sigma_P = \frac{\sigma_x + \sigma_y}{2} \pm \sqrt{\left(\frac{\sigma_x - \sigma_y}{2}\right)^2 + (\tau_{xy})^2}$$

$$= 0.235 \pm 10.682 = \begin{cases} 10.916 \\ -10.447 \end{cases} MPa$$

最大剪應力為

$$\tau_{\max} = 10.682\ MPa$$

十一、圖示為一懸臂實心圓棒固定在 A 點，自由端 B 點同時承受剪力 V = 300 N 和扭矩 T = 35 N·m 作用。圓棒的長度 L = 1.5 m，直徑 d = 75 mm。試求位於固定端 A 點桿底面上的單元 c 處的主應力和最大剪應力。（應力集中效應忽略不計）（25 分）

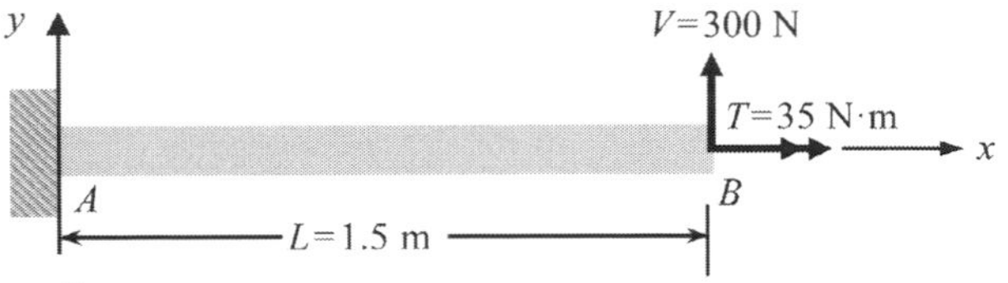

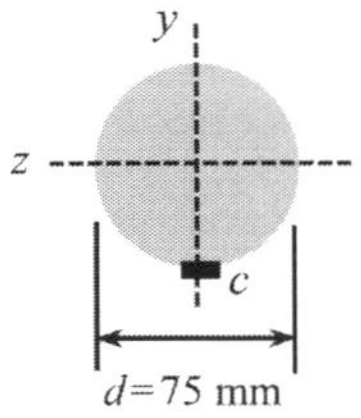

（110 高考-工程力學#4）

參考題解

（一）A 處斷面內力

彎矩：$M = 300\times1.5 = 450N-m$

剪力：$V = 300N$

扭矩：$T = 35\ N-m$

（二）C 點應力狀態

1. 彎矩：$\sigma = \dfrac{My}{I} = \dfrac{450\times10^3\left(\dfrac{75}{2}\right)}{\dfrac{\pi}{64}\times75^4} = 10.865\ Mpa$（拉應力）

2. 扭矩：$\tau = \dfrac{T\rho}{J} = \dfrac{35\times10^3\left(\dfrac{75}{2}\right)}{\dfrac{\pi}{32}\times75^4} = 0.423\ MPa$

3. 剪力：斷面剪力不會對 C 點造成剪應力

（三）主應力與最大剪應力

1. 最大剪應力：$\tau_{\max} = \sqrt{\left(\dfrac{\sigma}{2}\right)^2+\tau^2} = \sqrt{\left(\dfrac{10.865}{2}\right)^2+0.423^2} = 5.449\ MPa$

2. 主應力：$\sigma_{P1,P2} = \dfrac{\sigma}{2}\pm\sqrt{\left(\dfrac{\sigma}{2}\right)^2+\tau^2} = \dfrac{10.865}{2}\pm5.449 \Rightarrow \begin{cases}\sigma_{P1} = 10.8815\ MPa\\ \sigma_{P2} = -0.0165\ MPa\end{cases}$

十二、正方形斷面桿件如下圖所示，（無外力作用）桿件未變形軸向長度 $L=1250$ mm、正方形斷面邊長 $b=50$ mm。當承受軸拉力 $P=400$ kN，桿件變形後軸向長度 $L_d=1251$ mm、正方形斷面邊長縮短為 49.99 mm，求此時桿件軸向應力 σ_x、正向應變 ε_x 及 ε_y、蒲松比 ν、桿件最大剪應力及最大剪應變。（25 分）

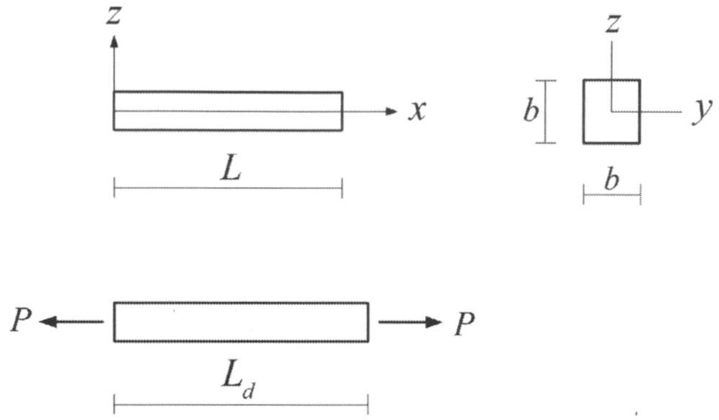

（110 三等-靜力學與材料力學#1）

參考題解

（一）由題目所給條件分析材料變形參數

$$\varepsilon_x=\frac{1251-1250}{1250}=8\times10^{-4}$$

$$\varepsilon_y=\frac{49.99-50}{50}=-2\times10^{-4}$$

（二）透過軸力桿件公式（假設均值等向）

$$\Delta=\frac{PL}{EA}\Rightarrow 1=\frac{400\times1250}{E\times50^2}\Rightarrow E=200(Gpa)$$

（三）柏松比

$$\upsilon=-\frac{\varepsilon_y}{\varepsilon_x}=\frac{-2\times10^{-4}}{8\times10^{-4}}=0.25\text{（在柏松比範圍內屬實合理）}$$

（四）剪力模數 G

$$G=\frac{E}{2(1+\upsilon)}=\frac{200}{2(1+0.25)}=80(Gpa)$$

（五）最大剪應力及單向最大正向應力

$$\sigma_X=E\times\varepsilon_x=200\times8\times10^{-4}=0.16(Gpa)$$

$$\tau_{\max}=\frac{\sigma_X}{2}=\frac{0.16}{2}=0.08(Gpa)$$

（六）最大剪應變　$\gamma_{\max}=\dfrac{\tau_{\max}}{G}=\dfrac{80}{80\times10^3}=0.001(rad)$

Chapter 6 梁撓度分析 I - 梁微分方程式

重點內容摘要

梁微分方程式：$y''=\dfrac{M}{EI}$（第一象限）

（一）使用方法

$$y''=\frac{M}{EI}=\kappa \xrightarrow{\text{(以函數表示)}} y''(x)=\frac{M(x)}{EI} \quad \left(\frac{M(x)}{EI}=\kappa(x) \text{☜梁的曲率函數}\right)$$

⇓ 積分一次得$\theta(x)$，然後會跑出一個積分常數C_1

旋轉角函數$\theta(x)$ ☞ $y'(x)=\displaystyle\int\frac{M(x)}{EI}dx+C_1$

$(\theta=y')$

⇓ 再積分一次得$y(x)$，然後會再跑出一個積分常數C_2

梁的撓度函數 ☞ $y(x)=\displaystyle\iint\frac{M(x)}{EI}dxdx+C_1x+C_2$

(撓曲曲線方程式)

（二）正負規則

y ：向上為正

θ ：逆時針為正

$M(x)$ ：需畫在正彎矩方向

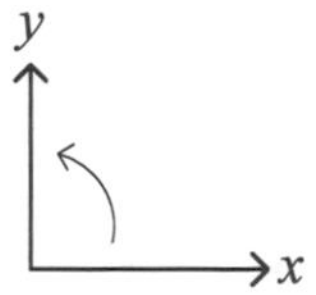

第一象限

正的$\dfrac{M}{EI}$

PS：若採用第四象限：$y''=-\dfrac{M}{EI}$

y ：向下為正

θ ：順時針為正

$M(x)$ ：仍畫在正彎矩方向

第四象限

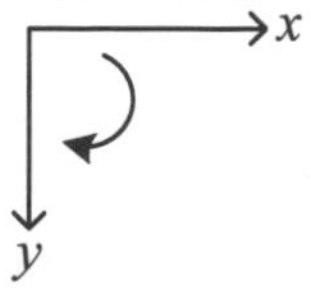

正的$\dfrac{M}{EI}$

（三）積分常數求解：$\begin{cases}\text{邊界條件}\\ \text{連續條件}\\ \text{對稱條件(獎勵性條件)}\end{cases}$

1. 邊界條件：支承提供的束制性條件

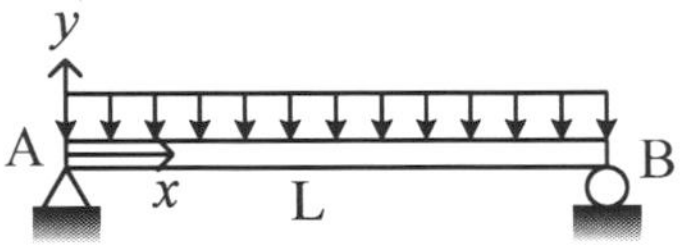

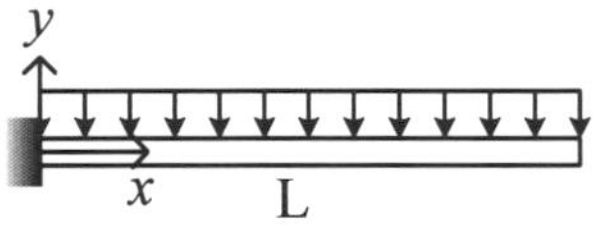

邊界條件 $\begin{cases} y(0)=0 & ☜\ \Delta_A=0 \\ y(L)=0 & ☜\ \Delta_B=0 \end{cases}$　　邊界條件 $\begin{cases} y'(0)=0 & ☜\ \theta_A=0 \\ y(0)=0 & ☜\ \Delta_A=0 \end{cases}$

2. 連續性條件：撓曲曲線函數 $y(x)$ 的分段點，所提供「變形連續性條件」

➡撓曲曲線函數 $y(x)$ 有分段時，才會有這個條件

3. 對稱性條件：結構變形呈現（反）對稱時，額外提供的獎勵條件

➡沒看出結構的（反）對稱性，亦可以「邊界條件」、「連續性條件」解出積分常數

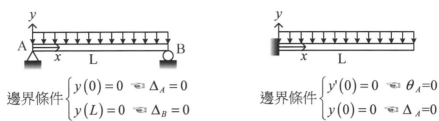

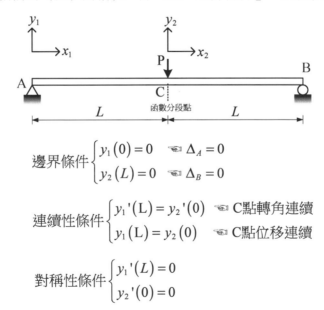

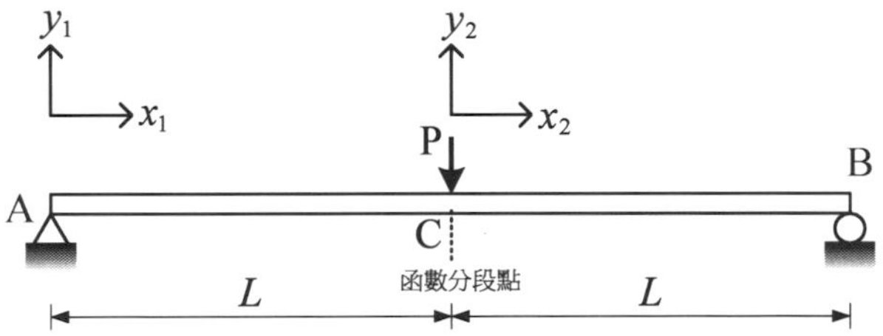

邊界條件 $\begin{cases} y_1(0)=0 & ☜\ \Delta_A=0 \\ y_2(L)=0 & ☜\ \Delta_B=0 \end{cases}$

連續性條件 $\begin{cases} y_1'(\mathrm{L})=y_2'(0) & ☜\ \text{C點轉角連續} \\ y_1(\mathrm{L})=y_2(0) & ☜\ \text{C點位移連續} \end{cases}$

對稱性條件 $\begin{cases} y_1'(L)=0 \\ y_2'(0)=0 \end{cases}$

近年無相關題目

Chapter 7 梁撓度分析Ⅱ-基本變位公式&力矩面積法

重點內容摘要

（一）梁基本變位公式表（桿件長度為 L、桿件 EI 為定值）

載重情形	變位Δ與旋轉角θ
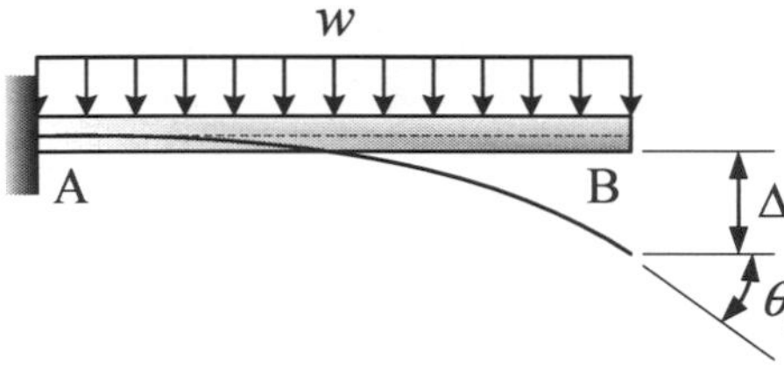	$\Delta_B=\dfrac{wL^4}{8EI}$，$\theta_B=\dfrac{wL^3}{6EI}$
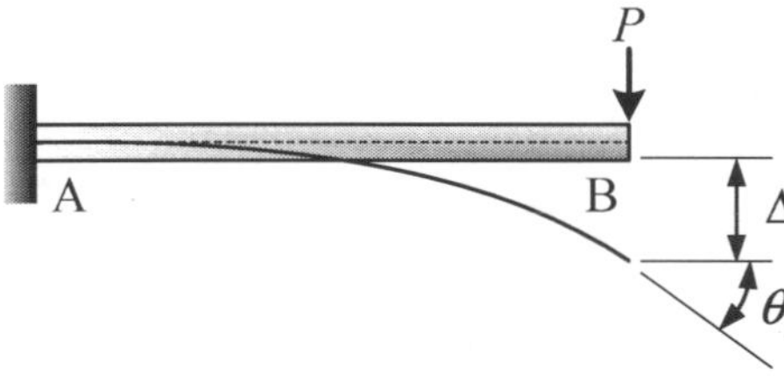	$\Delta_B=\dfrac{PL^3}{3EI}$，$\theta_B=\dfrac{PL^2}{2EI}$
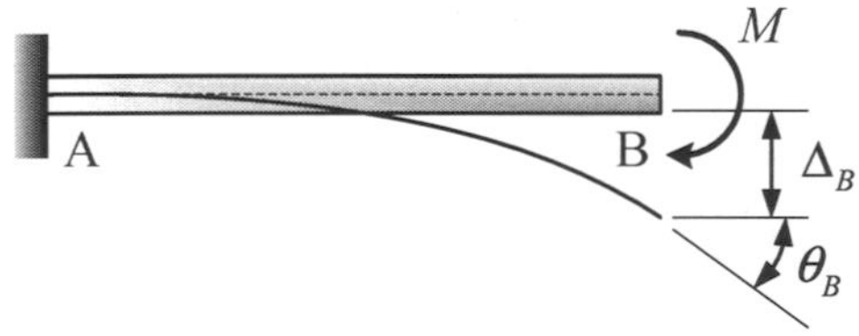	$\Delta_B=\dfrac{ML^2}{2EI}$，$\theta_B=\dfrac{ML}{EI}$
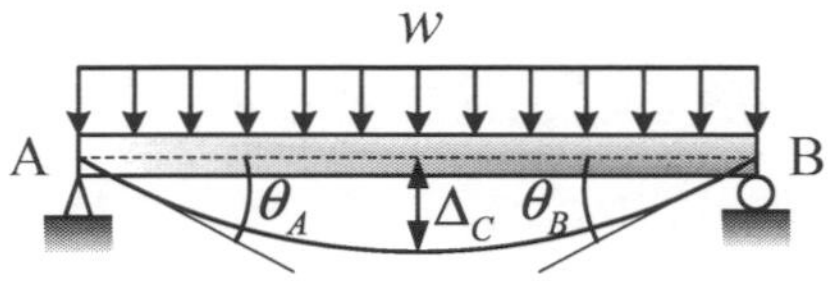	$\Delta_C=\dfrac{5wL^4}{384EI}$，$\theta_A=\theta_B=\dfrac{wL^3}{24EI}$

載重情形	變位Δ與旋轉角θ
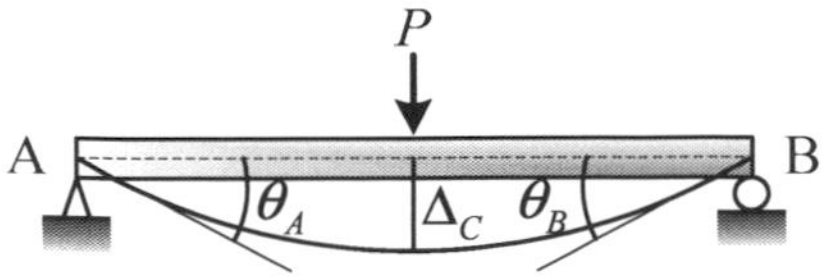	$\Delta_C = \dfrac{PL^3}{48EI}$，$\theta_A = \theta_B = \dfrac{PL^2}{16EI}$
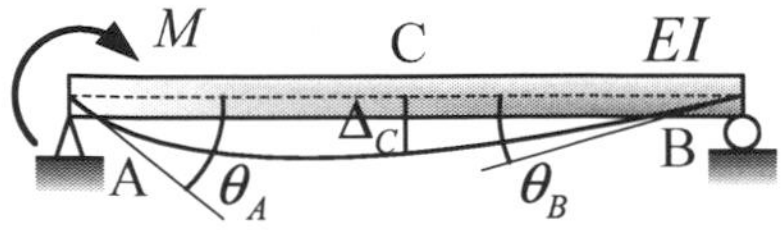	$\Delta_C = \dfrac{ML^2}{16EI}$，$\theta_A = \dfrac{ML}{3EI}$，$\theta_B = \dfrac{ML}{6EI}$

（二）力矩面積法

1. 第一力矩面積定理

（1）「梁上任兩點的旋轉角差值 $\theta_B - \theta_A$ 」=「兩點之間的 $\dfrac{\text{M}}{\text{EI}}$ 圖面積 A_{AB} 」

$$\int_{\theta_A}^{\theta_B} d\theta = \int_A^B \frac{M}{EI}dx \Rightarrow \theta_B - \theta_A = \int_A^B \frac{M}{EI}dx \quad \therefore \theta_B - \theta_A = A_{AB}$$

（2）延伸應用：$\theta_B=\theta_A+A_{AB}$

2. 第二力矩面積定理

（1）「B 點對 A 點的切線偏差 $t_{B/A}$ 」=「AB 點之間 $\dfrac{\text{M}}{\text{EI}}$ 圖面積 對 B 點的一次矩」

$$t_{B/A} = \int_A^B \bar{x}\frac{M}{EI}dx = x_c A_{\text{AB}}$$

（2）延伸應用：$y_B = y_A + L\theta_A + t_{B/A}$

3. 正負規則（第一象限）

（1）y 向上為正；θ 逆時針為正

（2）$\dfrac{\text{M}}{\text{EI}}$ 圖面積的正負同「彎矩內力的正負規則」，正彎矩（梁頂受壓）為正

參考題解

一、有一懸臂梁承受均佈載重 q 如下圖所示，請計算端點 B 之變位 δ_B。（25 分）

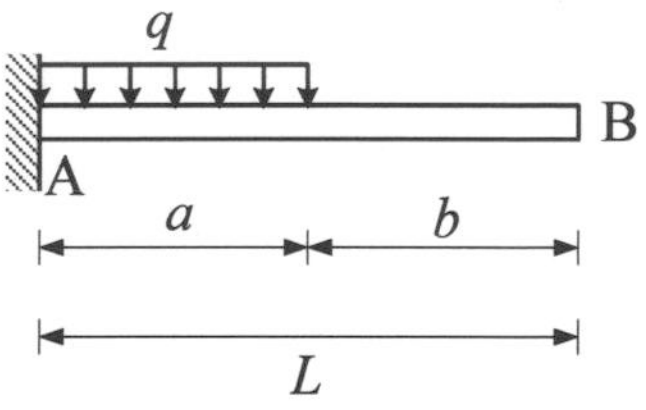

（106 四等-靜力學概要與材料力學概要#4）

參考題解

$$\Delta_B = \Delta_C + \theta_C \times b = \frac{1}{8}\frac{qL^4}{EI} + \frac{1}{6}\frac{qa^3}{EI}b$$

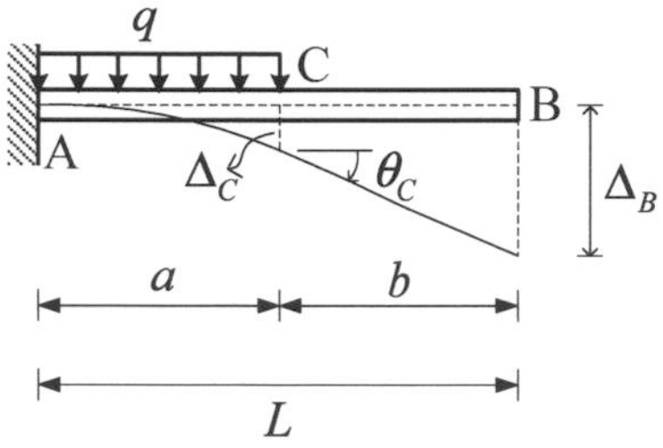

二、懸臂梁 AB 承受均布載重 $q = 30\ kN/m$，懸臂梁 AB 的 A 端為滑動支撐(sliding support)，B 端靜置在簡支梁 CD 上，如下圖所示。設懸臂梁 AB 及簡支梁 CD 之撓曲勁度皆為 $EI = 25{,}000\ kN/m^2$，求 A 點的撓度 δ_A，及 A 點的反力。（25 分）

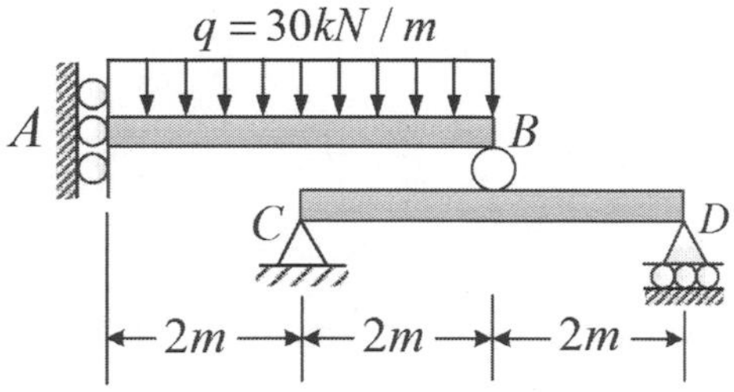

（107 結技-材料力學#2）

參考題解

（一）參圖(a)所示可得

$$R_B = 4q = 120kN \text{ ； } M_A = 4R_B - (4q)(2) = 240kN \cdot m(\circlearrowright)$$

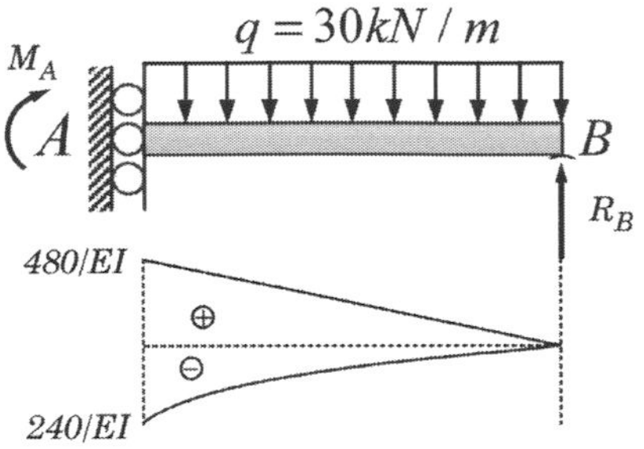

圖(a)

（二）參圖(b)所示，依彎矩面積法可得

$$\theta_B = \theta_C + \frac{120(2)}{2EI} = 0$$

$$y_B = 2\theta_C + \left(\frac{120}{EI} \times \frac{2}{3}\right)$$

解得

$$\theta_C = -\frac{120}{EI}(\circlearrowright) \text{；} y_B = -\frac{160}{EI}(\downarrow)$$

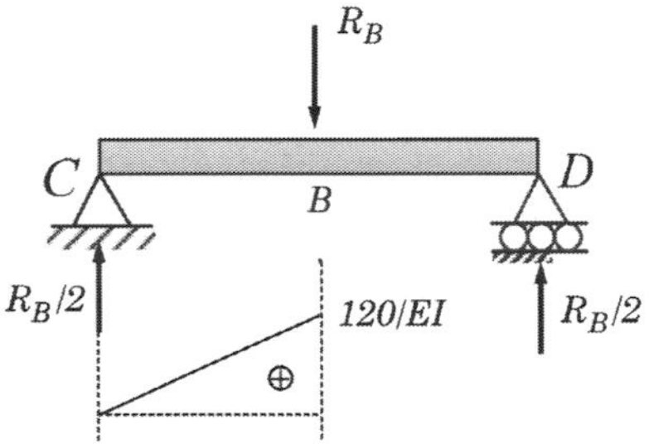

圖(b)

（三）再參圖(a)所示，依彎矩面積法可得

$$y_B = \delta_A + \left(\frac{960}{EI} \times \frac{8}{3}\right) - \left(\frac{320}{EI} \times 3\right) = -\frac{160}{EI}$$

由上式可解得

$$\delta_A = -\frac{1760}{EI} = -7.04 \times 10^{-2} m \ (\downarrow)$$

三、有一懸臂梁斷面彎矩勁度為 EI，此梁受到一彈簧之支撐，彈簧係數 k = EI/L^3。求彈簧之反力 R 及梁受集中載重 P 處之位移，並請註明反力及位移之方向。（25 分）

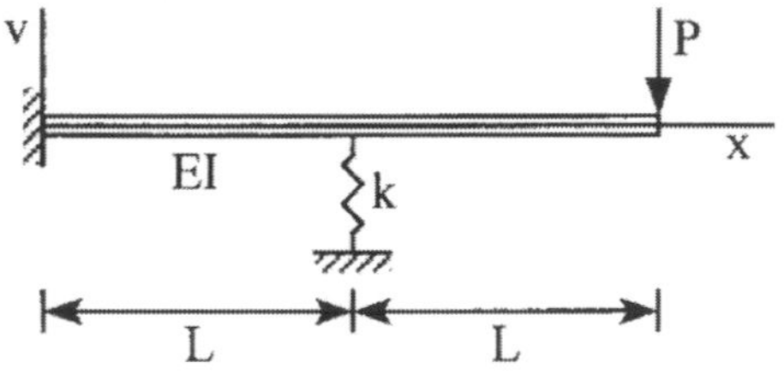

提示：

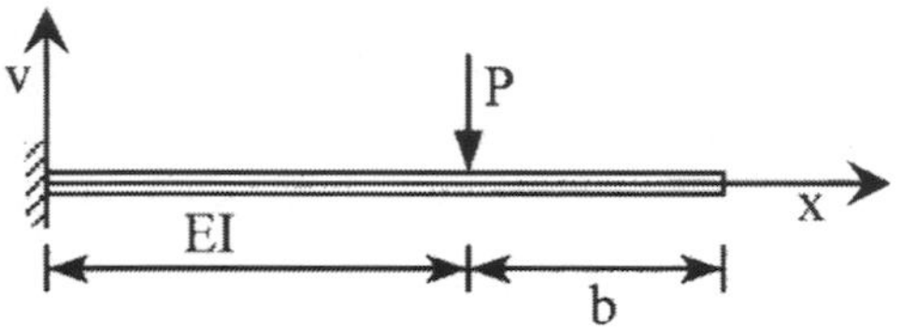

$$v(x) = -\frac{Px^2}{6EI}(3a - x)\,,\ 0 \le x \le a,$$

$$v(x) = -\frac{Pa^2}{6EI}(3x - a)\,,\ a \le x \le L.$$

（108 結技-材料力學#4）

參考題解

（一）如圖(a)及圖(b)所示，取 R 為贅餘力，可得

$V_A = P - R$ ； $M_A = 2PL - RL$

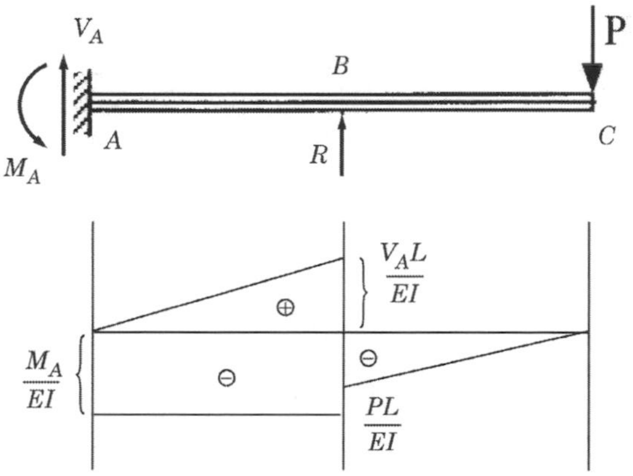

圖(a) M/EI 圖

圖(b)

（二）考慮樑 AB 部分，依彎矩面積法可得

$$\theta_B=\frac{V_A L^2}{2EI}-\frac{M_A L}{EI} \qquad ①$$

$$y_B=\left(\frac{V_A L^2}{2EI}\times\frac{L}{3}\right)-\left(\frac{M_A L}{EI}\times\frac{L}{2}\right) \qquad ②$$

又由圖(b)可知

$$y_B=-\frac{R}{k}=-\frac{RL^3}{EI} \qquad ③$$

聯立②式及③式，解得彈簧處之反力為

$$R=\frac{5P}{8}(\uparrow)$$

A 端支承力為

$$V_A=\frac{3P}{8}(\uparrow)\ ;\ M_A=\frac{11PL}{8}(\circlearrowleft)$$

又由①式及③式得

$$\theta_B=-\frac{19PL^2}{16EI}(\circlearrowright)\ ;\ y_B=-\frac{5PL^3}{8EI}(\downarrow)$$

（三）考慮樑 BC 部分，依彎矩面積法可得 C 點位移為

$$y_C=y_B+L\theta_B-\left(\frac{PL^2}{2EI}\times\frac{2L}{3}\right)=-\frac{103PL^3}{48EI}(\downarrow)$$

四、如圖示，AC 梁長度為 $3a$，撓曲剛度 EI 為定值，B 點為滾接支承，C 端結構僅允許垂直位移，其軸向位移及轉角均為零，於 A 點承受一集中力 **P** 作用，求 A 端之轉角及位移。（25 分）

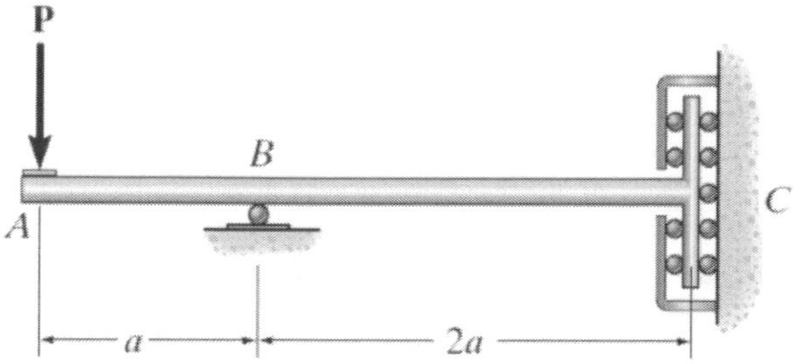

（109 高考-工程力學#3）

參考題解

（一）樑之支承立即 M/EI 圖如下圖所示。依彎矩面積法公式，取 B、C 兩點可得

$$\theta_C = \theta_B - \frac{2Pa^2}{EI}$$

其中 $\theta_C = 0$，故得 $\theta_B = \frac{2Pa^2}{EI}(\circlearrowleft)$。

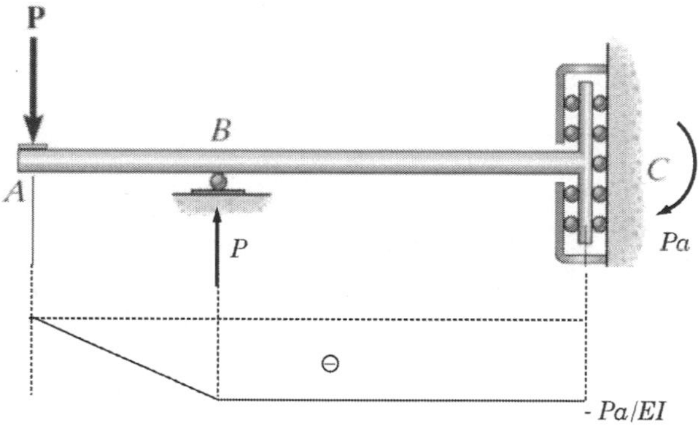

（二）取 A、B 兩點可得

$$\theta_B = \theta_A - \frac{Pa^2}{2EI}$$

$$y_B = y_A + a\left(\frac{5Pa^2}{2EI}\right) - \left(\frac{Pa^2}{2EI} \times \frac{a}{3}\right)$$

解得 $\theta_A = \frac{5Pa^2}{2EI}(\circlearrowleft)$。又因 $y_B = 0$，故得

$$y_A = -\frac{7Pa^3}{3EI}(\downarrow)$$

五、一根梁的材料彈性係數為 E，慣性矩為 I，長 3 L，由左至右等分為 3 段，用 1 個鉸接及 3 個滾輪等間距支撐，中間點承受一集中載重 P，如下圖所示，計算第一段位移最大點 A 及第二段位移最大點 B 的上下位移量。（答案以 E、I、L、P 及數字表現，答案寫絕對值加註朝上或朝下，方向錯誤者該小題不計分）（25 分）

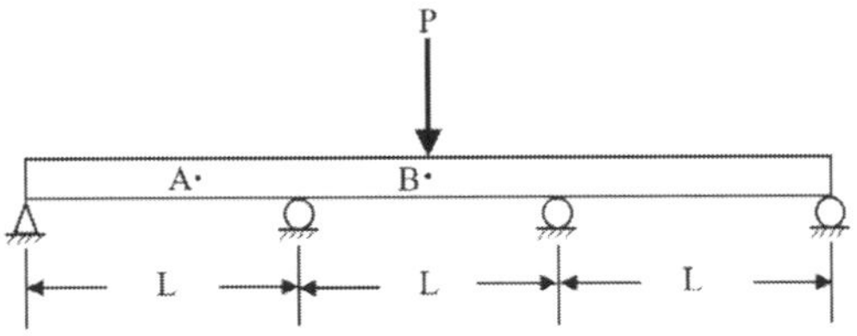

（109 結技-材料力學#4）

參考題解

（一）取半分析如圖(a)所示，以 R_C 為贅餘力可得

$$R_D = \frac{P}{2} - R_C \quad ; \quad M_B = \frac{PL}{4} + R_C L$$

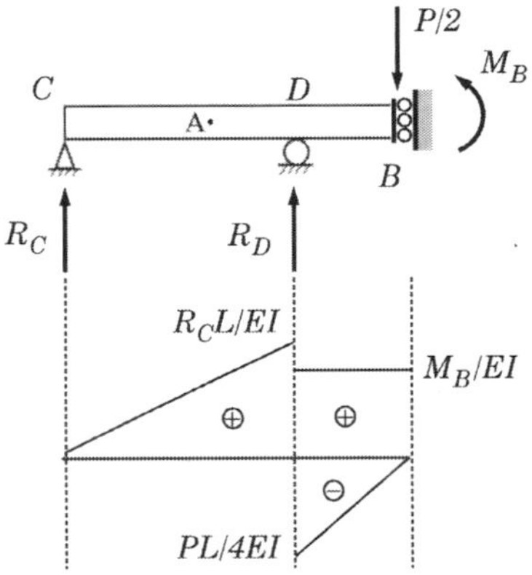

圖(a)

（二）考慮 CD 段可得

$$\theta_D = \theta_C + \frac{R_C L^2}{2EI}$$

$$y_D = y_C + L\theta_C + \left(\frac{R_C L^2}{2EI}\right)\left(\frac{L}{3}\right)$$

其中 $y_D = y_C = 0$，故得

$$\theta_C = -\frac{R_C L^2}{6EI} \quad ; \quad \theta_D = \frac{R_C L^2}{3EI}$$

再考慮 DB 段可得

$$\theta_B = \theta_D + \frac{M_B L}{2EI} - \frac{PL^2}{16EI} = 0$$

由上式可解得

$$R_C = -\frac{3P}{40}(\downarrow)$$

點 B 之位移為

$$y_B = \left(\frac{L}{2}\right)\theta_D + \left(\frac{M_B L}{2EI}\right)\left(\frac{L}{4}\right) - \left(\frac{PL^2}{16EI}\right)\left(\frac{L}{3}\right) = -\frac{11PL^3}{960EI} = 0.01146\frac{PL^3}{EI}(\downarrow)$$

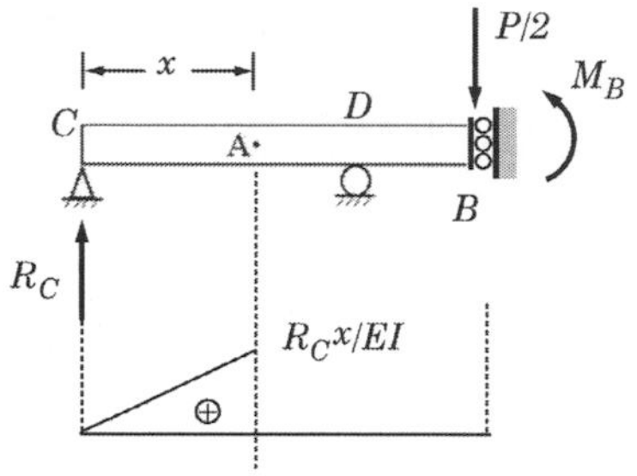

圖(b)

（三）設 A 點距 C 端為 x，如圖(b)所示可得

$$\theta_A = \theta_C + \frac{R_C x^2}{2EI} = 0$$

由上式解得 $x = \sqrt{L^2/3} = 0.5774\,L$ 。故點 A 之位移為

$$y_A = x\theta_C - \left(\frac{3P\,x^2}{80EI}\right)\left(\frac{x}{3}\right) = 0.00481\frac{PL^3}{EI}(\uparrow)$$

六、圖中之梁 AB 及梁 BCD 於 B 點用鉸接連接，於 CD 段受到均布載重作用，梁 AB 及梁 BCD 之撓曲剛度皆為 EI，求 B 點的撓度δ_B、C 點旋轉角θ_C、D 點撓度δ_D及 D 點旋轉角θ_D。（請標示方向）（25 分）

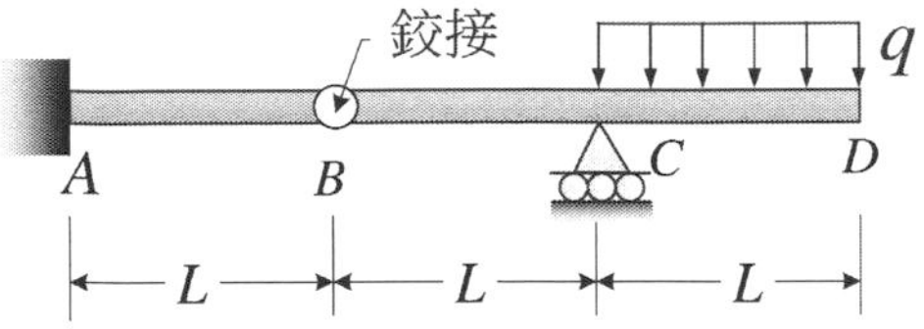

（109 三等-靜力學與材料力學#4）

參考題解

（一）樑的 M/EI 圖如下圖所示，考慮 AB 段可得

$$\theta_{BL} = \theta_A + \frac{qL^3}{4EI} = \frac{qL^3}{4EI} \quad (\circlearrowleft)$$

$$\delta_B = \delta_A + L\theta_A + \left(\frac{qL^3}{4EI} \times \frac{2L}{3}\right) = \frac{qL^4}{6EI} (\uparrow)$$

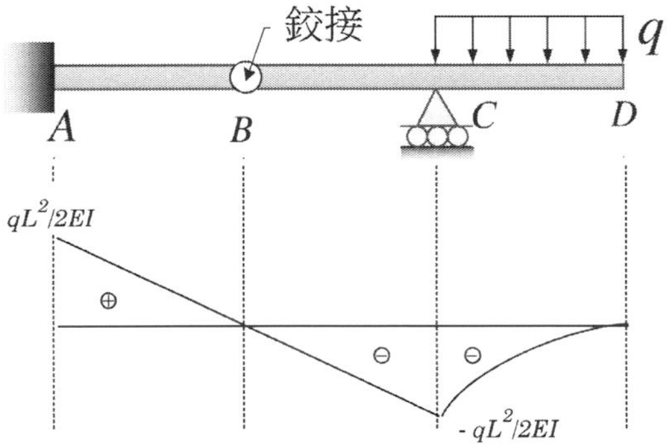

M/EI 圖

（二）考慮 BC 段可得

$$\theta_C = \theta_{BR} - \frac{qL^3}{4EI}$$

$$\delta_C = \delta_B + L\theta_{BR} - \left(\frac{qL^3}{4EI} \times \frac{L}{3}\right) = 0$$

解得

$$\theta_{BR} = -\frac{qL^3}{12EI} \quad (\circlearrowright)；\ \theta_C = -\frac{qL^3}{3EI} \quad (\circlearrowright)$$

（三）考慮 CD 段可得

$$\theta_D = \theta_C - \frac{qL^3}{6EI} = -\frac{qL^3}{2EI} \quad (\circlearrowright)$$

$$\delta_D = \delta_C + L\theta_C - \left(\frac{qL^3}{6EI} \times \frac{3L}{4}\right) = -\frac{11qL^4}{24EI} (\downarrow)$$

Chapter 8 柱的挫曲
重點內容摘要

柱挫曲相關公式

（一）臨界挫曲載重：$P_{cr}=\dfrac{\pi^2 EI}{(kL)^2}$

（二）有效長度係數 k

1. 柱端無相對側移

ⓐ兩端皆不可旋轉　ⓑ一端可旋轉　ⓒ兩端皆可旋轉

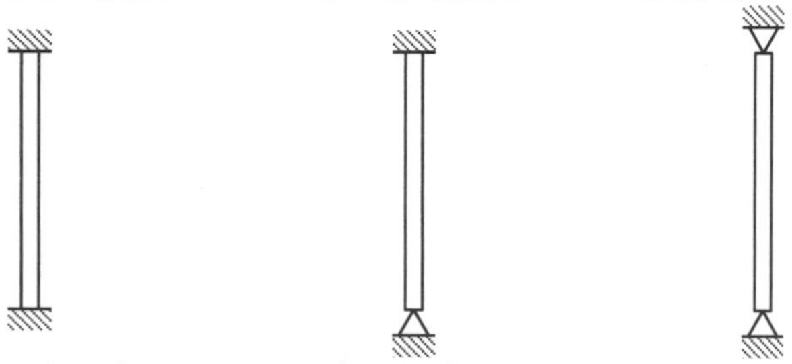

$k=0.5\ (0.65)$　$k=0.7\ (0.8)$　$k=1\ (1)$

2. 柱端可相對側移

ⓐ兩端皆不可旋轉　ⓑ一端可旋轉 - A　一端可旋轉 - B　兩端皆可旋轉 ⇒ 不穩定

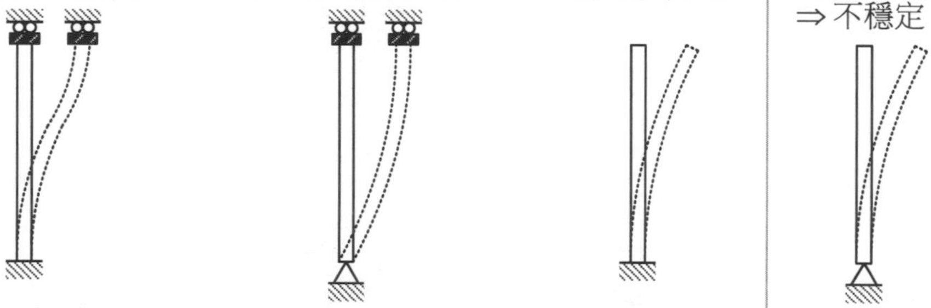

$k=1\ (1.2)$　$k=2\ (2)$　$k=2\ (2.1)$

（三）細長比：$\dfrac{kL}{r}$

（四）迴轉半徑：$r=\sqrt{\dfrac{I}{A}}$

參考題解

一、如圖(a)所示之立柱受到一位在高度 h 處之質量塊落下作用。當中 A 為鉸接端、E＝ 彈性模數、I＝ 面積慣性矩、A_c＝ 斷面積、L＝ 長度、W 為質量塊重量。若高度 h 遠大於柱受壓之壓縮變形，則當 AB 出現彈性挫屈（elastic buckling）時之臨界質量塊重量 W_{cr} 為多少？（25 分）

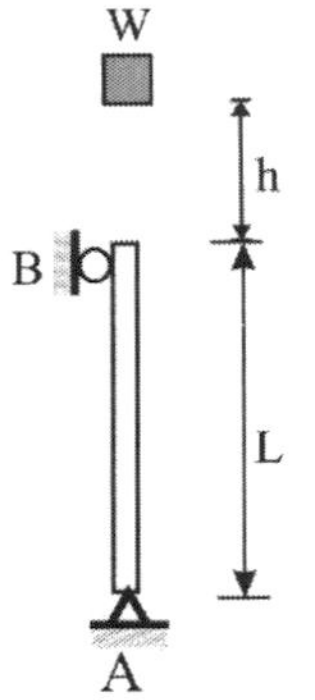

圖(a)

（106 司法-結構分析#2）

參考題解

（一）參圖(b)所示，其中 P 為一等效靜力。由圖(a)即圖(b)可得系統應變能 U 為

$$U=\frac{P\Delta}{2}=W\left(h+\Delta\right)$$

其中 Δ 為柱之長度變化，又 $P=A_cE\Delta/L$ ，故上式可改寫為

$$\frac{A_cE}{2L}\Delta^2-W\Delta-Wh=0 \qquad ①$$

（二）由①式可得

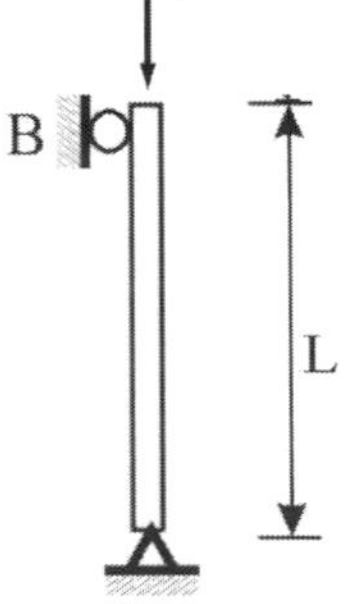

圖(b)

$$\Delta=\frac{WL}{A_cE}+\sqrt{\left(\frac{WL}{A_cE}\right)^2+2\left(\frac{WL}{A_cE}\right)h}\approx\frac{WL}{A_cE}+\sqrt{2\left(\frac{WL}{A_cE}\right)h}$$

所以等效靜力 P 為

$$P=\frac{A_cE}{L}\left[\frac{WL}{A_cE}+\sqrt{2\left(\frac{WL}{A_cE}\right)h}\right]=W+\sqrt{2\frac{A_cEWh}{L}}$$

（三）令等效靜力 P 等於柱之挫屈載重 $P_{cr}=(\pi/L)^2 EI$ ，得

$$\left(\sqrt{W}\right)^2+\sqrt{\frac{2A_cEh}{L}}\left(\sqrt{W}\right)=\left(\frac{\pi}{L}\right)^2 EI$$

由上式解得W_{cr}為

$$W_{cr}=\frac{1}{4}\left[\sqrt{\frac{2A_cEh}{L}+4\left(\frac{\pi}{L}\right)^2 EI}-\sqrt{\frac{2A_cEh}{L}}\right]^2$$

二、有一懸臂梁受軸向壓力 P 如圖四所示，梁之橫斷面如圖所示。試求：

（一）e_1 及 e_2 之值，以確定斷面形心 C 之位置，並計算慣性矩 I_y 、 I_z 、 I_{yz}（y 及 z 軸穿過斷面形心 C）。（20 分）

（二）如此梁可在 yz 面任一方向挫屈，且其彈性係數 E = 20 GPa，請計算此梁之臨界挫屈載重 P_{cr} 。（5 分）

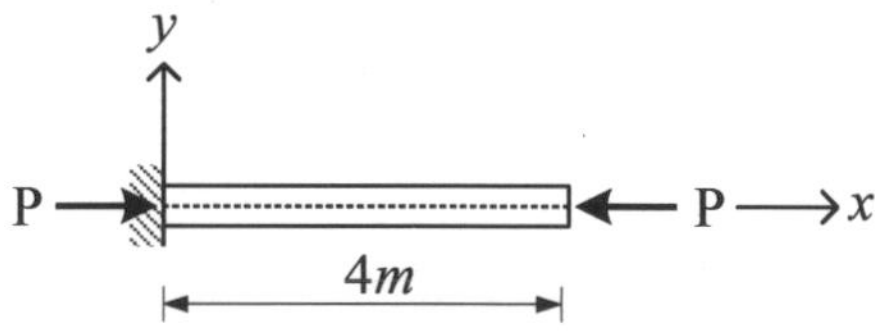

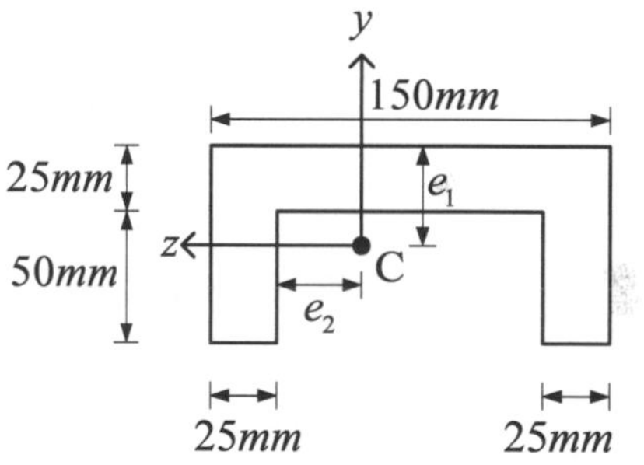

（106 普考-工程力學概要#4）

參考題解

（一）計算 e_1 及 e_2

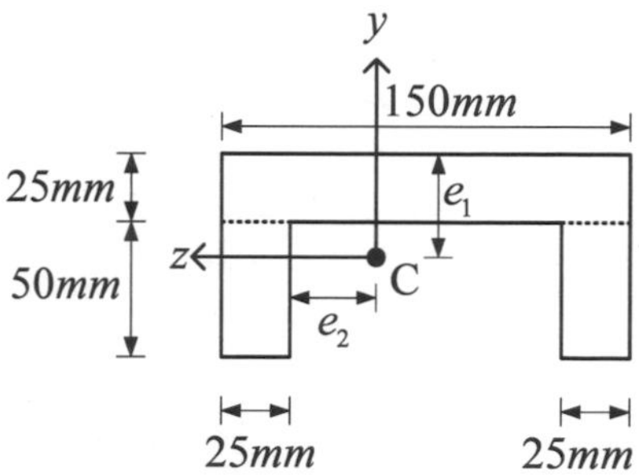

1. 此斷面為單對稱軸斷面，y 軸為對稱軸，會在斷面正中央 $\Rightarrow e_2=50mm$

2. $e_1 = \dfrac{(25\times150)(12.5)+(50\times25)(50)+(50\times25)(50)}{(25\times150)+(50\times25)+(50\times25)} = 27.5\ mm$

（二）慣性矩 I_y、I_z、I_{yz}

1. $I_y = \dfrac{1}{12}\times25\times150^3 + \left[\dfrac{1}{12}\times50\times150^3 - \dfrac{1}{12}\times50\times100^3\right] = 16927083\ mm^4$

2. $I_z = \dfrac{1}{3}\times150\times27.5^3 - \dfrac{1}{3}\times100\times2.5^3 + \left(\dfrac{1}{3}\times25\times47.5^3\right)\times2 = 2825521\ mm^4$

3. $I_{yz} = 0$，（y、z 為主軸）

（三）計算臨界挫屈載重 P_{cr}（弱軸向挫曲）

$$P_{cr} = \frac{\pi^2 EI_z}{(KL)^2} = \frac{\pi^2(20)(2825521)}{(2\times4000)^2} = 8.71\ kN$$

三、考慮一受壓的理想化柱系統，由兩根剛性桿（桿 ABC 和桿 CD）以一旋轉彈簧（β_R）鉸接合於 C 點，並由一線性彈簧（k）及銷支承簡單支撐如下圖所示，桿的長度尺寸如圖示，外力 P 施加於 A 點。

（一）當線性彈簧勁度無窮大（$k=\infty$），計算此系統的臨界挫屈載重 P_{cr}（以 β_R 表示）。（10分）

（二）當彈簧係數間的關係為 $\beta_R = \dfrac{7}{18}kL^2$，計算臨界挫屈載重 P_{cr}（以 β_R 表示）。（10分）

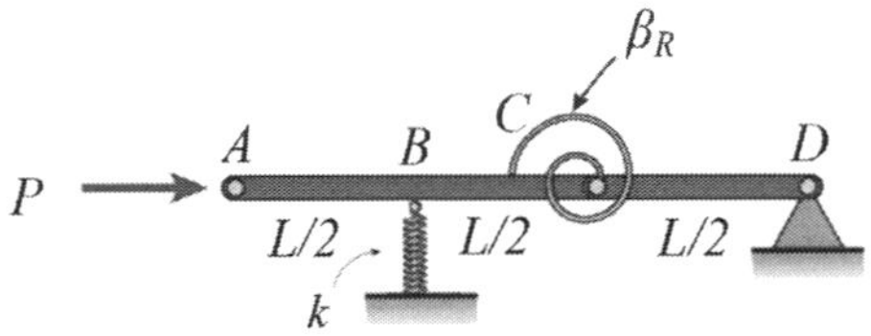

（107 土技-結構分析#2）

參考題解

（一）當 $k\to\infty$ 時，參圖所示可得總位能 $V(\theta)$ 為

$$V(\theta) = \frac{\beta_R}{2}(2\theta)^2 + \frac{3PL}{2}\left(1-\frac{\theta^2}{2}\right)$$

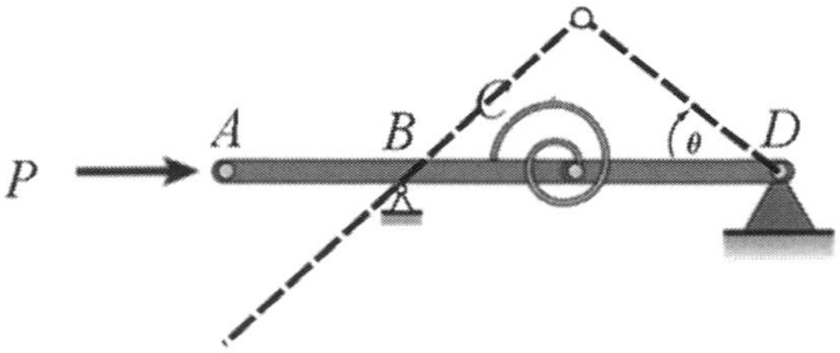

由虛功原理得

$$\frac{\partial V(\theta)}{\partial\theta} = \left(4\beta_R - \frac{3PL}{2}\right)\theta = 0$$

當 $\theta \neq 0$ 時，由上式得臨界載重 P_{cr} 為

$$P_{cr} = \frac{8\beta_R}{3L}$$

（二）當 $\beta_R = \frac{7}{18}kL^2$ 時，參圖所示可得總位能 $V(\theta,\phi)$ 為

$$V(\theta,\phi) = \frac{\beta_R}{2}(\theta-\phi)^2 + \frac{kL^2}{8}(\theta+\phi)^2 + PL\left[\left(1-\frac{\phi^2}{2}\right)+\frac{1}{2}\left(1-\frac{\phi^2}{2}\right)\right]$$

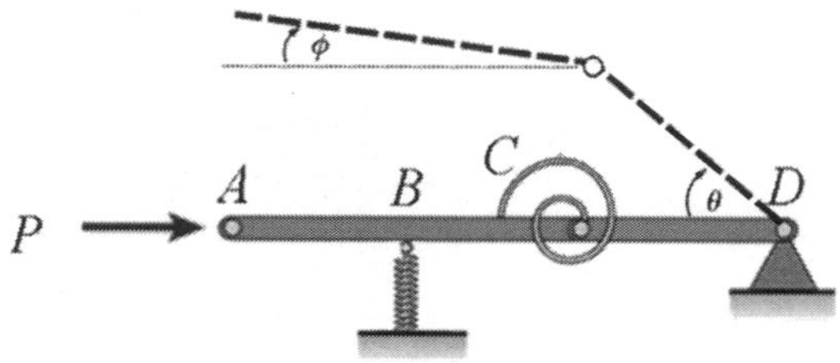

由虛功原理得

$$\frac{\partial V}{\partial \theta} = \beta_R(\theta-\phi) + \frac{kL^2}{4}(\theta+\phi) - \frac{PL}{2}\theta = 0$$

$$\frac{\partial V}{\partial \phi} = -\beta_R(\theta-\phi) + \frac{kL^2}{4}(\theta+\phi) - PL\phi = 0$$

聯立上列二式，當 θ 及 ϕ 不同為零時，可得

$$\begin{vmatrix} \beta + \frac{kL^2}{4} - \frac{\mathrm{PL}}{2} & -\beta + \frac{kL^2}{4} \\ -\beta + \frac{kL^2}{4} & \beta + \frac{kL^2}{4} - PL \end{vmatrix} = 0$$

以 $\beta_R = \frac{7}{18}kL^2$ 代入上式，可得

$$\begin{vmatrix} \frac{23kL^2}{36} - \frac{PL}{2} & -\frac{5kL^2}{36} \\ -\frac{5kL^2}{36} & \frac{23kL^2}{36} - PL \end{vmatrix} = 0$$

由上式得臨界載重 P_{cr} 為

$$P_{cr} = \frac{7kL}{12}$$

四、有一 Z 字型斷面梁，一端為固定支承另一端為鉸支承，此梁受軸壓力 P。如梁之尺寸 L = 4 m，b = 80 mm，h = 120 mm，t = 12 mm，慣性矩 $I_y = 3.257 \times 10^6\ mm^4$，$I_z = 6.507 \times 10^6\ mm^4$，彈性係數 E = 200 GPa。（一）試求梁斷面之慣性矩乘積 I_{yz}、慣性矩極大值 I_{max} 及慣性矩極小值 I_{min}。（二）如此梁在 yz 面任何方向均可能產生側向位移，試求此梁之等效長度 L_e 及臨界挫屈載重 P_{cr}。（25 分）

提示：$I_{y1} = \dfrac{I_y + I_Z}{2} + \dfrac{I_y - I_Z}{2}\cos 2\theta - I_{yz}\sin 2\theta$

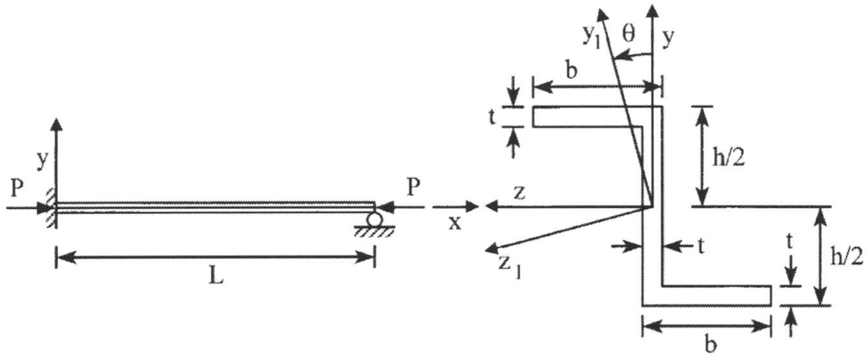

（108 結技-材料力學#1）

參考題解

（一）參右圖所示可得

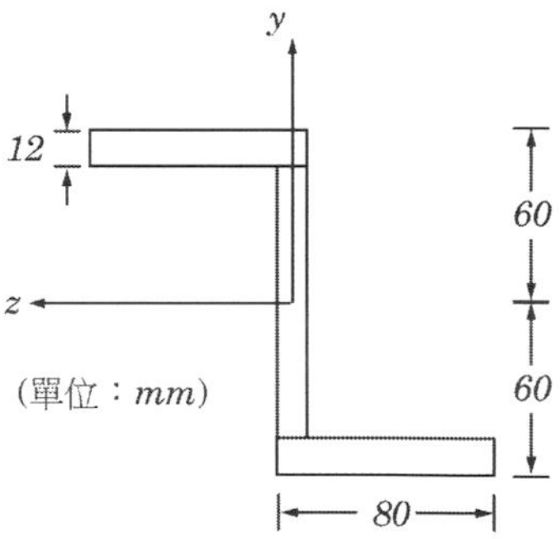

$$I_{yz} = 2[12 \times 68 \times 54 \times 40]$$

$$= 4.147 \times 10^6 mm^4 = 4.147 \times 10^{-6} m^4$$

（二）主慣性矩為

$$I_P = \frac{I_y + I_z}{2} \pm \sqrt{\left(\frac{I_y - I_z}{2}\right)^2 + (-I_{xy})^2}$$

$$= (4.882 \pm 4.454) \times 10^6 mm^4 = \begin{cases} 9.336 \\ 0.428 \end{cases} \times 10^6 mm^4$$

故知

$$I_{max} = 9.336 \times 10^{-6} m^4\ ;\ I_{min} = 0.428 \times 10^{-6} m^4$$

（三）等效長度 L_e 為

$$L_e = 0.7L = 2.8m$$

挫屈載重 P_{cr} 為

$$P_{cr} = \left(\frac{\pi}{L_e}\right)^2 EI_{min} = 107.760kN$$

五、如圖所示構架，桿 ab、桿 bc 及桿 cd 為剛性桿件，a 點及 d 點為鉸支承，b 點及 c 點為鉸接，彈簧係數 $k = 125$ kN/m，長度 $\ell = 2$ m、$h = 3$ m。求臨界挫屈負載 P_{cr}。（25 分）

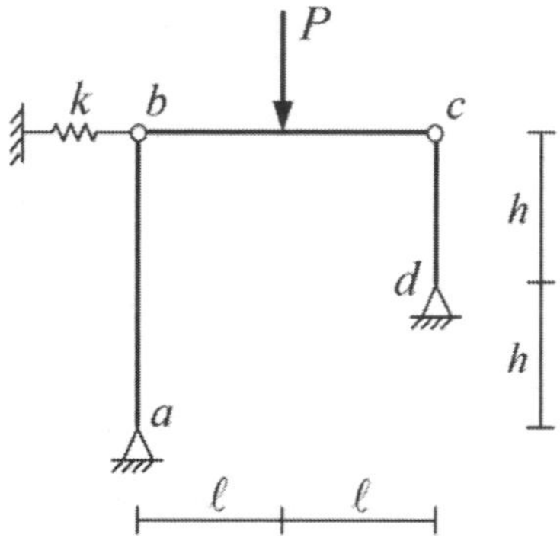

（108 三等-靜力學與材料力學#2）

參考題解

（一）如圖所示，取 θ 為廣義座標，可得總位能為

$$V(\theta) = \frac{k}{2}(2h \cdot \theta)^2 + P(2h)\left(1 - \frac{\theta^2}{2}\right)$$

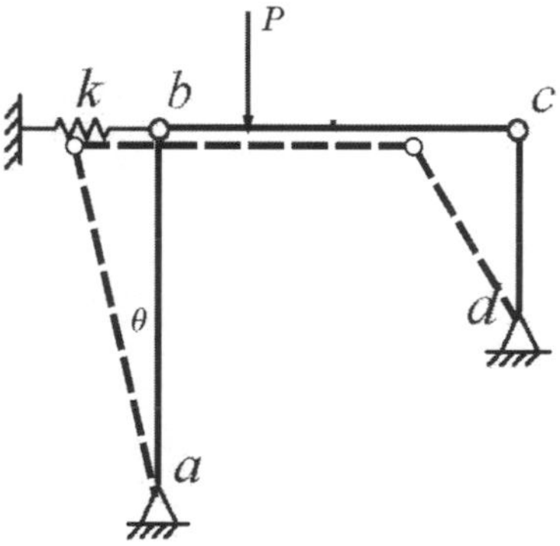

（二）由虛功原理，微分上式並令為零，得

$$\frac{\partial V}{\partial \theta} = \left(4kh^2 - 2Ph\right)\theta = 0$$

當 $\theta \neq 0$ 時，得臨界載重 P_{cr} 為

$$P_{cr} = \frac{4kh^2}{2h} = 2kh = 750kN$$

六、如圖為貫入土層之樁的力平衡示意圖，考慮此樁自樁頂緩慢施壓圖(a)，由地表使樁逐漸完全貫入土層中圖(b)。貫入過程中，忽略任何設備造成的衝擊、振動或動力效應，亦即在特定貫入深度（y）時，樁頂 P 外力與土壤總阻力滿足靜力平衡關係。已知選用的樁長度 L 為 4 公尺，樁斷面在各深度的土壤摩擦阻力為定值 $f = 0.5$ kN/m，樁斷面剛度 EA = 8 MN：

（一）假設貫入過程沒有挫屈情形，求出樁完全埋入土壤時長度縮短的量？（10 分）

（二）（此小題考慮樁貫入過程可能發生挫屈情形），假設樁底埋入端可視為固端（fixed），樁頂加壓設施對樁頂端之支撐條件可視為無束制（free），已知此 4 公尺長度之樁的簡支條件尤拉挫屈載重（Euler Buckling Load）是 1 kN，請計算分析此 4 公尺樁於貫入過程中是否發生挫屈？如研判會發生挫屈，說明挫屈發生時的貫入深度？如研判此 4 公尺樁不會發生挫屈，相同樁斷面與性質的條件下，說明貫入時不發生挫屈所可選用的最大樁長是多少？（15 分）

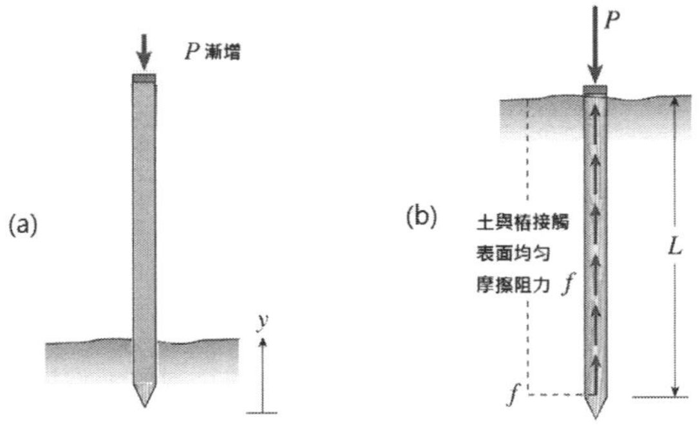

（108 司法-結構分析#1）

參考題解

（一）不計挫屈時，參圖(c)所示可得

$$S(x) = P - f \cdot x$$

故桿件之長度縮短量為 δ 為

$$\delta = \int_0^L \frac{(P - f \cdot x)dx}{AE} = 5 \times 10^{-4}\, m$$

上式中 $L = 4m$，$AE = 8 \times 10^3 kN$，$f = 0.5\, kN/m$。

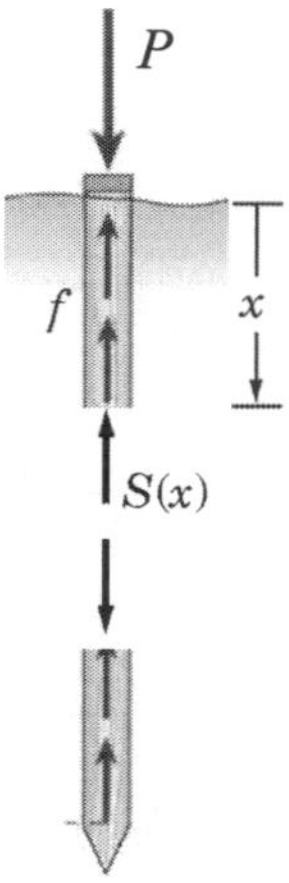

圖(c)

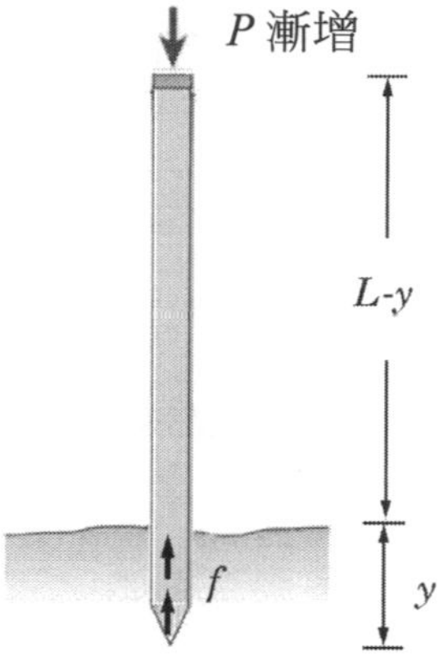

圖(d)

（二）考慮挫屈時，參圖(d)所示可得

$$P = f \cdot y$$

又桿件的挫屈載重 P_{cr} 為

$$P_{cr} = \left[\frac{\pi}{2(L-y)}\right]^2 EI = \frac{1}{(L-y)^2}\left[\left(\frac{\pi}{2}\right)^2 EI\right] = \frac{4}{(L-y)^2}$$

欲不產生挫屈，應有

$$f \cdot y \le \frac{4}{(L-y)^2}$$

當 $L = 4m$ 時，由上式解得 $y \le 0.764m$。亦即，當貫入深尸度為 $y = 0.764m$，桿件會發生挫屈。

七、圖中顯示一結構，今於 B 點及 D 點分別設置具 k_s 之線性彈簧，4 個線性彈簧配置方式如圖所示。若於 E 點施加一軸向壓力 P，試求此結構發生挫屈時之臨界載重 P_{cr}。（25 分）

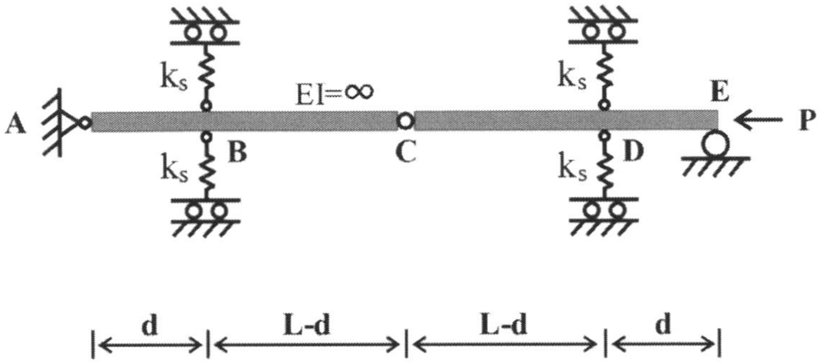

（108 普考-工程力學概要#4）

參考題解

（一）如下圖所示，取 θ 為廣義座標，可得總位能為

$$V(\theta)=4\left[\frac{k_s}{2}(\theta\cdot d)^2\right]+2PL\left(1-\frac{\theta^2}{2}\right) \quad ①$$

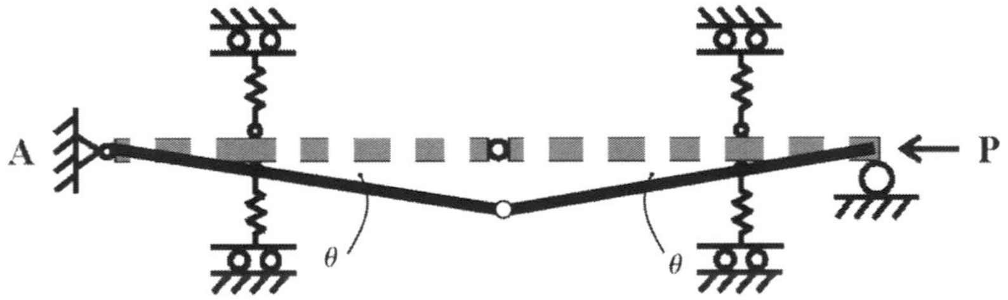

（二）微分 ① 式並令為零

$$\frac{\partial V}{\partial \theta}=\left(4k_sd^2-2PL\right)\theta=0$$

當 $\theta\neq 0$ 時，由上式得臨界載重 P_{cr} 為

$$P_{cr}=\frac{2k_sd^2}{L}$$

八、一根勁度相當剛硬（假設無限剛度，不會變形）之桿件 $ACDB$，在 A 端為鉸支承（hinge support），如圖所示，並在 C 與 D 處與兩支完全相同之細長立柱上端銷接（pin connection），兩支立柱下端為鉸支承。每個立柱具有撓曲剛度 EI。請繪製構件之挫屈平衡圖，詳細說明會使該兩支細長立柱體系崩塌（collapse）的 B 處載重 Q 為何？[假定發生崩塌（collapse）是因兩支細長立柱連續發生側潰（或挫屈，buckling）]（20 分）

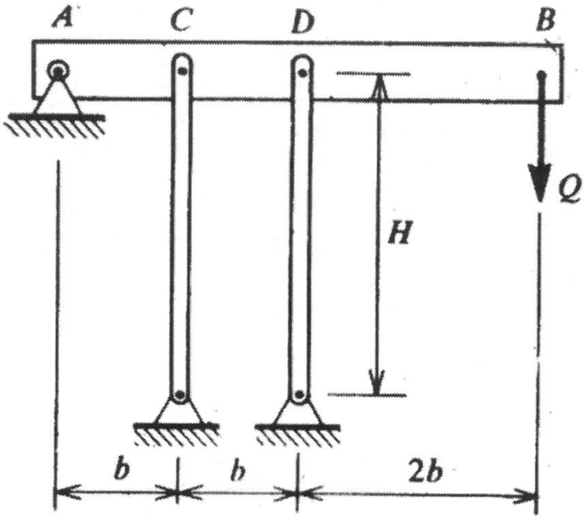

（109 土技-結構分析#3）

參考題解

（一）計算 C、D 桿內力

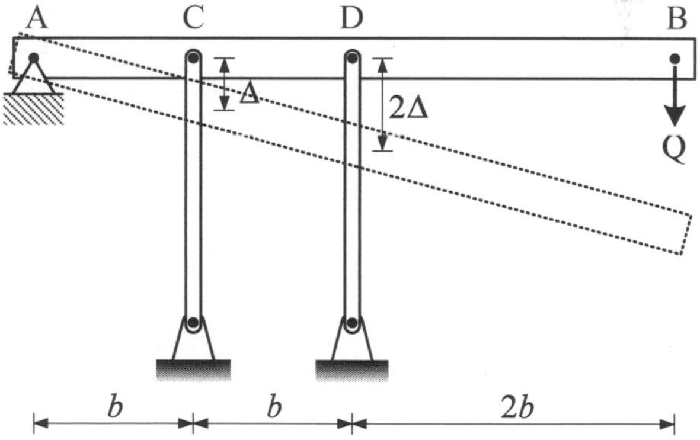

1. 變形諧和

$\Delta_C = \Delta \quad \Rightarrow \delta_C = \Delta$

$\Delta_D = 2\Delta \quad \Rightarrow \delta_D = 2\Delta$

2. 材料組成律

$$N_C = \frac{EA}{H}\delta_C = \frac{EA}{H}\Delta$$

$$N_D = \frac{EA}{H}\delta_D = \frac{EA}{H}(2\Delta)$$

3. 力平衡

$\Sigma M_A = 0$，$N_C \cdot b + N_D \cdot 2b = Q \cdot 4b$

$$\Rightarrow \left(\frac{EA}{H}\Delta\right)\cdot b + \left(\frac{EA}{H}2\Delta\right)\cdot 2b = Q\cdot 4b \quad \therefore \Delta = \frac{4}{5}\frac{QH}{EA}$$

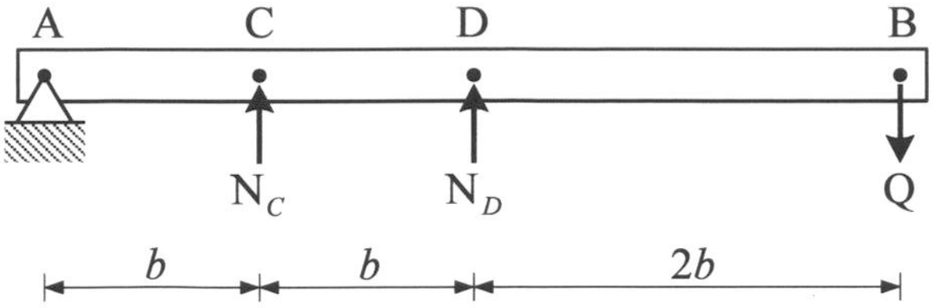

4. 帶回材料組成律，可得 C、D 桿內力

$$N_C = \frac{EA}{H}\Delta = \frac{4}{5}Q$$

$$N_D = \frac{EA}{H}(2\Delta) = \frac{8}{5}Q$$

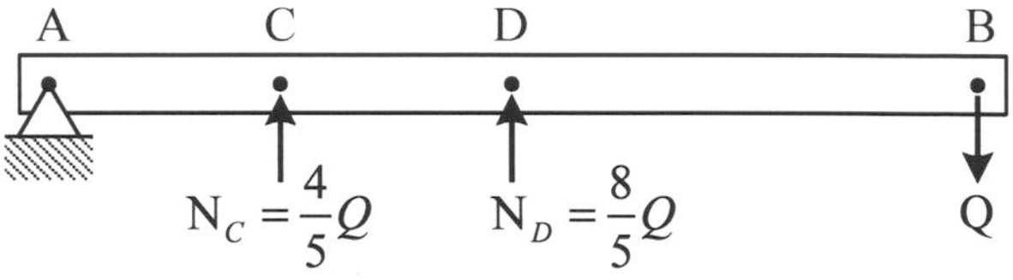

（二）C、D 兩桿條件完全一樣 $\Rightarrow (P_{cr})_C = (P_{cr})_D = \dfrac{\pi^2 EI}{H^2} = P_{cr}$

D 桿受力較大，會先挫曲

1. 當 D 桿恰挫曲時：$N_D = P_{cr} \Rightarrow \dfrac{8}{5}Q = \dfrac{\pi^2 EI}{H^2} \Rightarrow Q = \dfrac{5}{8}\dfrac{\pi^2 EI}{H^2}$

此時 C 桿內力：$N_C = \dfrac{4}{5}Q = \dfrac{1}{2}P_{cr}$，尚未挫曲

當D恰挫曲時

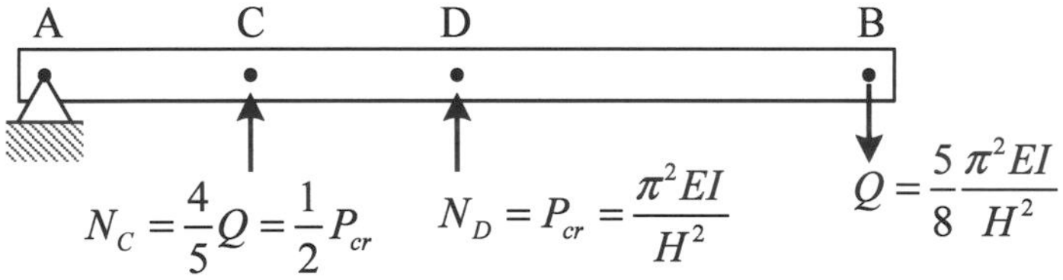

2. 當 D 桿挫曲後：假設 D 桿挫曲後，D 桿的強度降至 0，此時 C 桿內力會由 $\dfrac{4}{5}Q \to 4Q$ 而馬上挫曲，最終系統潰敗崩塌

當D挫曲後

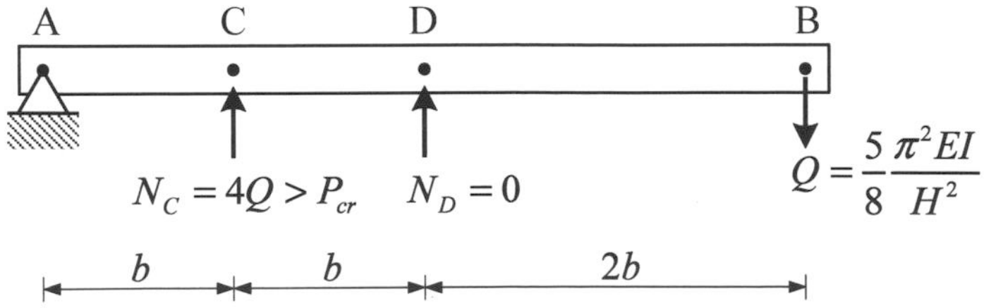

（三）Q 的最大值為：$Q = \dfrac{5}{8}\dfrac{\pi^2 EI}{H^2}$

九、長為 L 之非等截面彈性立柱 ABC，A 端為固定端，在 C 端連接彈力常數為 β 之線彈簧，如圖所示。以微分方程的方法推導此立柱之挫屈方程式（buckling equation），答案以行列式表之即可。（25 分）

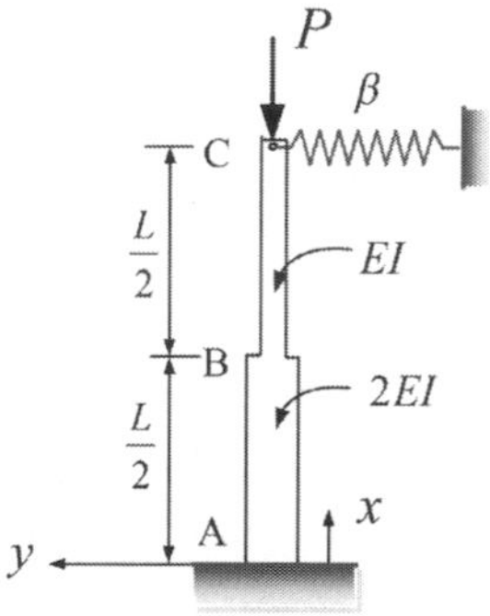

（110 結技–材料力學#4）

參考題解

$$\sum M_A = 0 \ , \ P\Delta = M + VL$$
$$\therefore M = P\Delta - VL = P\Delta - \beta\Delta L$$

AB段

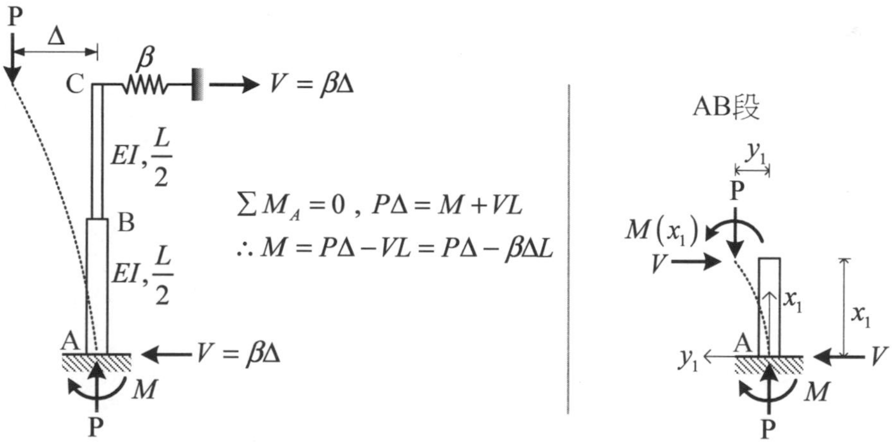

（一）AB 段的挫曲方程式

1. $M(x_1) + Py_1 = M + Vx_1 \Rightarrow M(x_1) = M + Vx_1 - Py_1 \quad \left(0 \le x_1 \le \dfrac{L}{2}\right)$

$$y_1'' = \frac{M(x_1)}{2EI} \Rightarrow y_1'' = \frac{M + Vx_1 - Py_1}{2EI} \Rightarrow 2EIy_1'' = M + Vx_1 - Py_1$$
$$\Rightarrow 2EIy_1'' + Py_1 = (P\Delta - \beta\Delta L) + \beta\Delta x_1$$

$$\Rightarrow y_1''+\frac{P}{2EI}y_1=\frac{P}{2EI}\Delta-\frac{P}{2EI}\frac{\beta\Delta L}{P}+\frac{P}{2EI}\frac{\beta\Delta}{P}x_1 \quad \left(令\frac{P}{2EI}=\lambda_1^2\right)$$

$$\Rightarrow y_1''+\lambda_1^2 y_1=\lambda_1^2\Delta-\lambda_1^2\frac{\beta\Delta L}{P}+\lambda_1^2\frac{\beta\Delta}{P}x_1$$

$$\therefore y_1=C_1\cos\lambda_1 x_1+C_2\sin\lambda_1 x_1+\left(1-\frac{\beta L}{P}+\frac{\beta}{P}x_1\right)\Delta$$

$$\therefore y_1'=-C_1\lambda_1\sin\lambda_1 x_1+C_2\lambda_1\cos\lambda_1 x_1+\frac{\beta}{P}\Delta$$

2. 帶入邊界條件

（1） $y(0)=0\Rightarrow C_1+\left(1-\frac{\beta L}{P}\right)\Delta=0$..........①

（2） $y'(0)=0\Rightarrow C_2\lambda_1+\frac{\beta}{P}\Delta=0$.......②

（二）BC 段的挫曲方程式

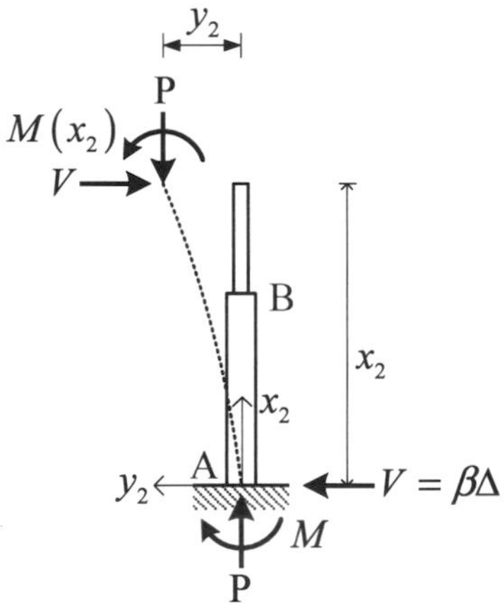

1. $M(x_2)+Py_2=M+Vx_2$

$$\Rightarrow M(x_2)=M+Vx_2-Py_2 \quad \left(\frac{L}{2}\le x_2\le L\right)$$

$$y_2''=\frac{M(x_2)}{EI}\Rightarrow y_2''=\frac{M+Vx_2-Py_2}{EI}$$

$$\Rightarrow EIy_2''=M+Vx_2-Py_2$$

$$\Rightarrow EIy_2''+Py_2=(P\Delta-\beta\Delta L)+\beta\Delta x_2$$

$$\Rightarrow y_2''+\frac{P}{EI}y_2=\frac{P}{EI}\Delta-\frac{P}{EI}\frac{\beta\Delta L}{P}+\frac{P}{EI}\frac{\beta\Delta}{P}x_2$$

$$\left(令\frac{P}{EI}=\lambda_2^2\right)$$

$$\Rightarrow y_2''+\lambda_2^2 y_2=\lambda_2^2\Delta-\lambda_2^2\frac{\beta\Delta L}{P}+\lambda_2^2\frac{\beta\Delta}{P}x_2$$

$$\therefore y_2=C_3\cos\lambda_2 x_2+C_4\sin\lambda_2 x_2+\left(1-\frac{\beta L}{P}+\frac{\beta}{P}x_2\right)\Delta$$

$$\therefore y_2'=-C_3\lambda_2\sin\lambda_2 x_2+C_4\lambda_2\cos\lambda_2 x_2+\frac{\beta}{P}\Delta$$

2. 帶入邊界條件

（1） $y_2(L)=\Delta\Rightarrow C_3\cos\lambda_2 L+C_4\sin\lambda_2 L+\left(1-\frac{\beta L}{P}+\frac{\beta}{P}L\right)\Delta=\Delta$

$$\Rightarrow C_3\cos\lambda_2 L + C_4\sin\lambda_2 L = 0 \text{........③}$$

（2） $y_2\left(\frac{L}{2}\right) = y_1\left(\frac{L}{2}\right)$

$$\Rightarrow C_3\cos\lambda_2\frac{L}{2} + C_4\sin\lambda_2\frac{L}{2} + \left(1 - \frac{\beta L}{P} + \frac{\beta}{P}\frac{L}{2}\right)\Delta$$

$$= C_1\cos\lambda_1\frac{L}{2} + C_2\sin\lambda_1\frac{L}{2} + \left(1 - \frac{\beta L}{P} + \frac{\beta}{P}\frac{L}{2}\right)\Delta$$

$$\therefore C_1\cos\lambda_1\frac{L}{2} + C_2\sin\lambda_1\frac{L}{2} - C_3\cos\lambda_2\frac{L}{2} - C_4\sin\lambda_2\frac{L}{2} = 0 \text{.......④}$$

（3） $y_2'\left(\frac{L}{2}\right) = y_1'\left(\frac{L}{2}\right)$

$$\Rightarrow -C_3\lambda_2\sin\lambda_2\frac{L}{2} + C_4\lambda_2\cos\lambda_2\frac{L}{2} + \frac{\beta}{P}\Delta = -C_1\lambda_1\sin\lambda_1\frac{L}{2} + C_2\lambda_1\cos\lambda_1\frac{L}{2} + \frac{\beta}{P}\Delta$$

$$\therefore C_1\lambda_1\sin\lambda_1\frac{L}{2} - C_2\lambda_1\cos\lambda_1\frac{L}{2} - C_3\lambda_2\sin\lambda_2\frac{L}{2} + C_4\lambda_2\cos\lambda_2\frac{L}{2} = 0 \text{......⑤}$$

（三）將①②③④⑤整理成行列式的形式

$$\begin{bmatrix} 1 & 0 & 0 & 0 & 1-\frac{\beta L}{P} \\ 0 & \lambda_1 & 0 & 0 & \frac{\beta}{P} \\ 0 & 0 & \cos\lambda_2 L & \sin\lambda_2 L & 0 \\ \cos\lambda_1\frac{L}{2} & \sin\lambda_1\frac{L}{2} & -\cos\lambda_2\frac{L}{2} & -\sin\lambda_2\frac{L}{2} & 0 \\ \lambda_1\sin\lambda_1\frac{L}{2} & -\lambda_1\cos\lambda_1\frac{L}{2} & -\lambda_2\sin\lambda_2\frac{L}{2} & \lambda_2\cos\lambda_2\frac{L}{2} & 0 \end{bmatrix} \begin{bmatrix} C_1 \\ C_2 \\ C_3 \\ C_4 \\ \Delta \end{bmatrix} = \begin{bmatrix} 0 \\ 0 \\ 0 \\ 0 \\ 0 \end{bmatrix}$$

欲使 C_1、C_2、C_3、C_4、Δ 不全為 0，則上述矩陣的行列式值必須等於 0。

十、有一桁架，C 點為滾支撐，E 點為固定支撐，A 點受一集中力 P。其中 AD 桿及 BC 桿僅能承受拉力而無法承受壓力，故此兩桿件僅有一桿件能受力。除此二桿件外，其餘各桿件均能承受拉力及壓力。如所有桿件之楊氏係數均為 E，慣性矩均為 I，任一桿件挫屈即視為整體桁架之挫屈，試求整體桁架之挫屈力 P_{cr}。（25 分）

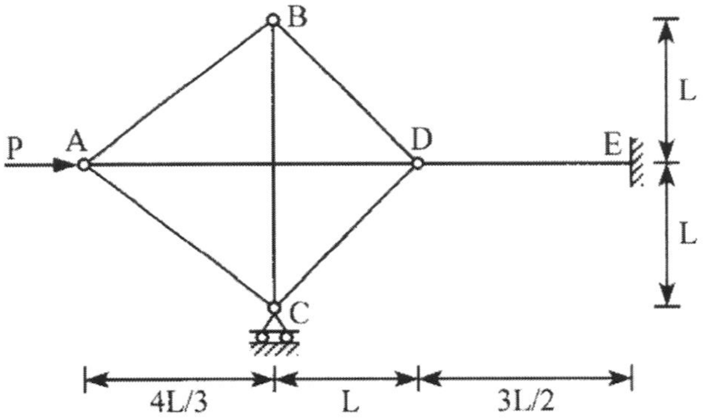

（110 司法-結構分析#1）

參考題解

（一）計算桿件臨界挫曲條件

$$P_{crAB}=\frac{\pi^2\times EI}{(\frac{5}{3}L)^2}=0.36P_e=P_{crAC}$$

$$P_{crBD}=\frac{\pi^2\times EI}{(\sqrt{2}L)^2}=0.5P_e$$

$$P_{crDE}=\frac{\pi^2\times EI}{(0.7\times\frac{3}{2}L)^2}=0.907P_e$$

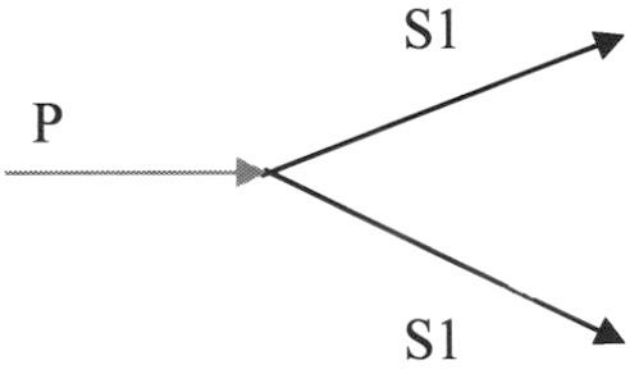

（二）利用節點法分析桿件內力

A 節點：

$$P+2S_1\times\frac{3}{5}=0$$

$$\Rightarrow S_1=-\frac{5}{6}P$$

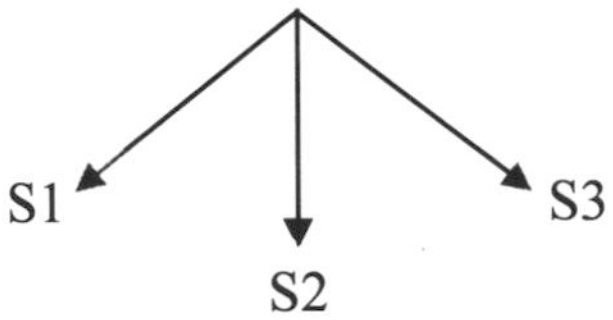

B 節點：

$$-\frac{5}{6}P=\frac{\sqrt{3}}{2}S_3 \Rightarrow S_3=-1.176P$$

$$-\frac{5}{6}P+S_3\times\frac{\sqrt{2}}{2}+S_2=0 \Rightarrow S_2=1.667P$$

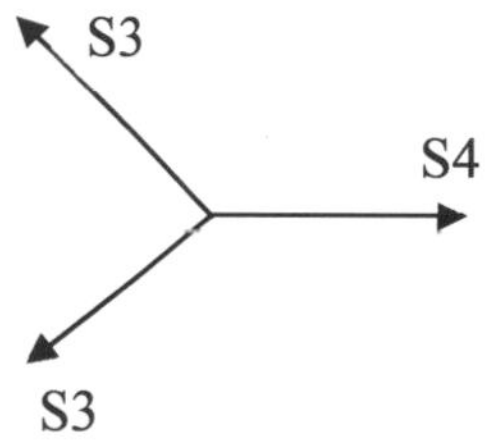

D 節點：

$$-1.176P\times\frac{\sqrt{2}}{2}\times 2=S_4$$

$$S_4=-1.664P$$

（三）藉由上述分析判斷哪一桿件先行達降伏

$$\frac{5}{6}P=0.36P_e \Rightarrow P=0.432P_e(Control)$$

$$1.176P=0.5P_e \Rightarrow P=0.425P_e$$

$$1.664P=0.907P_e \Rightarrow P=0.545P_e$$

故整體挫屈力為 $0.432\dfrac{\pi^2\times EI}{L^2}$

Chapter 9 其他類型考題

重點內容摘要

參考題解

一、已知一曲梁及其斷面如圖所示，若容許彎壓應力為$(\sigma_{allow})_c = 50MPa$，而容許彎拉應力為$(\sigma_{allow})_t = 120MPa$，試求最大作用力 P 之大小。（20 分）

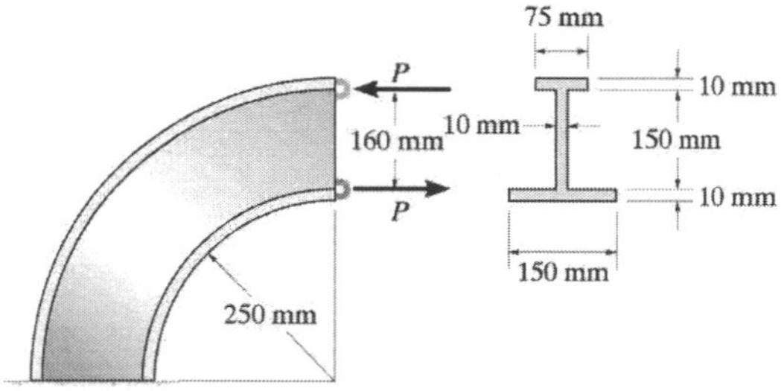

（106 結技-材料力學#3）

參考題解

（一）參圖所示，形心 C 至曲率中心 O 的距離$\bar{R}$為

$$\bar{R} = \frac{\int rdA}{A} = \frac{11.963\times10^5}{1500+1500+750} = 319mm$$

其中

$$\int rdA = 1500(255) + \int_{260}^{410} r(10dr) + 750(415) = 11.963\times10^5 mm^3$$

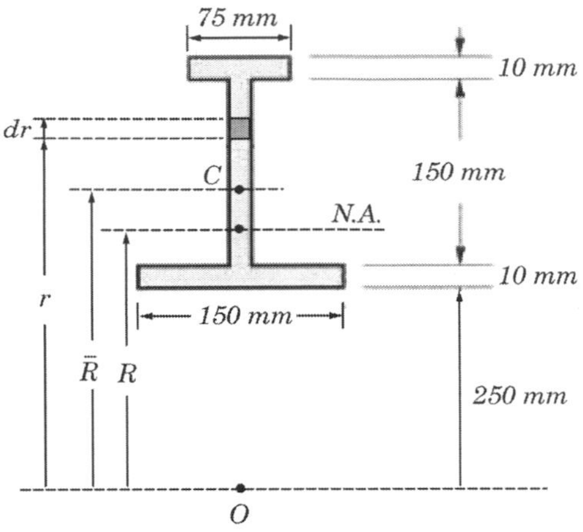

又，中性軸至曲率中心 O 的距離 R 為

$$R=\frac{A}{\int \frac{dA}{r}}=\frac{1500+1500+750}{12.244}=306.264\ mm$$

其中

$$\int \frac{dA}{r}=\frac{1500}{255}+\int_{260}^{410}\frac{10dr}{r}+\frac{750}{415}=12.244\ mm$$

故形心 C 與中性軸的距離 e 為

$$e=\bar{R}-R=12.736\ mm$$

（二）斷面頂部之彎曲應力為

$$\sigma_t=-\frac{(-160P)(R-420)}{3750(12.736)(420)}=-9.072\times10^{-4}P\text{（壓應力）}$$

令$|\sigma_t|=9.072\times10^{-4}P=50\ N/mm^2$，得$P=55.11\ kN$。

（三）斷面底部之彎曲應力為

$$\sigma_b=-\frac{(-160P)(R-250)}{3750(12.736)(250)}=7.540\times10^{-4}P\text{（拉應力）}$$

令$\sigma_b=7.540\times10^{-4}P=120\ N/mm^2$，得$P=159.16\ kN$，故知允許之最大作用力 P 應為

$P_{\max}=55.11\ kN$

二、圖(a) 顯示一結構，其 A 點支承為固定端、D 點為鉸支承，桿 AB 具 EI 值、桿 BC 及桿 CD 之 EI 為無限大，L_B 長度相較桿 AB 之 L 甚大，分析時可忽略桿 BC 之剪力影響。今於 B 點及 C 點分別施加垂直載重 P，圖(b) 為受力後之自由體圖。已知桿 AB 挫屈時之特徵方程式為 a × (kL) sin (kL) + b × cos (kL) − 1 = 0（其中 $k^2 = P/EI$），試求 a、b 數值，及桿 AB 挫屈時之有效長度係數 K_{AB}（其中 $P_{cr} = \pi^2 EI / (K_{AB}L)^2$）。計算時請使用圖 4(b) 中 A 點 xy 座標及相關力及彎矩等參數。（25 分）

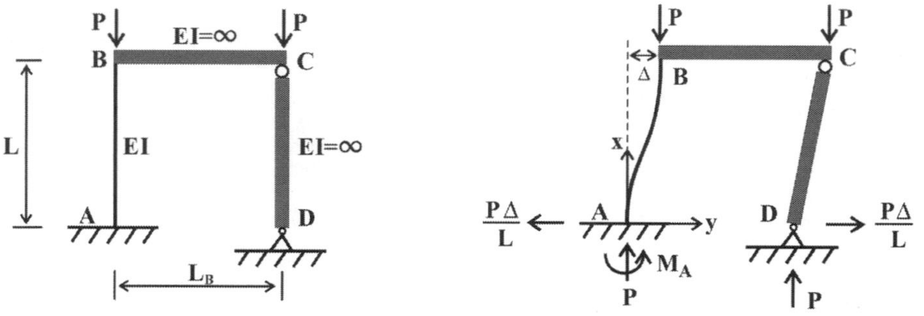

(a) (b)

（108 高考-工程力學#4）

參考題解

（一）參圖(b)可得

$$M_A = P\Delta + P(L_B + \Delta) - P(L_B) = 2P\Delta$$

（二）參圖(c)所示可得

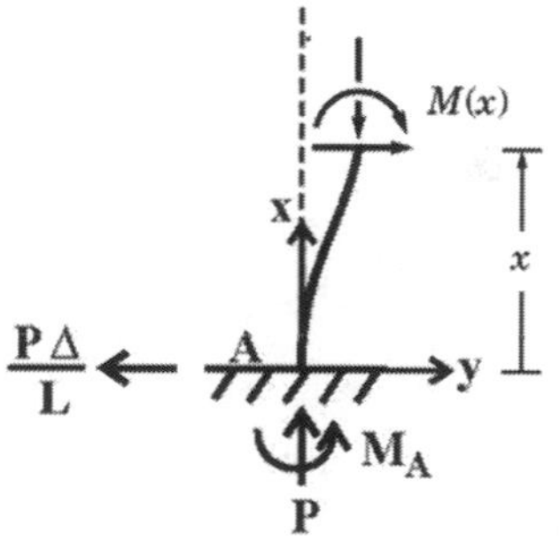

圖(c)

$$M(x) = M_A - \frac{P\Delta}{L}x - P_y$$

故有

$$y'' = \frac{M(x)}{EI} = \frac{P\Delta\left(2 - \frac{x}{L}\right) - Py}{EI}$$

由上式得

$$y'' + k^2 y = k^2 \Delta\left(2 - \frac{x}{L}\right) \quad \left(\text{其中} k^2 = P/EI\right) \qquad ①$$

（三）由 ① 式得

$$y(x) = A\cos(kx) + \mathrm{B}\sin(kx) + \Delta\left(2 - \frac{x}{L}\right)$$

微分上式得

$$y'(x) = -kA\sin(kx) + kB\cos(kx) - \frac{\Delta}{L}$$

（四）考慮邊界條件得

$$y(0)=A+2\Delta=0\ ；\ y'(0)=kB-\frac{\Delta}{L}=0$$

由上列二式得

$$A=-2\Delta\ ；\ B=\frac{\Delta}{kL} \quad ②$$

另有

$$y'(L)=-kA\sin(kL)+kB\cos(kL)-\frac{\Delta}{L}=0$$

將 ② 式代入，得特徵方程式為

$$2kL\sin(kL)+1\cos(kL)-1=0 \quad ③$$

故題目欲求之 a 及 b 值各為

$$a=2\ ；\ b=1$$

（五）以試誤法解 ③ 式得

$$kL=2.786$$

故挫屈載重 P_{cr} 為

$$P_{cr}=\left(\frac{2.786}{L}\right)^2 EI=\left(\frac{\pi}{1.128L}\right)^2 EI$$

有效長度係數 $K_{AB}=1.128$ 。

三、圖中之結構，桿件 AC 及 BC 為彈性體，有相同材料，相同密度，受到外力 P 作用。BC 桿長度固定，但 AC 桿的長度隨角度 θ 改變而改變。在 AC 及 BC 桿內部之應力沒超過其允許應力（allowable stress）σ_{allow} 情況下，求角度 θ 使結構有最小重量。（25 分）

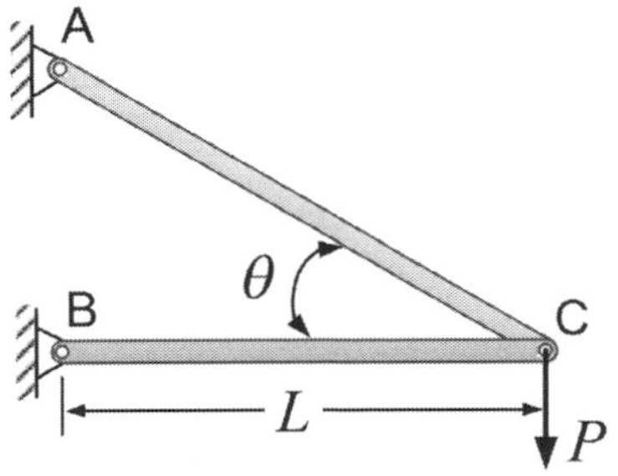

（110 結技-材料力學#1）

參考題解

假設材料密度為 ρ ，則單位重 $\gamma=\rho g$

（一）取出 C 點進行節點力平衡，可得：$\begin{cases} S_{AC} = \dfrac{P}{\sin\theta} \\ S_{BC} = \dfrac{P}{\sin\theta}\times\cos\theta \end{cases}$

（二）欲使 AC、BC 桿均未超過允許應力 $\sigma_{allow} = \sigma_a$，最佳狀況為兩者同時到達 σ_a，當前述情況成立時，則

1. $S_{AC} = \sigma_a A_{AC} \Rightarrow \dfrac{P}{\sin\theta} = \sigma_a A_{AC} \quad \therefore A_{AC} = \dfrac{P}{\sin\theta}\times\dfrac{1}{\sigma_a}$

2. $S_{BC} = \sigma_a A_{BC} \Rightarrow \dfrac{P}{\sin\theta}\times\cos\theta = \sigma_a A_{BC} \quad \therefore A_{BC} = \dfrac{P\cos\theta}{\sin\theta}\times\dfrac{1}{\sigma_a}$

（三）此時，結構的總重量為：

$$W(\theta) = \gamma A_{AC}\frac{L}{\cos\theta} + \gamma A_{BC}L = \gamma\left(\frac{P}{\sin\theta}\times\frac{1}{\sigma_a}\right)\frac{L}{\cos\theta} + \gamma\left(\frac{P\cos\theta}{\sin\theta}\times\frac{1}{\sigma_a}\right)L$$

$$= \frac{\gamma PL}{\sigma_a}\left(\frac{1}{\sin\theta\cos\theta} + \frac{\cos\theta}{\sin\theta}\right) = \frac{\gamma PL}{\sigma_a}\left(\frac{1+\cos^2\theta}{\sin\theta\cos\theta}\right)$$

$$= \frac{\gamma PL}{\sigma_a}\left(\frac{1+\dfrac{\cos 2\theta+1}{2}}{\dfrac{1}{2}\sin 2\theta}\right) = \frac{\gamma PL}{\sigma_a}\left(\frac{\cos 2\theta+3}{\sin 2\theta}\right)$$

（四）欲使結構重量有最小值 $\Rightarrow \dfrac{\partial W(\theta)}{\partial\theta} = 0$

$$\frac{\partial\left(\dfrac{\cos 2\theta+3}{\sin 2\theta}\right)}{\partial\theta} = 0 \Rightarrow \frac{(-2\sin 2\theta)\sin 2\theta - (\cos 2\theta+3)(2\cos 2\theta)}{\sin^2 2\theta} = 0$$

$$\Rightarrow \frac{-2\sin^2 2\theta - 2\cos^2 2\theta - 6\cos 2\theta}{\sin^2 2\theta} = 0 \Rightarrow -2-6\cos 2\theta = 0$$

$$\Rightarrow \cos 2\theta = -\frac{1}{3} \quad \therefore \theta = 54.74°$$

【說明】為何不考慮自重造成的桿件彎曲應力

題目並沒有給桿件的斷面尺寸等相關參數，因此縱然知道自重亦無法計算其彎曲應力，因此在考場上只好自行將自重造成的彎曲應力予以忽略，僅考慮軸力造成的軸向應力。

靜力學

Chapter 1 靜定梁、剛架力分析

重點內容摘要

常見靜定梁、剛架題型

（一）三個支承反力型式

1. 簡支梁、剛架：鉸支承（2 反力），滾支承（1 反力）。共有 3 個支承反力
2. 懸臂梁、剛架：固定端（3 反力），自由端（0 反力）。共有 3 個支承反力

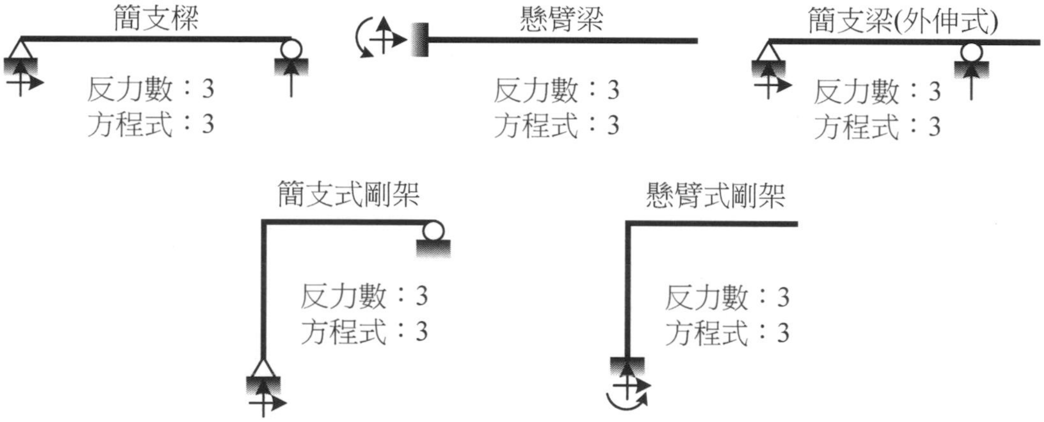

（二）四個支承反力型式

1. A 型：固定端（3 反力）＋滾支承（1 反力）＋內連接

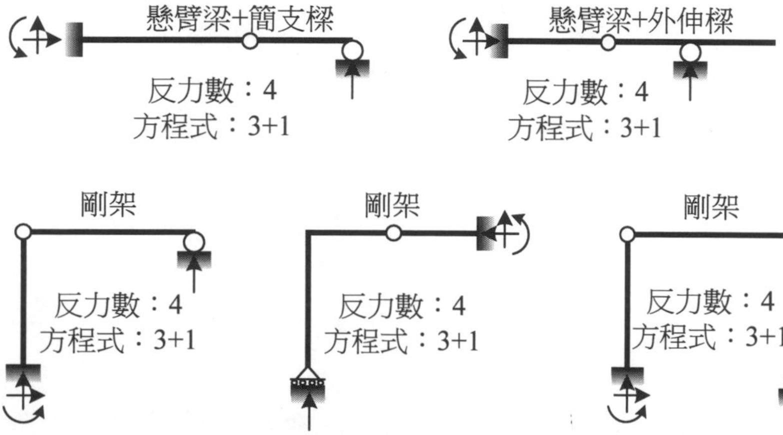

2. B 型：連續梁，鉸支承（2 反力）+2 個滾支承（共 2 反力）+內連接

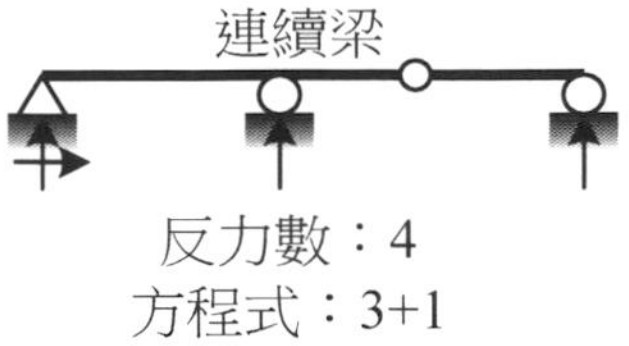

3. C 型：靜定三角拱（剛架），2 鉸支承（共 4 反力）+內連接

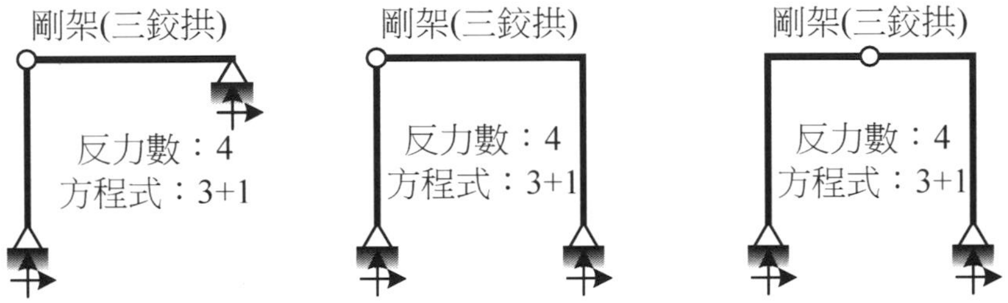

參考題解

一、如圖一所示剛架，a 點及 e 點皆為鉸支承，c 點為鉸接，各桿件都有相同之彈性模數 E 值與慣性矩 I 值。求各支承的反力。（25 分）

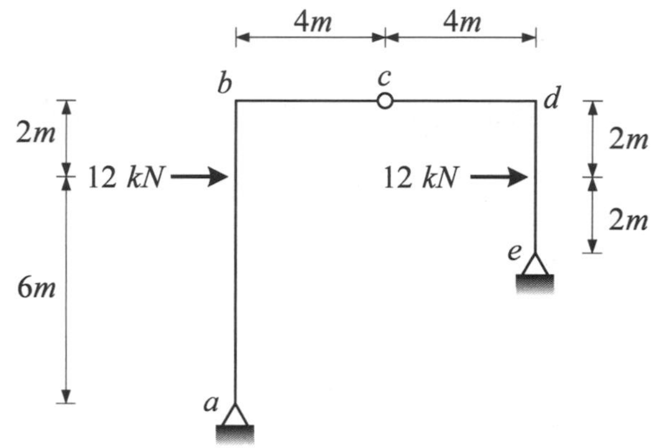

（106 普考-結構學概要與鋼筋混凝土學概要#1）

參考題解

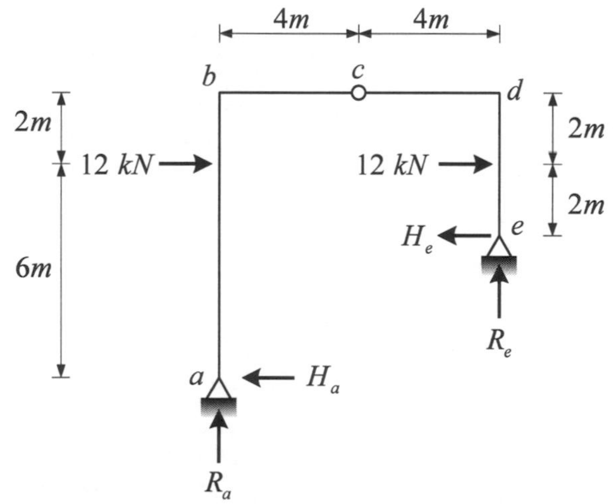

（一）整體力矩平衡：$\sum M_a = 0$，$12\times6+12\times6 = H_e\times4+R_e\times8 \;\therefore H_e+2R_e=36\cdots\cdots\cdots①$

（二）切開 c 點，對 cde 自由體的 C 點取力矩平衡

$\sum M_c = 0$，$12\times2+R_e\times4 = H_e\times4 \;\therefore H_e-R_e=6\cdots\cdots\cdots②$

聯立①② $\begin{cases} R_e = 10\ kN(\uparrow) \\ H_e = 16\ kN\ (\leftarrow) \end{cases}$

（三）整體結構水平力平衡：$\sum F_x = 0$, $H_a + H_e = 12 + 12\ \therefore H_a = 8\ kN(\leftarrow)$

（四）整體結構垂直力平衡：$\sum F_y = 0$, $R_a + R_e = 0\ \therefore R_a = -10\ kN(\downarrow)$

二、圖為托架 ABCD，在 A 點為鉸支承（hinged support），D 點由繩索 DE 支承，C 點承受一集中載重 P = 500N，如 B 點與 C 點所承受之彎矩均相同，不計托架 ABCD 及繩索 DE 自重，試回答下列問題：

（一）B 點與 C 點間距離 a 應為何？（20 分）

（二）繩索 DE 承受力量為何？（5 分）

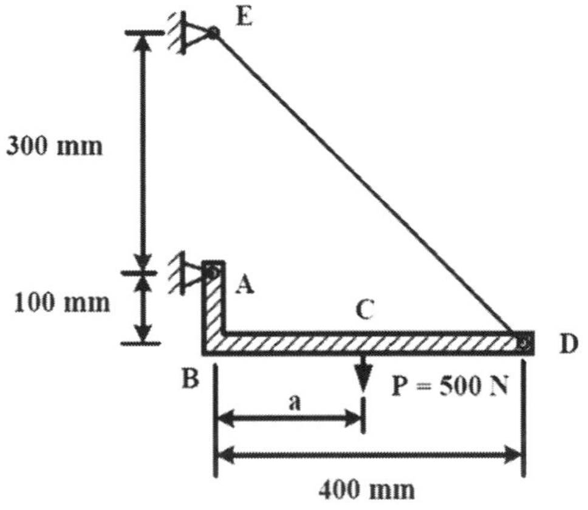

（107 普考-工程力學概要#1）

參考題解

（一）如右圖所示，可得：

$$\Sigma M_A = \frac{T}{\sqrt{2}}(400-100) - Pa = 0$$

故有

$$\frac{T}{\sqrt{2}} = \frac{Pa}{300} = \frac{5a}{3}$$

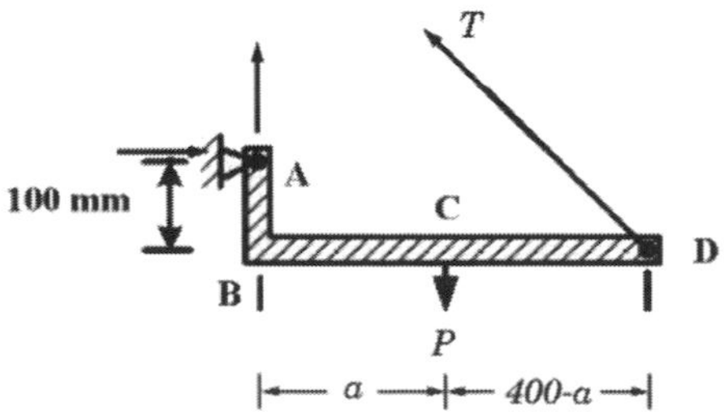

（二）又 C 點及 B 點彎矩分別為：

$$M_C=\frac{T}{\sqrt{2}}(400-a)=\frac{5a}{3}(400-a)$$

$$M_B=\frac{T}{\sqrt{2}}(400)-Pa=\frac{500a}{3}$$

（三）依題意得：

$$\frac{5a}{3}(400-a)=\frac{500a}{3}$$

解出　a = 300 mm。又繩索 DE 之張力為

$$T=\frac{5a}{3}\sqrt{2}=500\sqrt{2}=707.11N$$

三、如圖所示之二分之一圓弧形桿件，O 點為圓心，半徑 $R=4$ m，a 點及 c 點為鉸支承，b 點為鉸接，角度 $\theta=45°$，載重 $P=10$ kN、$F=10$ kN。分別求 a、c 點鉸支承反力的水平與垂直分量，及桿件在 e 點的彎矩、剪力與軸力。（25 分）

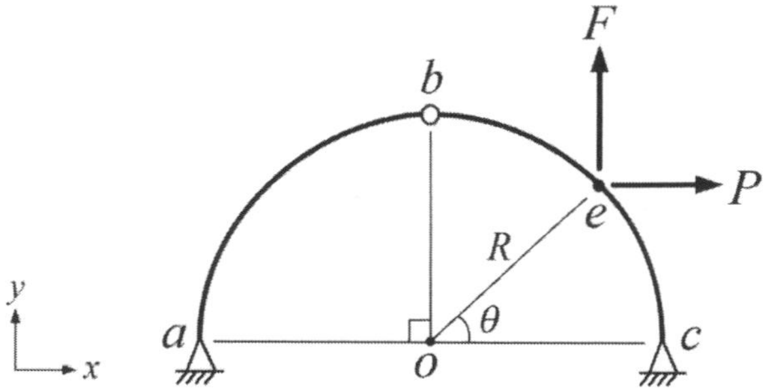

（108 三等-靜力學與材料力學#1）

參考題解

（一）參圖(a)所示，可得

$$\sum M_c=\frac{N_a}{\sqrt{2}}(2R)-P\left(\frac{R}{\sqrt{2}}\right)-FR\left(1-\frac{1}{\sqrt{2}}\right)=0$$

$$\sum F_x=P-C_x-\frac{N_a}{\sqrt{2}}=0$$

$$\sum F_y=F-C_y-\frac{N_a}{\sqrt{2}}=0$$

解得 $N_a=10/\sqrt{2}kN$，故 a 點支承力之分量為

$$A_x = \frac{N_a}{\sqrt{2}} = 5kN(\leftarrow) \quad ; \quad A_y = \frac{N_a}{\sqrt{2}} = 5kN(\downarrow)$$

另，c 點支承力之分量為

$$C_x = P - \frac{N_a}{\sqrt{2}} = 5kN(\leftarrow) \quad ; \quad C_y = F - \frac{N_a}{\sqrt{2}} = 5kN(\downarrow)$$

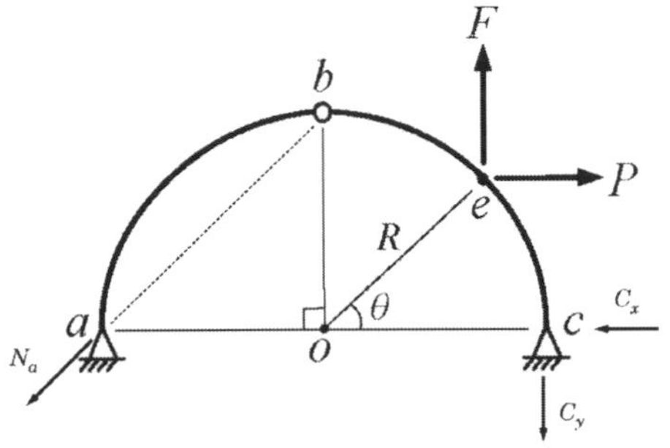

圖(a)

（二）參圖(b)所示可得 e 點內力為

$$M_e = C_x\left(\frac{R}{\sqrt{2}}\right) + C_y R\left(1 - \frac{1}{\sqrt{2}}\right) = 20kN \cdot m$$

$$V_e = \frac{C_x}{\sqrt{2}} + \frac{C_y}{\sqrt{2}} = 5\sqrt{2}kN$$

$$S_e = \frac{C_y}{\sqrt{2}} - \frac{C_x}{\sqrt{2}} = 0$$

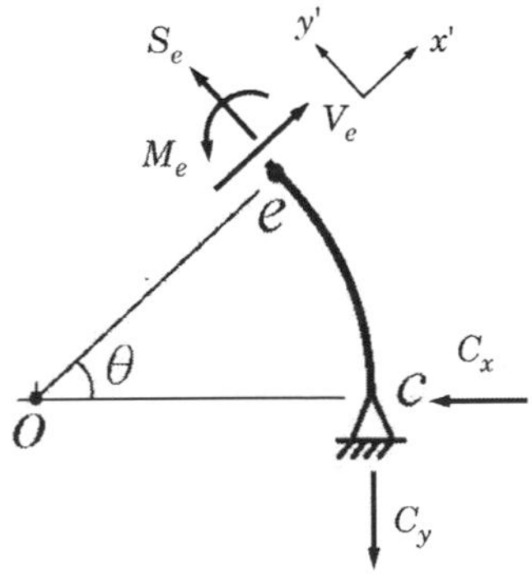

圖(b)

四、如圖所示結構，已知支承 A 之垂直反力為零，試求水平均布載重 q、支承 A 水平反力、支承 D 水平反力及垂直反力。（25 分）

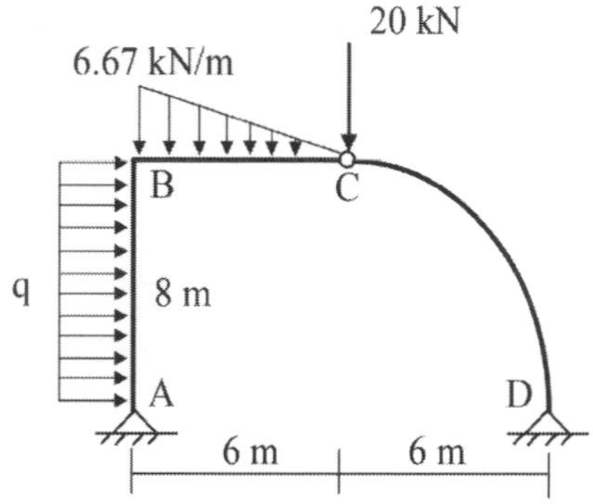

（108 三等-結構學#1）

參考題解

（一）如圖所示，可得

$$\sum M_D = 20(6) + \left(\frac{6.67\times6}{2}\right)(10) - 8q(4) = 0$$

解得 $q = 10.0\,kN/m$。

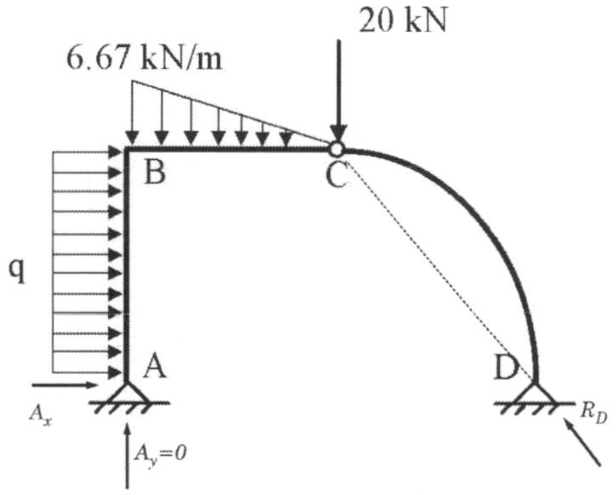

（二）對 A 點之隅矩平衡表為

$$\sum M_A = \frac{4R_D}{5}(12) - 20(6) - \left(\frac{6.67\times6}{2}\right)(2) - 8q(4) = 0$$

解得 $R_D = 50.0\,kN/m$。故 D 點支承力的水平及垂直分量各為

$$D_x = \frac{3}{5}R_D = 30.0kN(\leftarrow) \quad ; \quad D_y = \frac{4}{5}R_D = 40.0kN(\uparrow)$$

（三）A 點支承力的水平分量為

$$A_x = \frac{3}{5}R_D - 8q = -50.0kN(\leftarrow)$$

五、如圖所示具有三鉸之結構，試求出支承 A 與 C 之反力及接合處 B 之內力。（25 分）

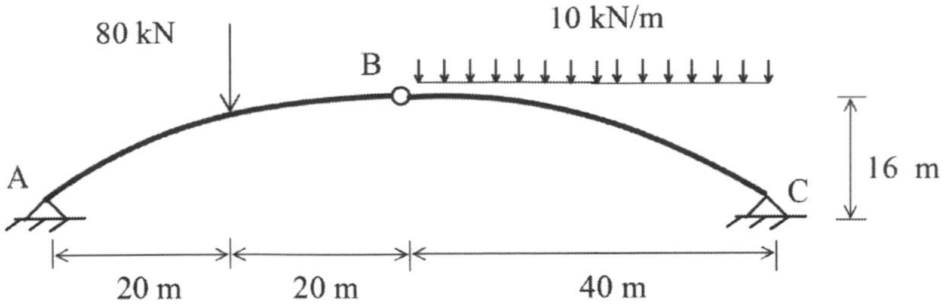

（108 普考-結構學概要與鋼筋混凝土學概要#1）

參考題解

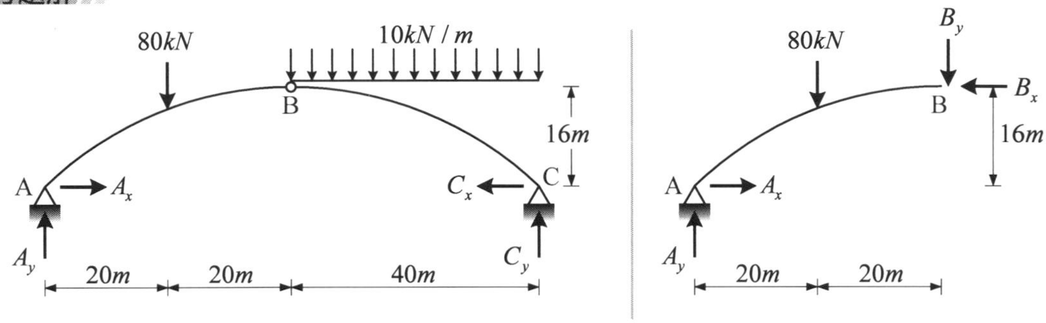

（一）整體結構力矩平衡

$\sum M_C = 0$，$(10\times 40)\times 20 + 80\times 60 = A_y \times 80 \;\; \therefore A_y = 160kN\ (\uparrow)$

（二）切開 B 點，取 AB 自由體進行平衡

1. $\sum M_B = 0$，$80\times 20 + A_x \times 16 = A_y \times 40 \;\; \therefore A_x = 300kN\,(\rightarrow)$
2. $\sum F_x = 0$，$B_x = A_x \;\; \therefore B_x = 300kN\,(\leftarrow)$
3. $\sum F_y = 0$，$B_y + 80 = A_y \;\; \therefore B_y = 80kN\,(\downarrow)$

（三）整體結構水平力平衡

$\sum F_x = 0$，$A_x = C_x \;\; \therefore C_x = 300kN\,(\leftarrow)$

（四）整體結構垂直力平衡

$\sum F_y = 0$，$A_y + C_y = 80 + (10\times 40) \;\; \therefore C_y = 320kN\,(\uparrow)$

（五）支承反力與 B 處內力如下圖所示

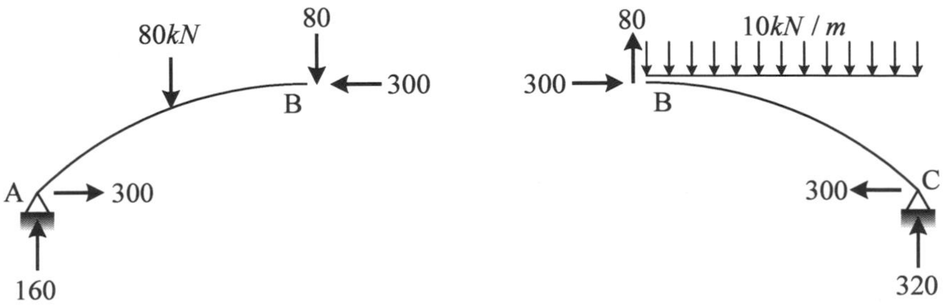

Chapter 2 靜定桁架力分析

重點內容摘要

（一）桁架種類

1. 簡單桁架與K桁架

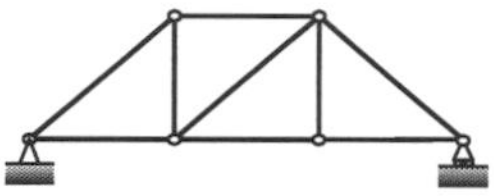
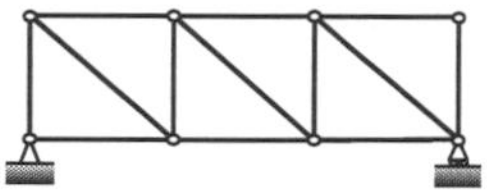
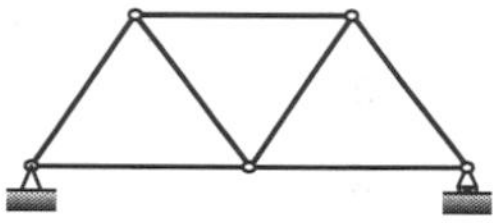

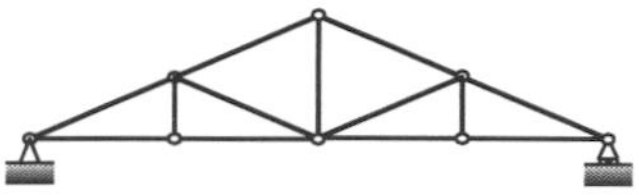
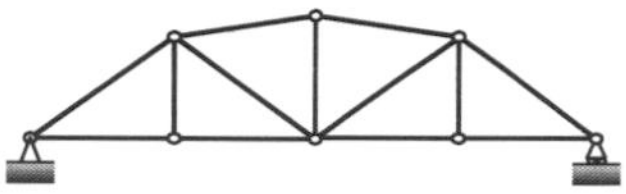
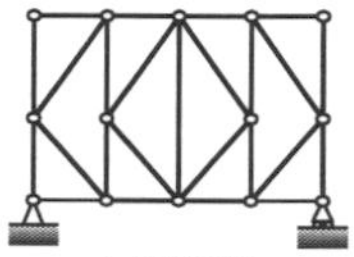

K型桁架

2. 複合桁架

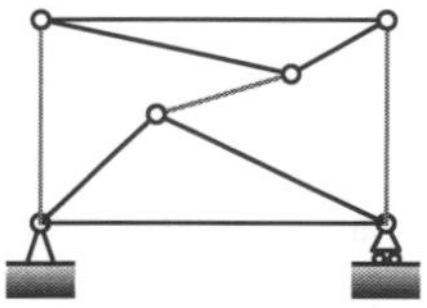
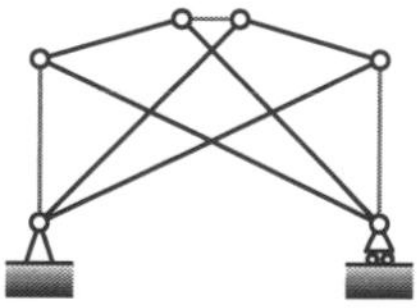
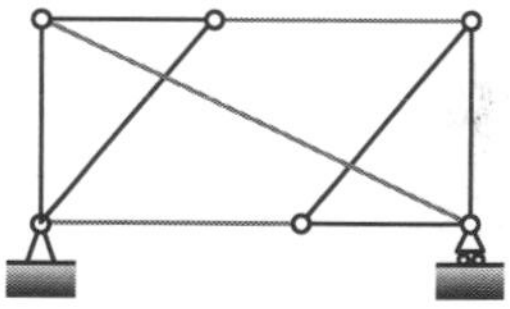

3. 複雜桁架

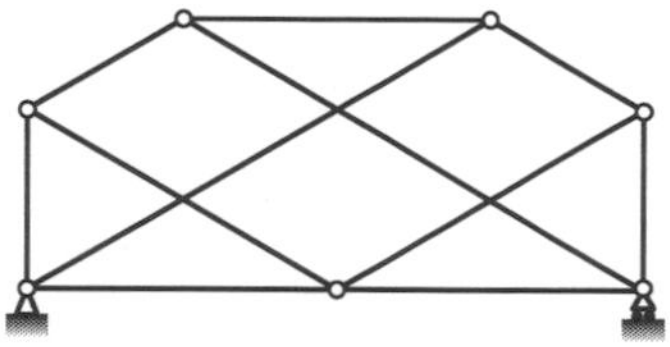

（二）解題方法：節點法

1. 每一個節點切出後為共點力系 $\Rightarrow \begin{cases} \sum F_x = 0 \\ \sum F_y = 0 \end{cases}$

2. 若未知桿件力超過2個，則無法立即解出

3. 計算慣例：習慣上會把軸內力假設在拉力的方向

（1）若計算結果為正⇒拉力

（2）若計算結果為負⇒壓力

➡拉力向：力量箭頭離開切面（從節點自由體來看，就是力量箭頭會離開節點）

4. 定義：桁架內力，拉為正、壓為負

（三）解題方法：剖面法

1. 每個自由體為一般力系⇒有三個靜平衡方程式可用：$\begin{cases}\sum F_x=0\\ \sum F_y=0\\ \sum M\ =0\end{cases}$

2. 若未知桿件力超過 3 個，則無法立即解出

3. 用途

（1）適合求特定桿件內力

（2）複合桁架、K 型桁架，須以剖面法進行破題求解

（四）解題方法：迴路法

求解複雜桁架內力的方法

（五）桿件交會力特性

1. 僅兩力且在同一條線上：$S_1=S_2$

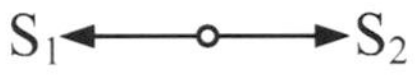

2. 僅兩力但不在同一條線上：$S_1=0$；$S_2=0$

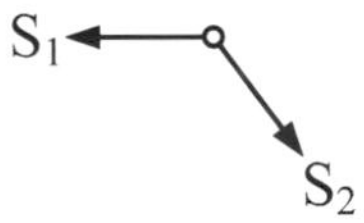

3. 僅三力，其中兩力在同一條線上：$S_1=S_2$；$S_3=0$

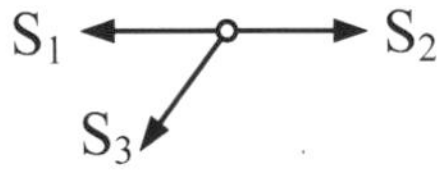

4. 共四力，兩兩成對在同一條線上：$S_1=S_2$；$S_3=S_4$

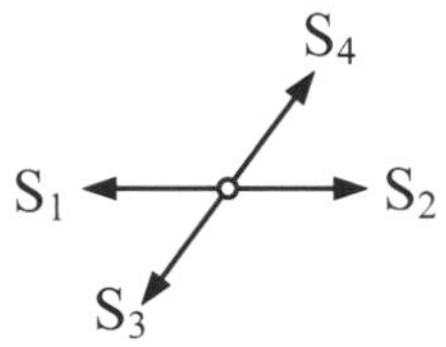

參考題解

一、請以斷面法求出下示桁架a、b、c、d桿件之內力。（25分）

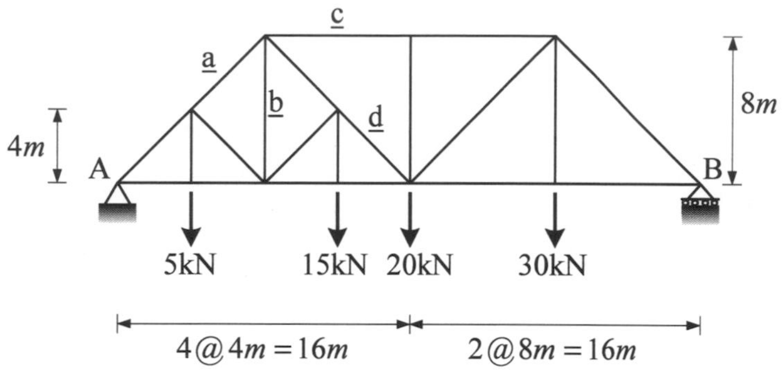

（106 三等-靜力學與材料力學#3）

參考題解

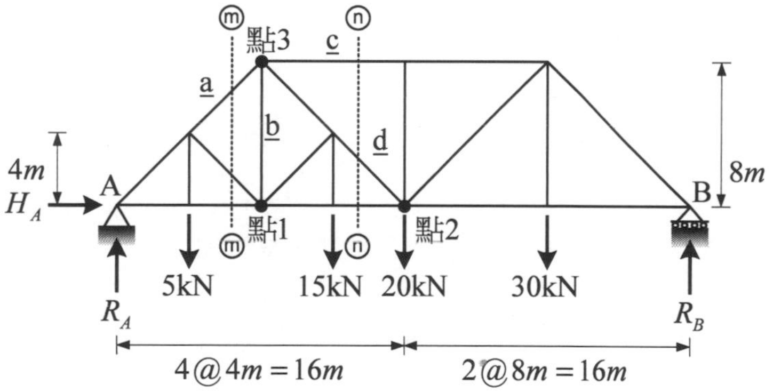

（一）計算支承反力

1. $\sum M_A = 0$，$R_B \times 32 = 5\times4 + 15\times12 + 20\times16 + 30\times24$ $\therefore R_B = 38.75kN$ $(\uparrow)$

2. $\sum F_y = 0$，$R_A + R_B = 5 + 15 + 20 + 30$ $\therefore R_A = 31.25kN$ $(\uparrow)$

3. $\sum F_x = 0$，$H_A = 0$

（二）計算 c、d 桿件內力：切開ⓝ-ⓝ剖面

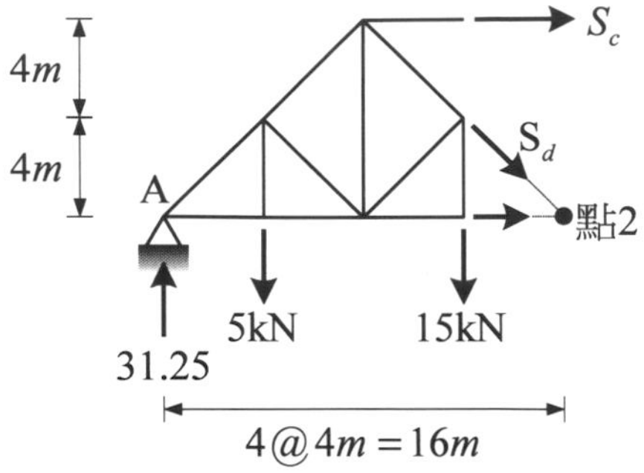

1. $\sum F_y = 0$，$S_d \times \frac{1}{\sqrt{2}} + 5 + 15 = 31.25$

   $\therefore S_d = 11.25\sqrt{2}$ (拉)

2. $\sum M_2 = 0$，$S_c \times 8 + 31.25 \times 16 = 5 \times 12 + 15 \times 4$

   $\therefore S_c = -47.5\ kN$(壓)

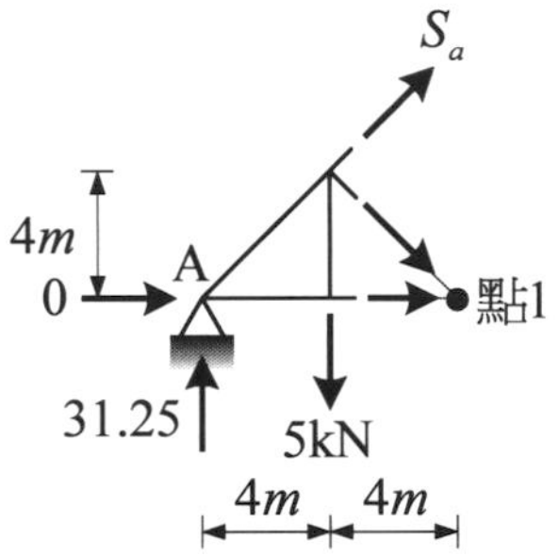

3. 切開ⓜ-ⓜ剖面

   $\sum M_1 = 0$

   $\Rightarrow 31.25 \times 8 + S_a \times \frac{1}{\sqrt{2}} \times 4 + S_a \times \frac{1}{\sqrt{2}} \times 4 = 5 \times 4$

   $\therefore S_a = -28.75\sqrt{2}\ kN$(壓)

4. 點 3 節點平衡

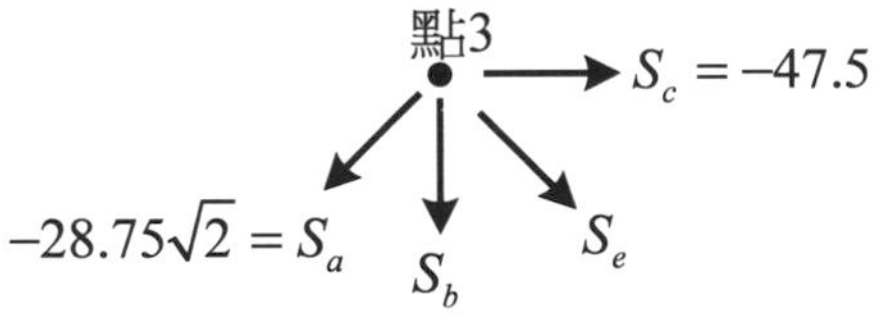

$\sum F_x = 0$，$S_a \times \frac{1}{\sqrt{2}} = S_c + S_e \times \frac{1}{\sqrt{2}}$ $\therefore S_e = 18.75\sqrt{2}$(拉)

$\sum F_y = 0$，$S_a \times \frac{1}{\sqrt{2}} + S_b + S_e = 0$ $\therefore S_b = 10kN$(拉)

二、試求圖桁架在圖示的載 S 重下，A 點及 E 點的反力。（25 分）

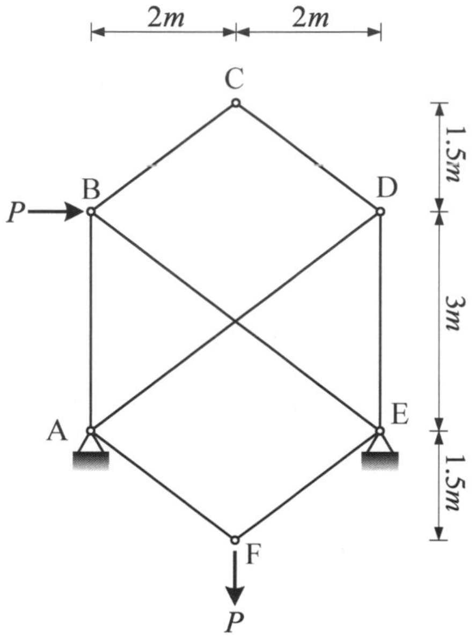

（106 三等-結構學#4）

參考題解

（一）由 C 節點平衡可知，BC、CD 桿為零桿

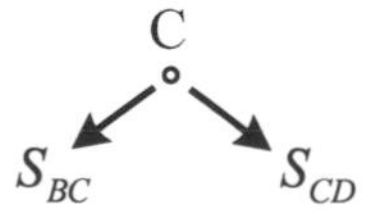

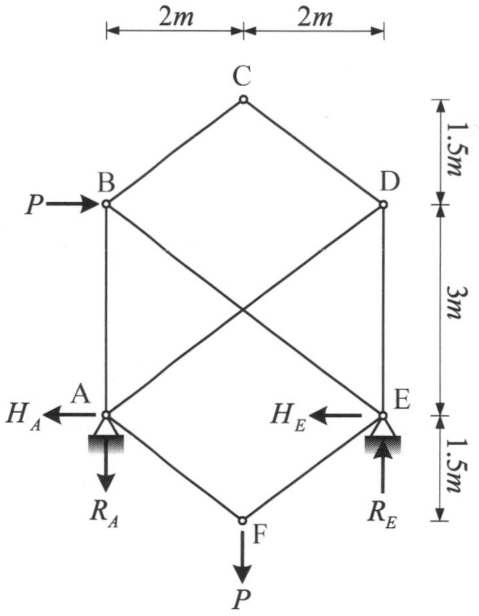

（二）再由 D 節點平衡可知，AD 桿與 DE 桿亦為零桿

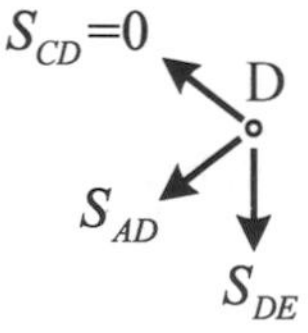

（三）B 節點平衡

$\sum F_x = 0$，$S_{BE} \times \frac{4}{5} = P \quad \therefore S_{BE} = \frac{5}{4}P$(壓)

$\sum F_y = 0$，$S_{BE} \times \frac{3}{5} = S_{AB} \quad \therefore S_{AB} = \frac{3}{4}P$(拉)

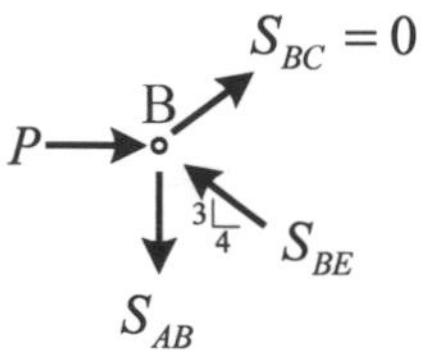

（四）F 節點平衡

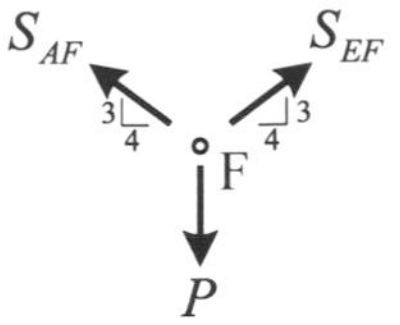

$\sum F_x = 0$，$S_{AF} \times \frac{4}{5} = S_{EF} \times \frac{4}{5}$　$\therefore S_{AF} = S_{EF}$………①

$\sum F_y = 0$，$S_{AF} \times \frac{3}{5} + S_{EF} \times \frac{3}{5} = P$……………………②

聯立①②，可得 $\therefore S_{AF} = S_{EF} = \frac{5}{6}P$(拉)

（五）A 節點平衡

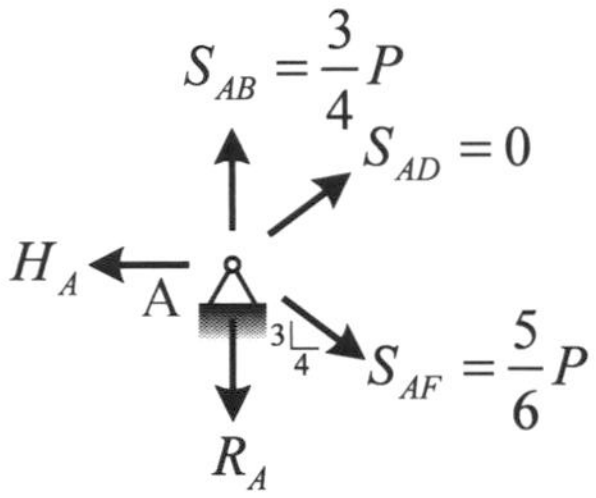

$\sum F_x = 0$，$H_A = \frac{5}{6}P \times \frac{4}{5}$　$\therefore H_A = \frac{2}{3}P\ (\leftarrow)$

$\sum F_y = 0$，$R_A + \frac{5}{6}P \times \frac{3}{5} = \frac{3}{4}P$　$\therefore R_A = \frac{1}{4}P\ (\downarrow)$

（六）整體平衡

$\sum F_y = 0$，$\frac{1}{4}P + P = R_E$　$\therefore R_E = \frac{5}{4}P\ (\uparrow)$

$\sum F_x = 0$，$\frac{2}{3}P + H_E = P$　$\therefore H_E = \frac{1}{3}P\ (\leftarrow)$

三、圖中結構系統由一桁架（truss）AB 與一構件 BC 所組成，其中 A、B、C 點均為鉸接（hinge）。試計算 A 點與 C 點之支承力及桁架結構中桿件 ED、FD、FG 之內力，桿件內力請標示拉力或壓力。（25 分）

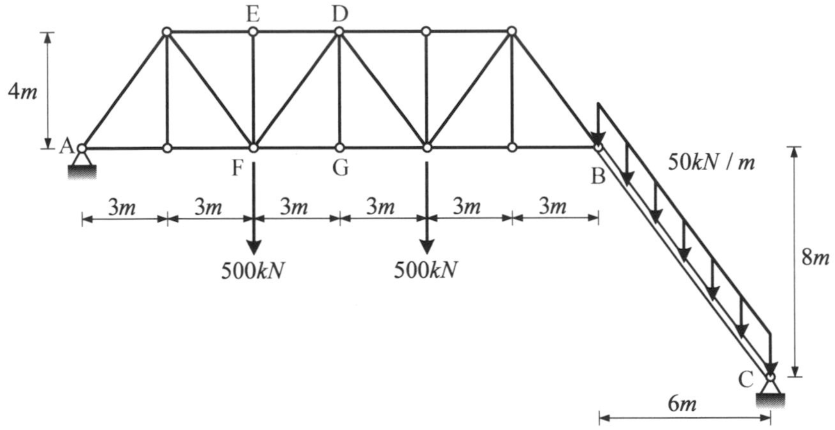

（106 普考-工程力學概要#2）

參考題解

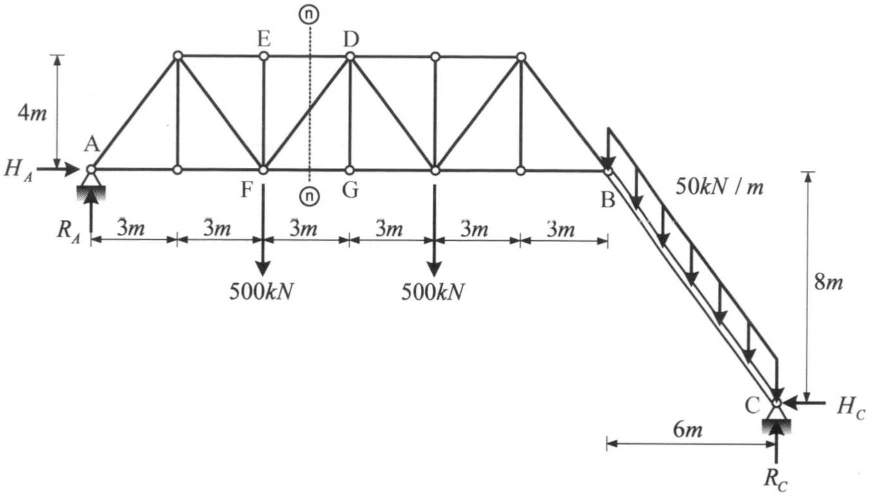

（一）整體結構對 A 點取力矩平衡

$$\sum M_A = 0,\ 500\times6+500\times12+(50\times10)\left(18+\frac{6}{2}\right)+H_C\times8=R_C\times24$$

$$\therefore 24R_C-8H_C=19500\text{.........①}$$

（二）拆開 B 點，對 BC 桿自由體的 B 點取力矩平衡

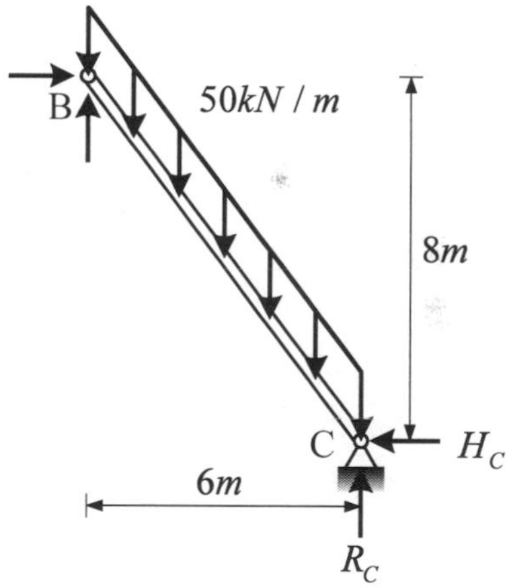

$$\sum M_B = 0,\ (50\times10)\left(\frac{6}{2}\right)+H_C\times8=R_C\times6$$

$$\therefore 6R_C-8H_C=1500\text{.............②}$$

聯立①②可解得 $\begin{cases} R_C=1000\ kN(\uparrow) \\ H_C=562.5\ kN(\leftarrow) \end{cases}$

（三）整體結構水平力平衡

$$\sum F_x=0,\ H_A=H_C\quad \therefore H_A=562.5\ kN(\rightarrow)$$

（四）整體結構垂直力平衡

$$\sum F_y=0,\ R_A+R_C=500+500+50\times10\quad \therefore R_A=500\ kN(\uparrow)$$

（五）切開ⓝ-ⓝ剖面，取左半部自由體進行平衡分析

1. $\sum F_y=0,\ S_{DF}\times\frac{4}{5}+500=500\ \therefore S_{DF}=0$
2. $\sum M_F=0,\ S_{DE}\times4+500\times6=0\ \therefore S_{DE}=-750\ kN$(壓力)

3. $\sum F_x = 0$，$S_{DE} + S_{DF} \times \frac{3}{5} + S_{FG} + 562.5 = 0 \;\therefore S_{FG} = 187.5\ kN$(拉)

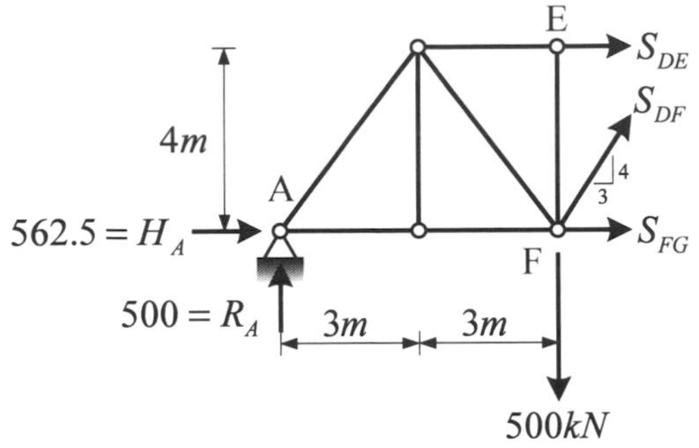

四、求解圖桁架 A 點與 B 點支承反力，並求解桿件 1 軸力（S_1）、桿件 2 軸力（S_2）、桿件 3 軸力（S_3）及桿件 4 軸力（S_4）。（25 分）

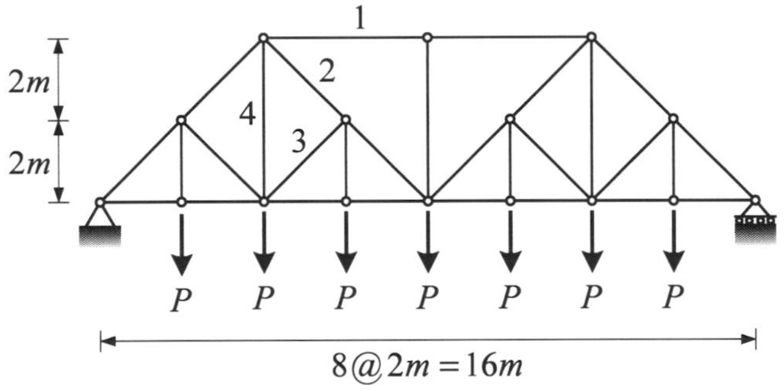

（106 四等-結構學概要與鋼筋混凝土學概要#1）

參考題解

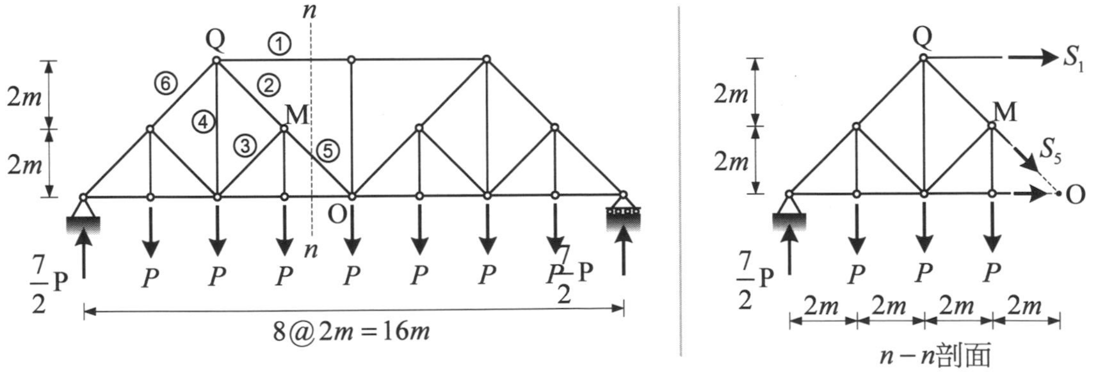

（一）支承反力：根據結構受力的對稱性，可得支承反力各為$\frac{7}{2}P$

（支承反力亦可以靜平衡方程式解得）

（二）切開 n-n 剖面

1. 對點 O 取力矩平衡，可得①號桿內力

$$\sum M_O = 0\ ,\ S_1 \times 4 + \frac{7}{2}P \times 8 = P\times 2 + P\times 4 + P\times 6\ \therefore \underline{S_1 = -4P(\text{壓力})}$$

2. $\sum F_y = 0\ ,\ S_5 \times \frac{1}{\sqrt{2}} + P + P + P = \frac{7}{2}P\ \therefore S_5 = \frac{\sqrt{2}}{2}P(\text{拉力})$

（三）M 節點平衡

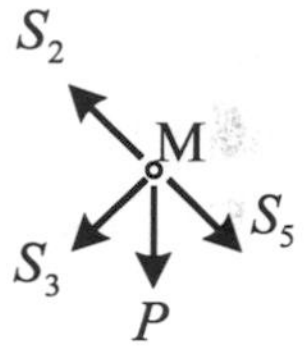

$$\sum F_x = 0\ ,\ S_2 \times \frac{1}{\sqrt{2}} + S_3 \times \frac{1}{\sqrt{2}} = S_5 \times \frac{1}{\sqrt{2}} \Rightarrow S_2 + S_3 = \frac{\sqrt{2}}{2}P \text{..............ⓐ}$$

$$\sum F_y = 0\ ,\ S_2 \times \frac{1}{\sqrt{2}} = S_3 \times \frac{1}{\sqrt{2}} + S_5 \times \frac{1}{\sqrt{2}} + P \Rightarrow S_2 - S_3 = \frac{3\sqrt{2}}{2}P \text{......ⓑ}$$

聯立ⓐⓑ，可得$\begin{cases} \underline{S_2 = \sqrt{2}P(\text{拉力})} \\ \underline{S_3 = -\frac{\sqrt{2}}{2}P(\text{壓力})} \end{cases}$

（四）Q 節點平衡

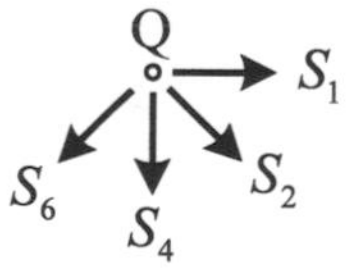

$$\sum F_x = 0\ ,\ S_1 + S_2 \times \frac{1}{\sqrt{2}} = S_6 \times \frac{1}{\sqrt{2}}$$

$$\Rightarrow (-4P) + \left(\sqrt{2}P\right) \times \frac{1}{\sqrt{2}} = S_6 \times \frac{1}{\sqrt{2}}\ \therefore\ S_6 = -3\sqrt{2}P$$

$$\sum F_y = 0\ ,\ S_2 \times \frac{1}{\sqrt{2}} + S_4 + S_6 \times \frac{1}{\sqrt{2}} = 0$$

$$\Rightarrow \left(\sqrt{2}P\right) \times \frac{1}{\sqrt{2}} + S_4 + \left(-3\sqrt{2}P\right) \times \frac{1}{\sqrt{2}} = 0 \Rightarrow \underline{S_4 = 2P(\text{拉力})}$$

五、如圖所示之桁架，於圖中所施加外載重作用下，求此桁架中 AD、BE、FI、EH 及 EF 桿件之內力。（25 分）

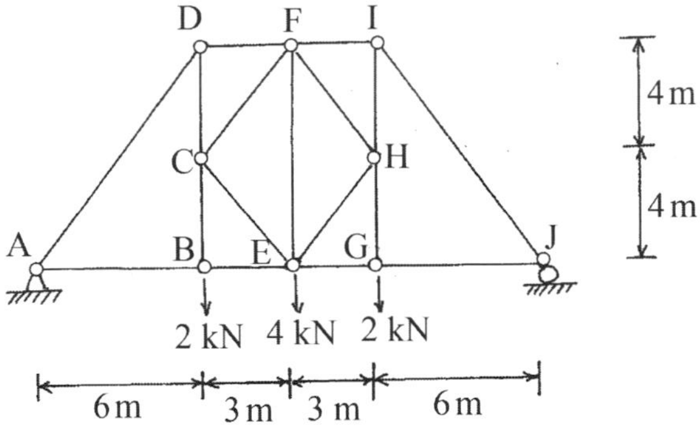

（107 三等-靜力學與材料力學#1）

參考題解

（一）採用如圖(a)所示之桿件編號，編號相同者內力相同。取 m 切面左半可得

$$\Sigma M_D = -4(6) + S_2(8) = 0$$

$$\Sigma M_B = -4(6) - S_3(8) = 0$$

由上列二式解得

$S_2 = S_{BE} = 3kN$（拉力）；$S_3 = S_{FI} = -3kN$（壓力）

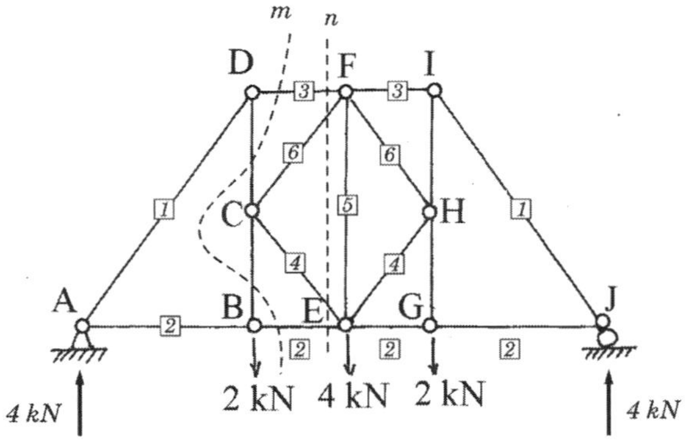

(a)

（二）再去 D 節點，如圖(b)所示，可得

$$S_1 = S_{AD} = \frac{5}{3}S_3 = -5kN \text{（壓力）}$$

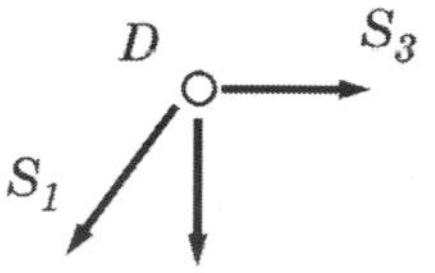

(b)

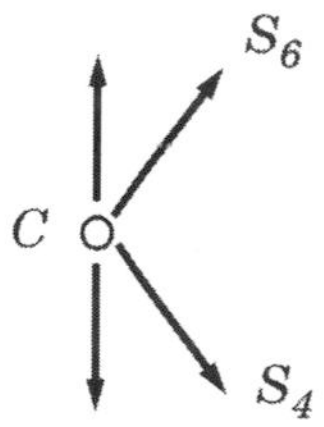

(c)

（三）圖(a)中 n 切面之剪力 V_n 為

$$V_n = \frac{4}{5}S_4 - \frac{4}{5}S_6 = 2$$

又由 C 節點，如圖(c)所示，可得

$$\frac{3}{5}S_4 + \frac{3}{5}S_6 = 0$$

聯立上列二式，解得

$$S_4 = S_{EH} = \frac{5}{4}kN \text{（拉力）；} S_6 = -\frac{5}{4}kN \text{（壓力）}$$

（四）由 F 節點，如圖(d)所示，可得

$$S_5 = S_{EF} = -2\left(\frac{4}{5}S_6\right) = 2kN \text{（拉力）}$$

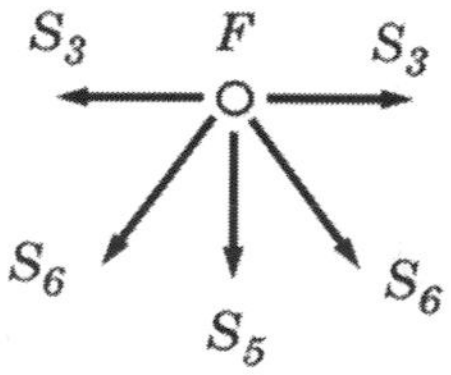

(d)

六、如圖所示桁架（Truss），試計算每根桿件之內力。（25分）

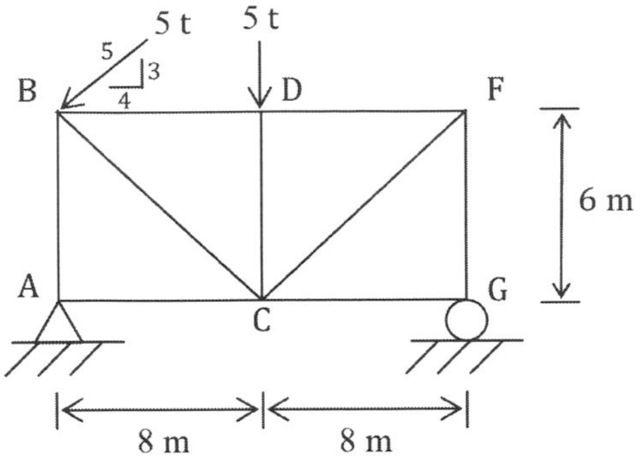

（107三等-結構學#1）

參考題解

（一）先求支承力，如圖(a)所式可得

$$A_x = 4t\ ;\ R_G = \frac{(5\times 8)-(4\times 6)}{16} = 1t\ ;\ A_y = 3+5-R_G = 7t$$

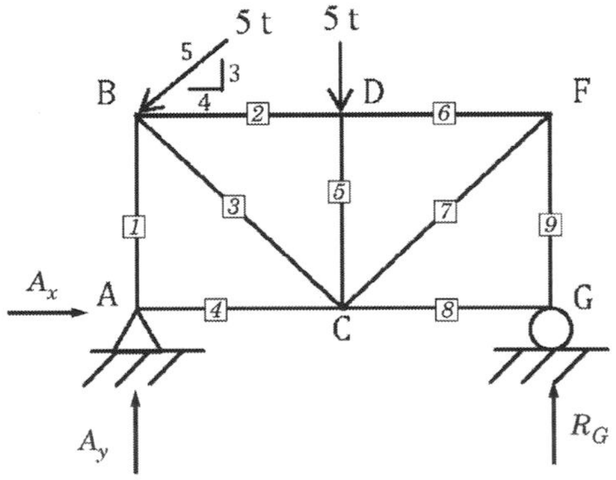

(a)

（二）再依節點法求各桿內力，結果如圖(b)所示。

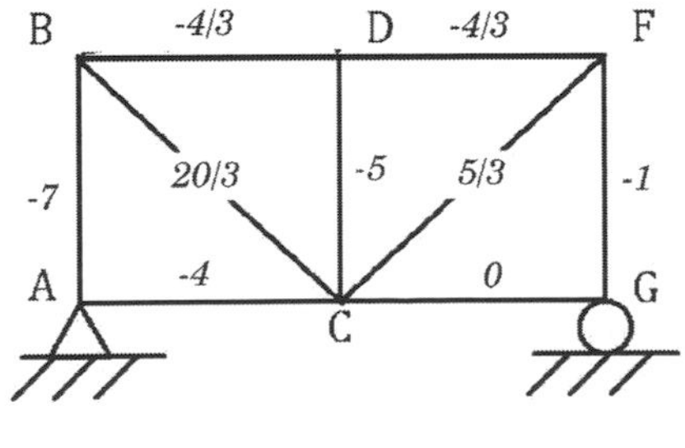

(b)各桿內力（單位：t）正值表拉力，負值表壓力

七、試分析圖示桁架所有的支承反力與桿件內力，並求 b 點垂直變位。假設所有桿件的 $EA=10^5$ kN。桿件內力必須標示張力或壓力。（25 分）

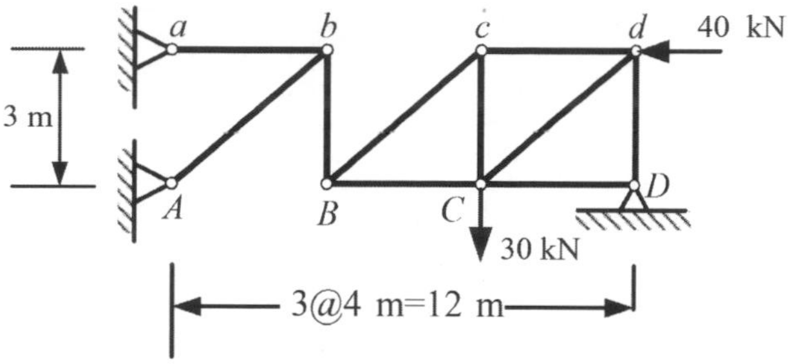

（107 四等-結構學概要與鋼筋混凝土學概要#1）

參考題解

（一）計算支承反力與桿件內力：切開 Bb 桿

1. 取右半部自由體圖

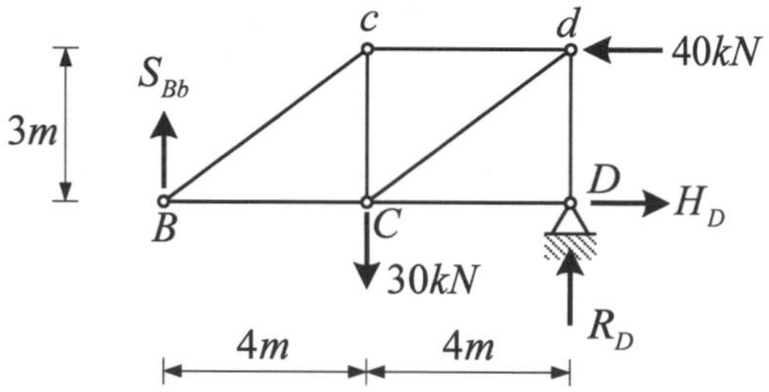

（1）$\sum F_x=0$，$H_D=40kN\ (\rightarrow)$

（2）$\sum M_D=0$，$S_4\times 8=40\times 3+30\times 4\ \therefore S_4=30kN$（拉）

（3）$\sum F_y=0$，$R_D=0$

2. 以節點法可得右半部桁架各桿內力（如圖示）

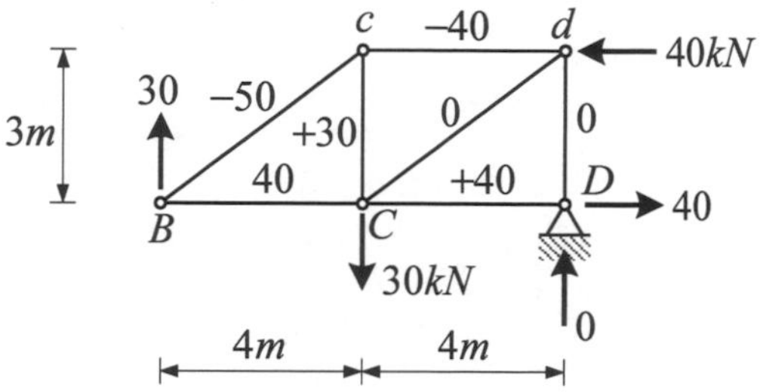

3. 取左半部自由體圖，以節點法可得左半部桁架各桿內力與 a、A 支承反力

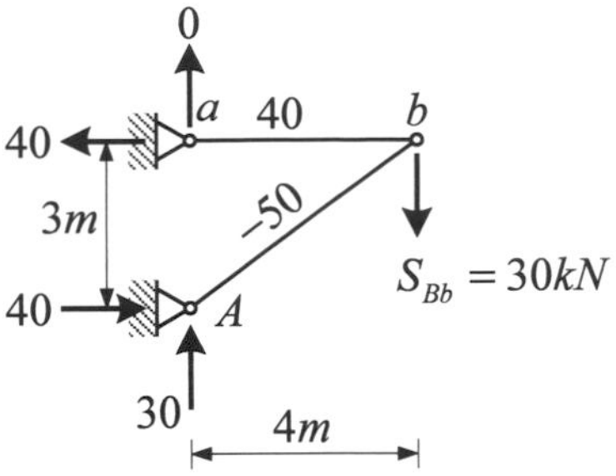

4. 整體桁架支承反力與各桿內力，如下圖所示

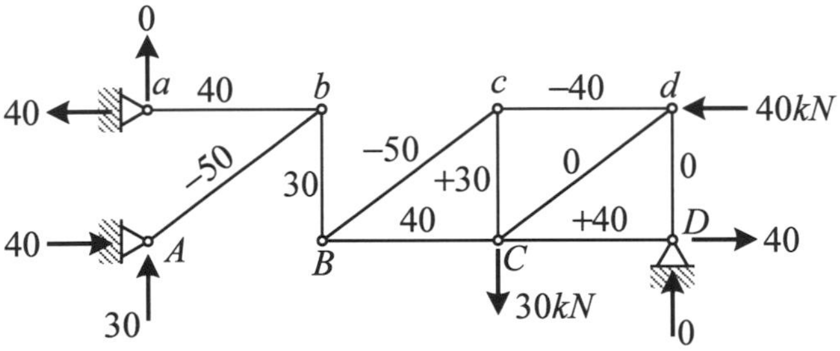

（二）以單位力法計算 b 點垂直變位⇒於 b 點施加 1 單位向下力，得各桿內力 n 圖

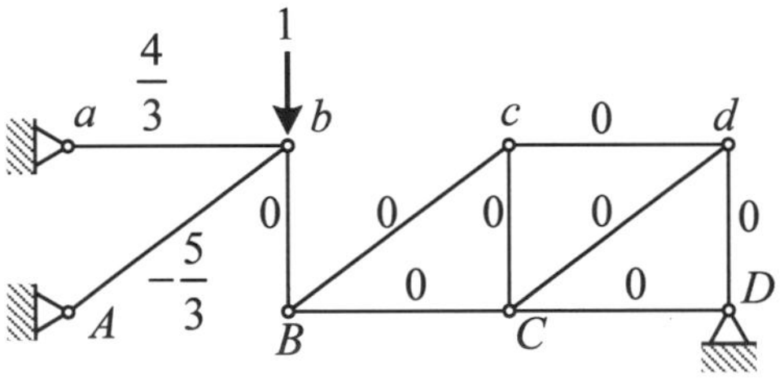

n圖

$$1\cdot\Delta_{CV}=\sum n\frac{NL}{EA}\Rightarrow\Delta_{CV}=\left(\frac{4}{3}\right)\frac{40\times4}{EA}+\left(-\frac{5}{3}\right)\frac{-50\times5}{EA}=\frac{630}{EA}=6.3\times10^{-3}m\left(\downarrow\right)$$

八、如圖所示桁架，已知桿件最大張力為 120 kN，試問外力 P 為何？又此時那支或那幾支桿件有最大壓力，其值為何？（25 分）

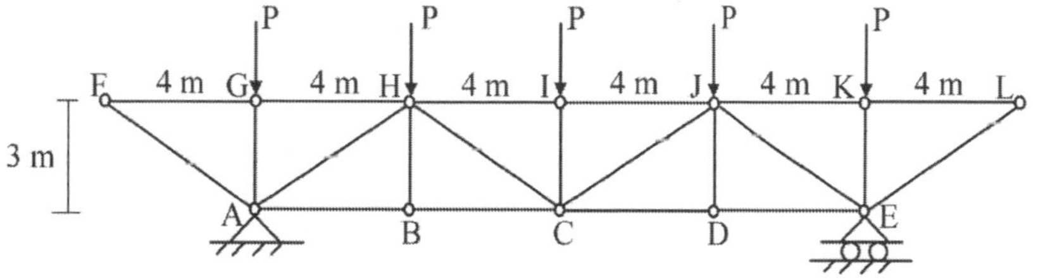

（108 三等-結構學#2）

參考題解

（一）採用圖所示之桿件編號，編號相同者內力相同。其中

$S_1 = -P$(壓力)

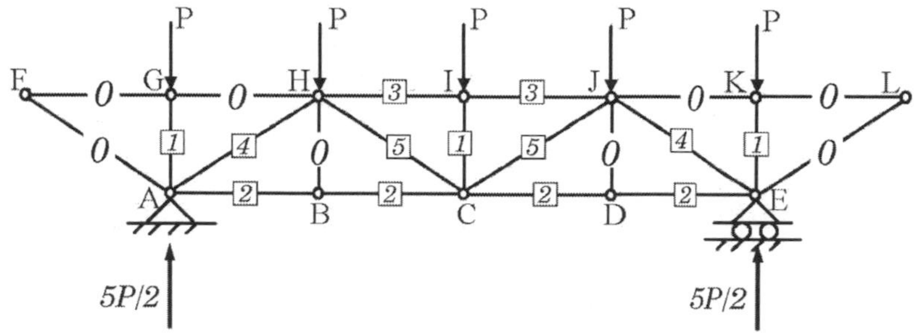

（二）由節點 A 可得壓力

$S_2 = 2P$(拉力) ； $S_4 = -\frac{5}{2}P$(壓力)

由節點 H 可得

$S_3 = -\frac{8}{3}P$(壓力) ； $S_5 = \frac{5}{6}P$(拉力)

（三）依題意可得

$S^{+}_{\max} = 2P = 120kN$

故得 $P = 60kN$。又，最大壓力桿件為 HI 及 IJ，其值為

$$S^{-}_{\max} = S_{HI} = S_{IJ} = -\frac{8P}{3} = -160kN$$

九、圖為一桁架結構，其中 A 點為滾支承，B 點為鉸支承，外力施加方式如圖所示。已知斜桿件 a、b、c、d 僅能承受拉力而無法承受壓力，試求此桁架受力後 A 支承反力 R_A、B 支承反力 R_B、及 b 桿、e 桿、f 桿之內力 S_b、S_e、S_f。（桿件力需說明為拉力或壓力）（25 分）

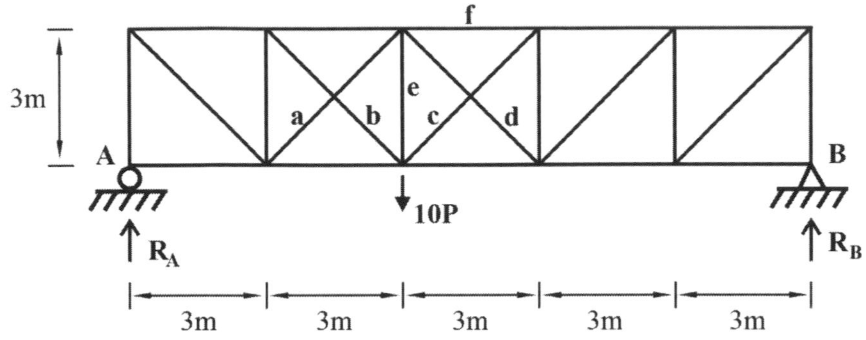

（108 普考-工程力學概要#2）

參考題解

（一）求支承力，如圖(a)所示，可得

$$R_A = \frac{10P(3)}{5} = 6P(\uparrow)\ ;\ R_B = \frac{10P(2)}{5} = 4P(\uparrow)$$

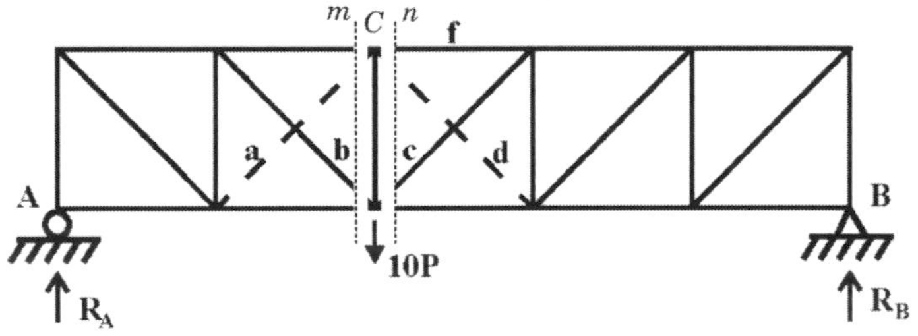

圖(a)

（二）考慮斷面之變形，可知 a 桿及 d 桿內力為零。再參圖(b)及圖(c)所示可得

$$V_m = 6P = \frac{S_b}{\sqrt{2}}\ ;\ V_n = 4P = \frac{S_c}{\sqrt{2}}$$

解得

$$S_b = 6\sqrt{2}P(\text{拉力})\ ;\ S_c = 4\sqrt{2}P(\text{拉力})$$

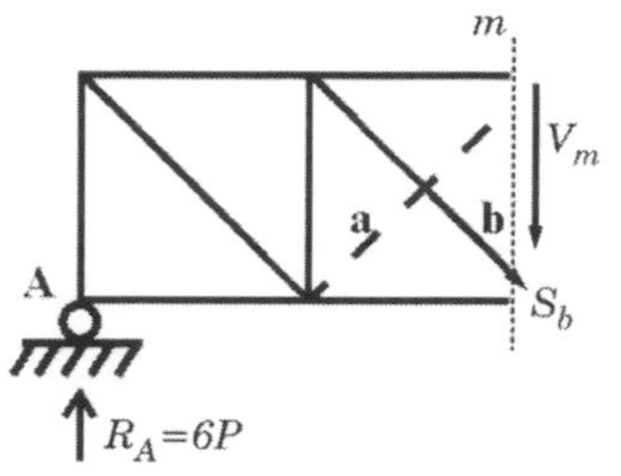

圖(b)

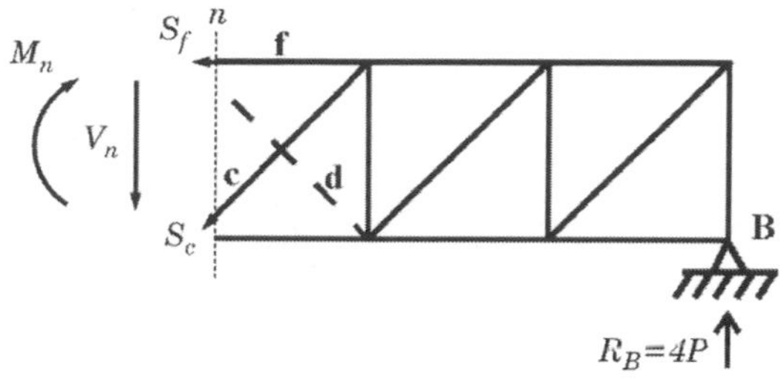

圖(c)

（三）考慮 n 斷面之彎矩可得

$$M_n = 36P = -3S_f$$

解得

$$S_f = -12P(\text{壓力})$$

（四）由節點 C 可得 $S_e = 0$ 。

十、如圖所示之桁架，試求：

（一）支承 A 及 G 之反力。（5 分）

（二）桿件 BC、BD、CD 及 CE 之軸力。（請同時標示張力或壓力）（25 分）

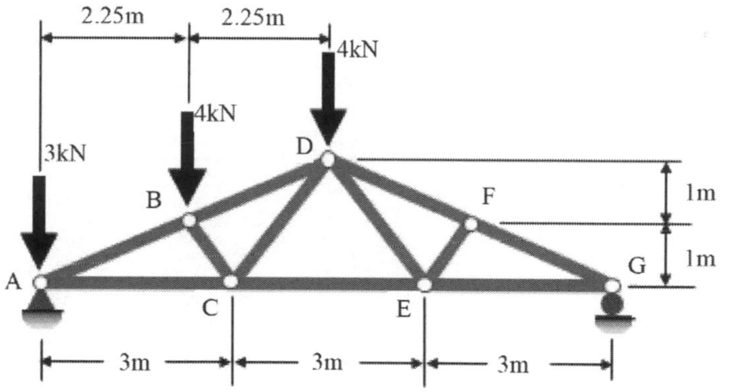

（108 四等-靜力學概要與材料力學概要#2）

參考題解

（一）如下圖所示，A 點與 G 點之支承力為

$$A_x = 0 \quad ; \quad A_y = \frac{3(9)+4(6.75+4.5)}{9} = 8kN(\uparrow)$$

$$R_G = \frac{4(2.25+4.5)}{9} = 3kN(\uparrow)$$

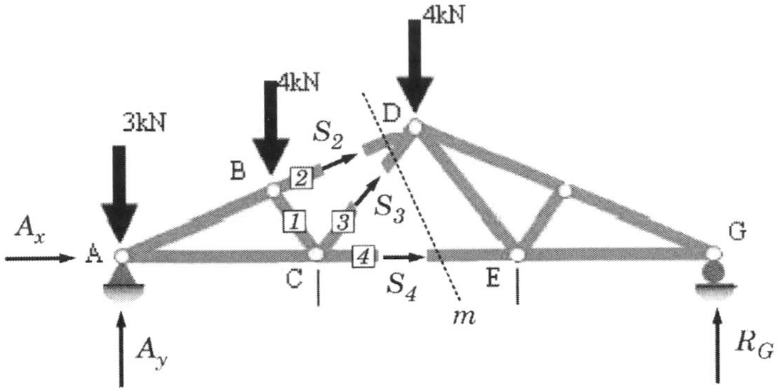

（二）取 m 切面之左側，可得

$$\sum M_A = -4(2.25) + \frac{4S_3}{5}(3) = 0$$

$$\sum M_C = -(A_y - 3)(3) + 4(0.75) - \frac{4S_2}{\sqrt{97}}(3) = 0$$

$$\sum M_D = -(A_y - 3)(4.5) + 4(2.25) + S_4(2) = 0$$

解得

$S_3 = S_{CD} = 3.75kN$（張力）　；　$S_2 = S_{BD} = -9.849kN$（壓力）

$S_4 = S_{CE} = 6.75kN$（張力）

（三）再由節點 C 可得

$$\sum F_y = \frac{4S_1}{5} + \frac{4S_3}{5} = 0$$

解得

$S_1 = S_{BC} = -3.75kN$（壓力）

十一、一個桁架，係由垂直水平與傾斜桿件所組成（見圖）。假定傾斜桿件只能承受張力。解出各桿件內力，並標示於桁架桿件。（忽略自重）（30 分）

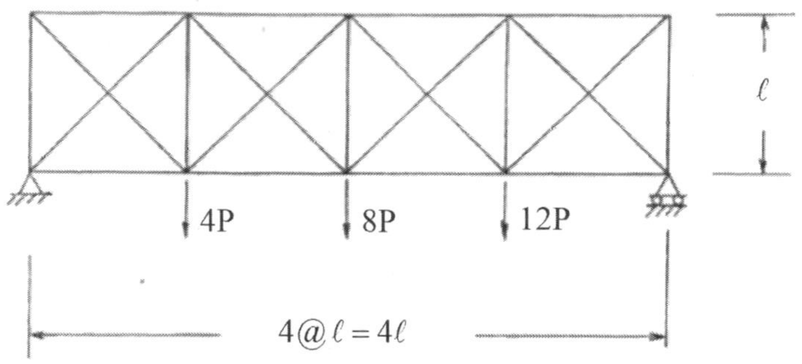

（109 土技-結構分析#4）

參考題解

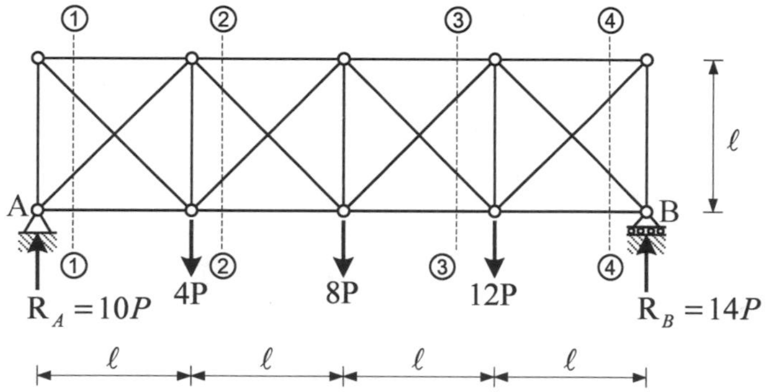

（一）計算支承反力

$\sum M_B = 0$, $R_A \times 4\ell = 12P \times \ell + 8P \times 2\ell + 4P \times 3\ell$ $\therefore R_A = 10P$

$\sum F_y = 0$, $R_A + R_B = 4P + 8P + 12P \Rightarrow R_B = 14P$

（二）先計算隔間斜桿內力

1. 切開①－①剖面

$S_1 \times \dfrac{1}{\sqrt{2}} = 10P \therefore S_1 = 10\sqrt{2}P$

$S_1' = 0$

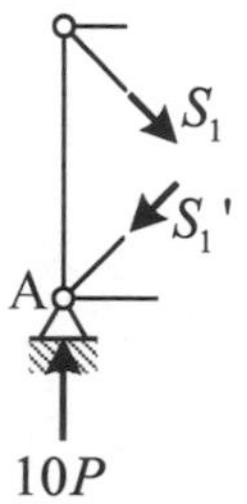

2. 切開②－②剖面

$S_2 \times \frac{1}{\sqrt{2}} = 6P \quad \therefore S_2 = 6\sqrt{2}P$

$S_2' = 0$

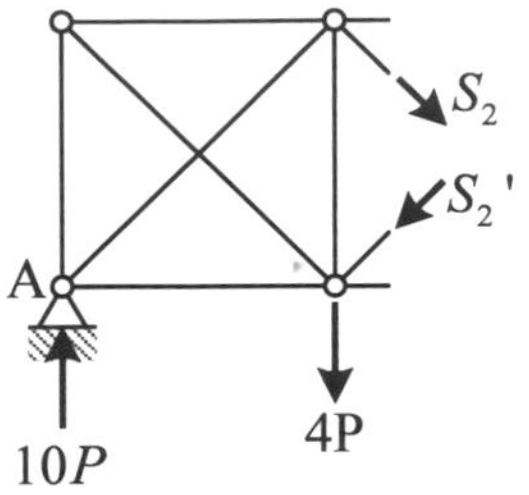

3. 切開③－③剖面

$S_3 \times \frac{1}{\sqrt{2}} = 2P \quad \therefore S_3 = 2\sqrt{2}P$

$S_3' = 0$

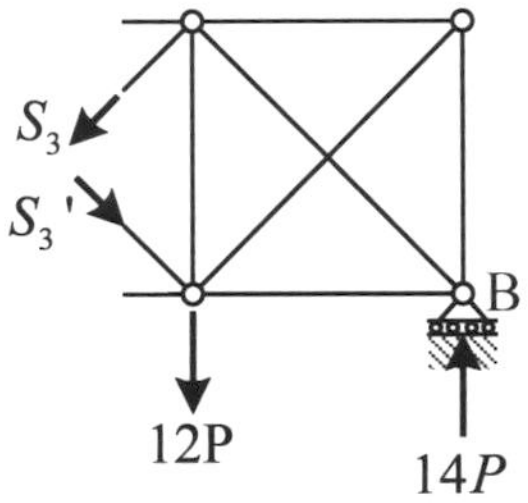

4. 切開④－④剖面

$S_4 \times \frac{1}{\sqrt{2}} = 14P \quad \therefore S_4 = 14\sqrt{2}P$

$S_4' = 0$

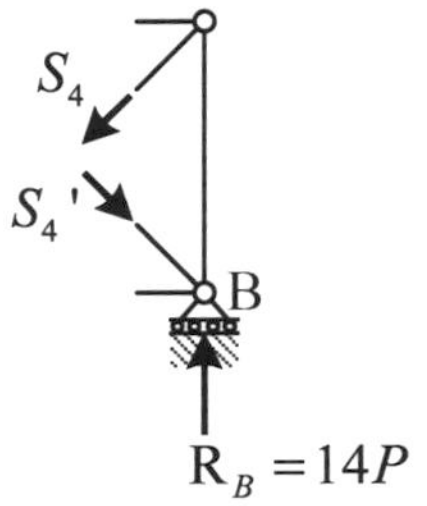

（三）得隔間斜桿內力後，再以節點法，解出其餘桿件內力

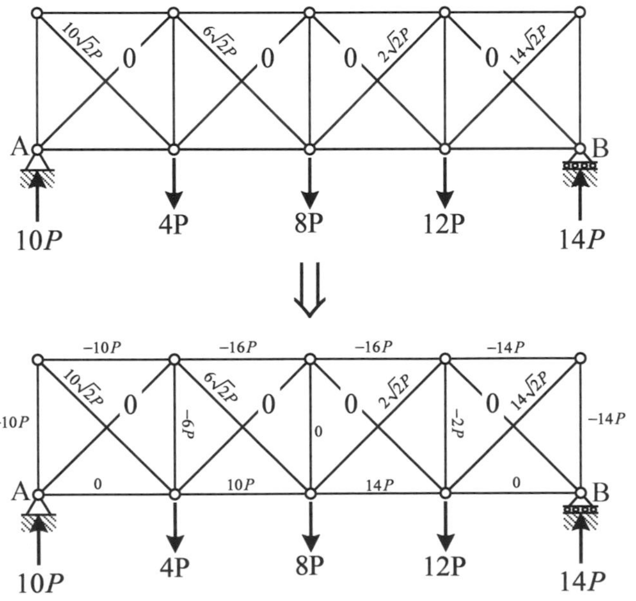

十二、如圖所示桁架，a 點為鉸支承，d 點與 f 點為滾支承，有一個 40 kN 與 60 kN 垂直載重分別作用在 b 點與 j 點上，求各個支承點之反力與桿件編號 1 與 2 之軸力。（25 分）

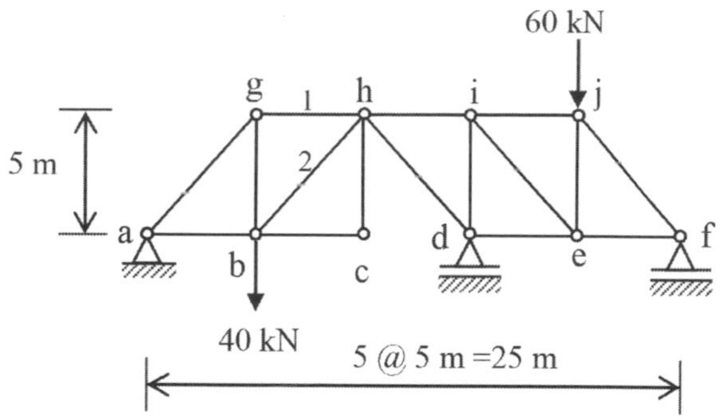

（109 司法-結構分析#3）

參考題解

（一）如圖(a)所示，取整體桁架可得

$$\sum M_a = 3R_d + 5R_f - 60(4) - 40(1) = 0$$

再取右半桁架可得

$$\sum M_h = R_d + 3R_f - 60(2) = 0$$

聯立上列二式得

$$R_d = 60kN(\uparrow) \quad : \quad R_f = 20kN(\uparrow)$$

（二）再取左半桁架可得

$$\sum M_h = 40(1) - 2R_a = 0$$

解得

$$R_a = 20kN(\uparrow)$$

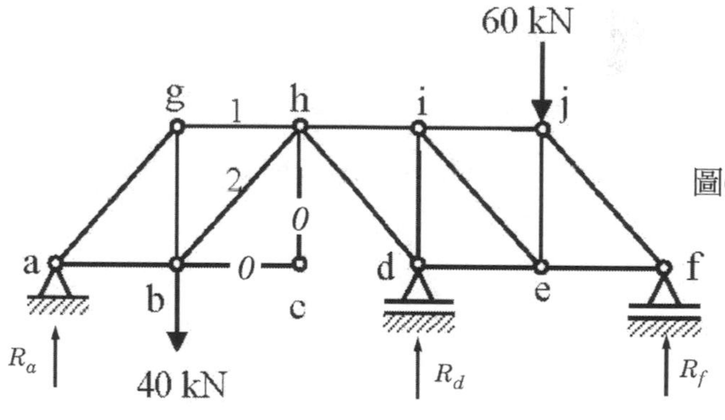

圖(a)

（三）如圖(b)所示，取 m 切面左側，可得

$$S_2 = \sqrt{2}(40 - R_a) = 20\sqrt{2}kN \text{ (拉力)}$$

$$S_1 = -\frac{S_2}{\sqrt{2}} = -20kN \text{ (壓力)}$$

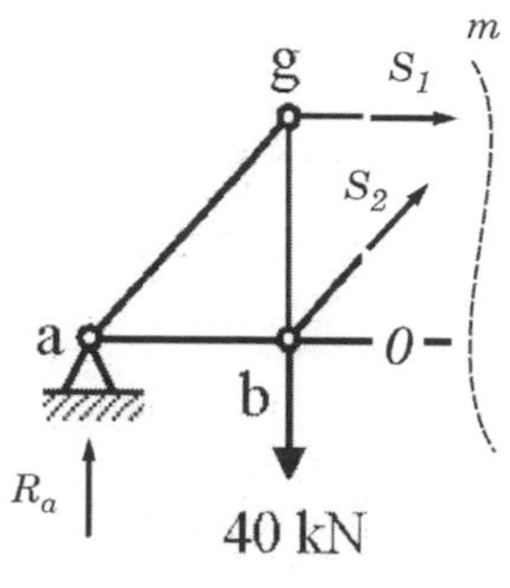

圖(b)

十三、如下圖所示之平面桁架結構，a 點為鉸支承，b 點及 c 點為滾支承，f 點承受水平集中載重 $6\,kN$，g 點承受垂直集中載重 $12\,kN$。求各支承反力及桿件 bd、桿件 ef 的內力。（25 分）

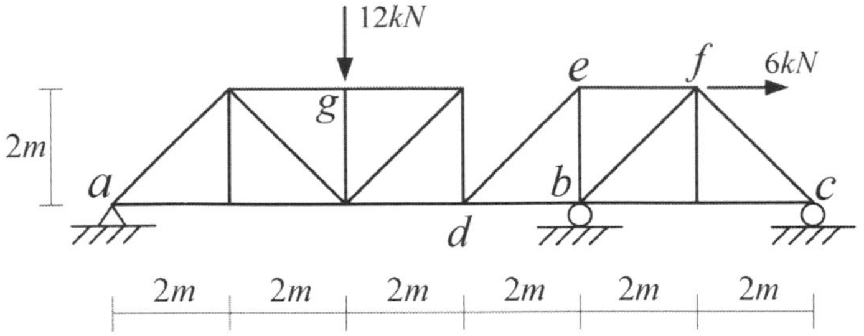

（109 普考-結構學概要與鋼筋混凝土學概要#2）

參考題解

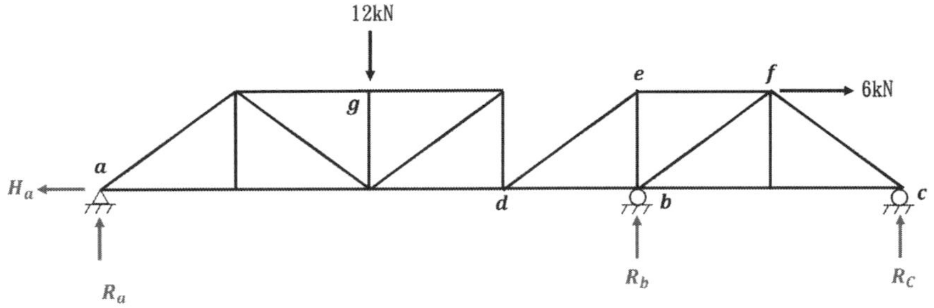

（一）計算支承反力

1. $\Sigma F_x = 0$ ，$H_a = 6kN$ (←)
2. 自 d 點切開，取左半自由體

   $\Sigma M_d = 0$ ，$12 \times 2 = R_a \times 6$ → $R_a = 4kN$ (↑)
3. 右半自由體

   $\Sigma M_d = 0$ ，$6 \times 2 = R_b \times 2 + R_C \times 6$ ①
4. 整體 $\Sigma F_y = 0$ ，$12 = R_a + R_b + R_C$ ②
5. ①②聯立，$R_b = 9kN$ (↑) ，$R_c = -1kN$ (↓)

（二）

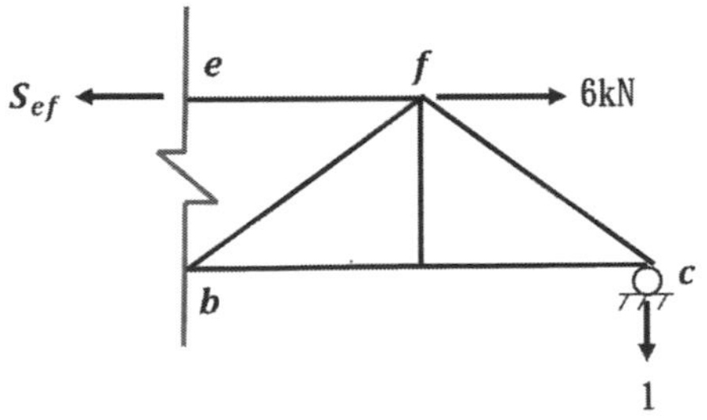

1. $\Sigma M_b = 0$ ， $S_{ef} \times 2 = 6 \times 2 + 1 \times 4$ $\quad \rightarrow S_{ef} = 8kN$（拉力）

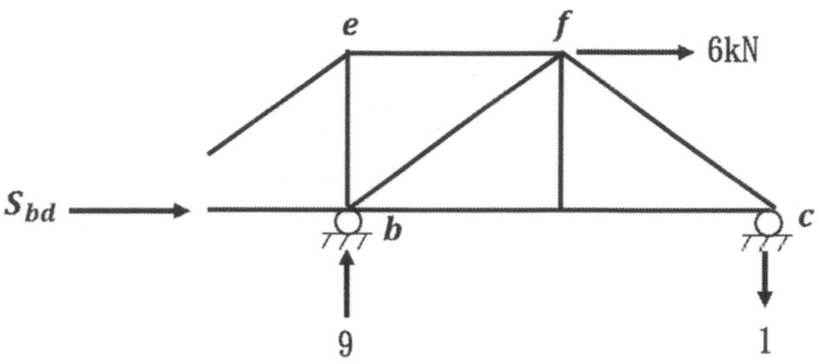

2. $\Sigma M_e = 0$ ， $S_{bd} \times 2 = 1 \times 4$ $\quad \rightarrow S_{bd} = 2kN$（壓力）

十四、如圖所示，有一桁架系統，桿件之間都以插銷（pin）連接。桁架在 A 處為鉸支承（hinge support），在 F 處為滾支承（roller support）。在 H 節點處有一水平力 T = 15N，在節點 D 處有一垂直向下的力 V = 10N。桿件 AB、BC、CD、DE、EF、JK、KL、LM、GJ、BG、HK、CH、EI、IM 長度均為 1 m。且角 IEF、LMI、DEI、CDL、HKL、GJK、GBC 與 ABG 均為直角。圖中◎為各節點上之插銷，△為 A 處的鉸支承，而○為 F 處的滾支承。若有需要可以使用 $\sqrt{2} = 1.41412$，$\sqrt{5} = 2.2361$ 據此請求出桿件 CD 內所受到的軸力大小，並標示其為張力或是壓力。（25 分）

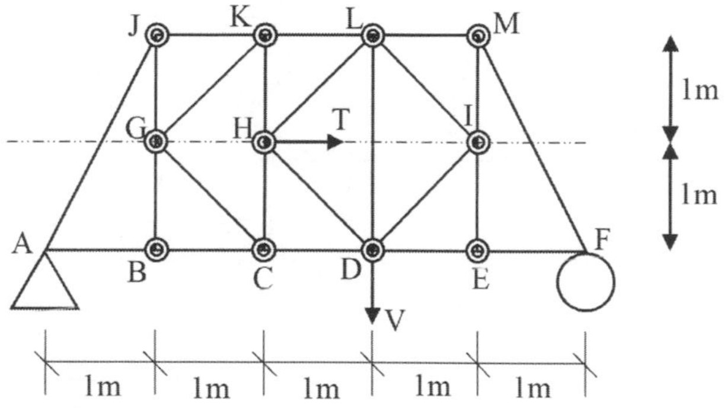

（109 四等-靜力學概要與材料力學概要#2）

參考題解

（一）如下圖所示，先 A 點支承力，其中

$$A_y = \frac{10(2) - 15(1)}{5} = 1N$$

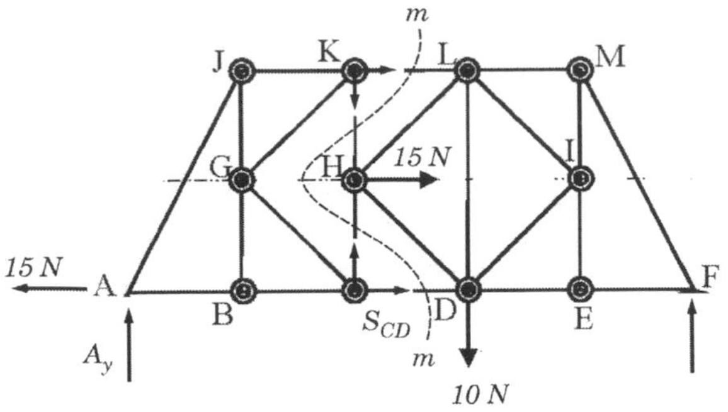

（二）再取 m-m 切面左側，可得

$$\sum M_K = S_{CD}(2) - 15(2) - A_y(2) = 0$$

解得 CD 桿內力為 $S_{CD} = 16N$（拉力）。

十五、有一桁架，E 點為鉸支承，G 點為滾支承。其中 BG 桿及 CF 桿僅能承受拉力而無法承受壓力，故此兩桿件僅有一桿件能受力。除此二桿件外，其餘各桿件均能承受拉力及壓力。試求 E、G 點之反力及作用方向，並求各桿件之作用力。（25 分）

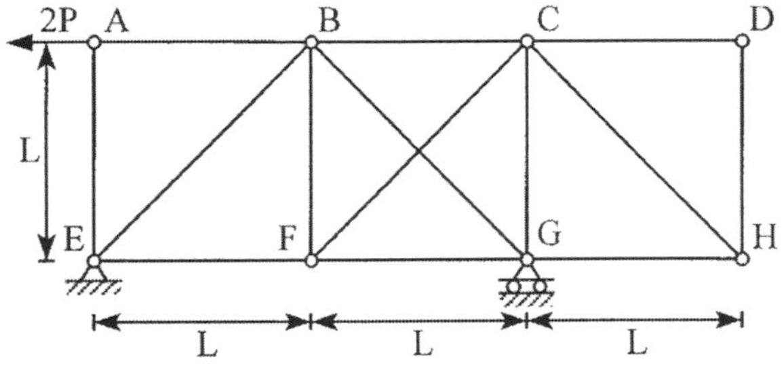

（109 四等-結構學概要與鋼筋混凝土學概要#2）

參考題解

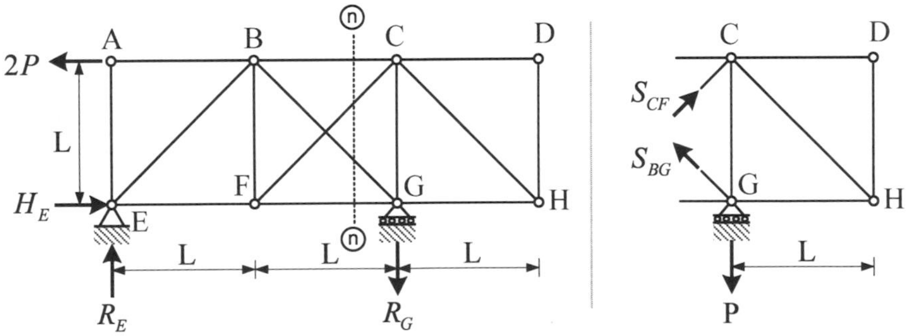

（一）計算支承反力

1. $\sum F_x = 0$，$H_E = 2P$ $(\rightarrow)$

2. $\sum M_E = 0$，$2P \times L = R_G \times 2L \therefore R_G = P(\downarrow)$

3. $\sum F_y = 0$, $R_E + R_G = 0$ $\therefore R_E = P(\uparrow)$

（二）切開ⓝ-ⓝ剖面取出右半部自由體平衡，可得

$S_{CF} = 0$

$S_{BG} \times \frac{1}{\sqrt{2}} = P \Rightarrow S_{BG} = \sqrt{2}P$（拉）

（三）解出 CF、BG 桿內力後，其餘桿件內力可由節點法解出（如下圖）

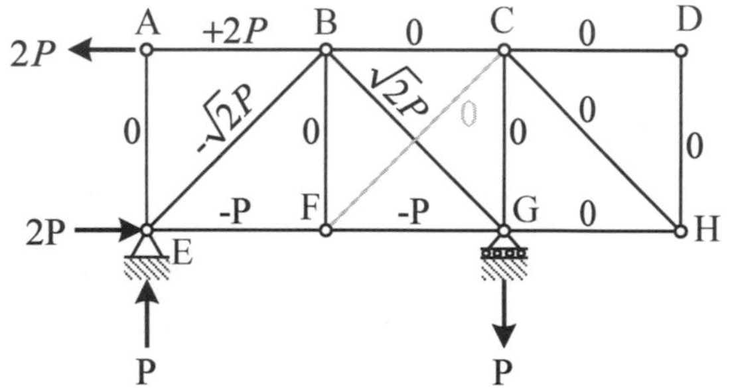

十六、如下圖所示之平面桁架結構，a 點、d 點及 f 點為鉸支承，b 點承受水平集中載重 120 kN，求桁架 ab、cd 及 ef 桿件的軸力。（25 分）

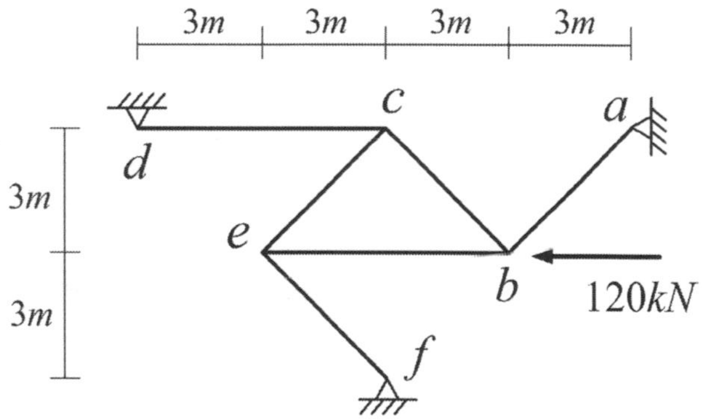

（110 三等-靜力學與材料力學#2）

參考題解

（一）計算 AB 桿件內力，可由上圖觀察得知，對 D 點取力矩平衡可消除 CD 及 EF 桿件軸力。

故：$\frac{N_{ab}}{\sqrt{2}}\times 12=120\times 3\Rightarrow N_{ab}=30\sqrt{2}(kN)$ 受拉

（二）計算 CD 桿件內力，可由上圖觀察得知，對 F 點取力矩平衡可消除 AB 及 EF 桿件軸力。

故：$N_{cd}\times 6+120\times 3=0\Rightarrow N_{ef}=-60(kN)$ 受壓

（三）計算 EF 桿件內力，可由上圖觀察得知，對 A 點取力矩平衡可消除 AB 及 CD 桿件軸力。

故：$\frac{N_{ef}}{\sqrt{2}}\times 12=120\times 3\Rightarrow N_{ef}=30\sqrt{2}(kN)$ 受拉

十七、圖示之桁架結構，各桿件之斷面積均為 2000 mm^2。試求 AE、AF 及 EG 桿件之內力。（25 分）

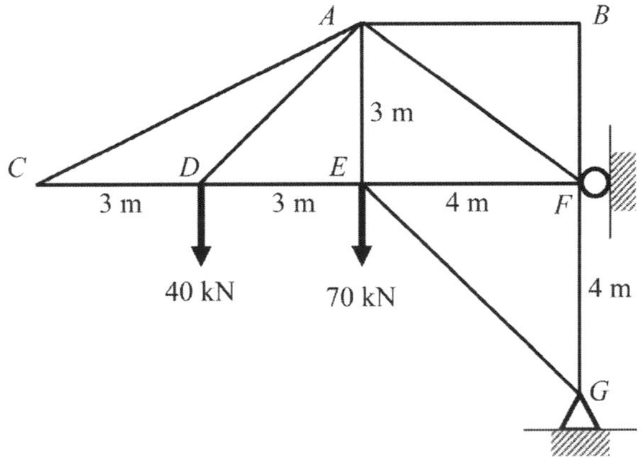

（110 普考-工程力學概要#1）

參考題解

（一）採用如下圖所示的桿件編號，考慮@切面左半部可得

$$\sum M_E=40(3)-\frac{4S_2}{5}(3)=0$$

$$\sum M_F=40(7)+70(4)+\frac{S_4}{\sqrt{2}}(4)=0$$

解得

$S_2=S_{AF}=50\,kN$（拉力）；$S_4=S_{EG}=-140\sqrt{2}\,kN$（壓力）

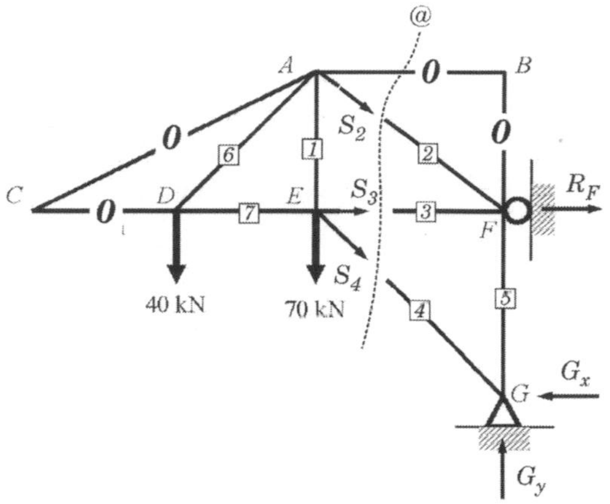

（二）參右圖所示，由節點 A 可得

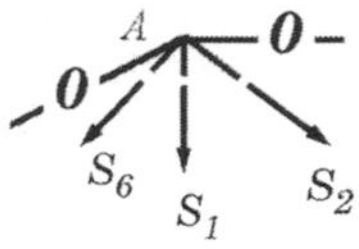

$$S_6=\frac{4\sqrt{2}}{5}S_2=40\sqrt{2}kN$$（拉力）

$$S_1=S_{AE}=\frac{-S_6}{\sqrt{2}}-\frac{3S_2}{5}=-70kN$$（壓力）

十八、圖為一靜定桁架結構，此桁架結構的尺寸及載重配置如圖所示。試求此桁架結構受力後桿件 a、桿件 b、桿件 c 之內力及方向，及 B 點反力 B_x 及 B_y。（提示：先確定零桿）（25 分）

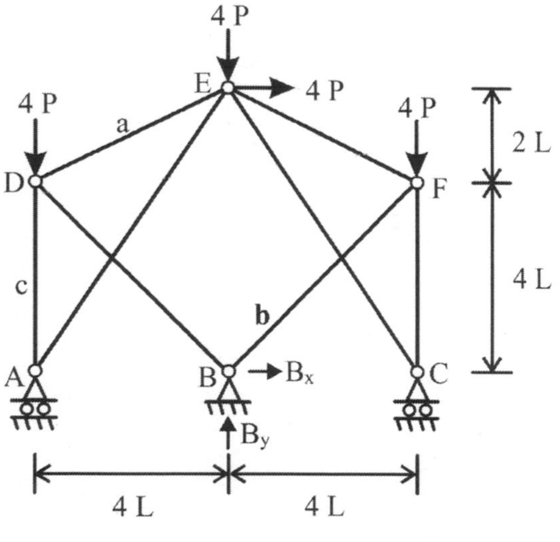

（110 普考-結構學概要與鋼筋混凝土學概要#2）

參考題解

（一）AE、CE 桿為零桿

（二）整體$\sum F_x=0 \Rightarrow B_x+4P=0$

$\therefore B_x=-4P$ (ANS)

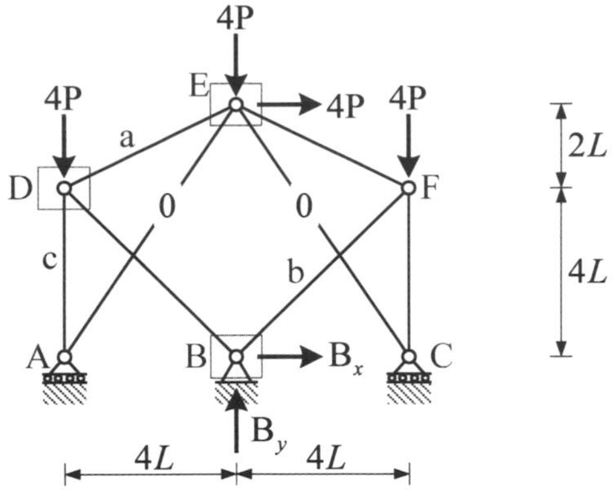

（三）E 節點平衡

$$\sum F_x=0\ ,\ S_{EF}\times\frac{2}{\sqrt5}+4P=S_a\times\frac{2}{\sqrt5}$$
$$\sum F_y=0\ ,\ S_a\times\frac{1}{\sqrt5}+S_{EF}\times\frac{1}{\sqrt5}+4P=0$$
$$\Rightarrow\begin{cases}S_{EF}=-3\sqrt5P\\ S_a=-\sqrt5P\text{(ANS)}\end{cases}$$

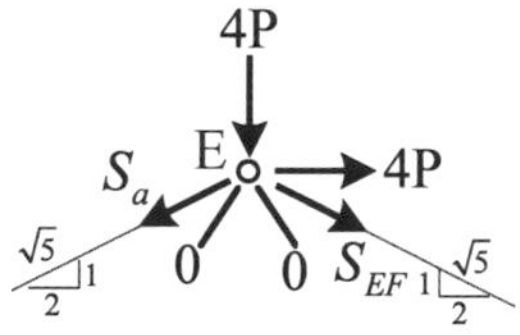

（四）D 節點平衡

$$\sum F_x=0\ ,\ \cancel{S_a}^{-\sqrt5P}\times\frac{2}{\sqrt5}+S_{BD}\times\frac{1}{\sqrt2}=0\Rightarrow S_{BD}=2\sqrt2P$$
$$\sum F_y=0\ ,\ \cancel{S_a}^{-\sqrt5P}\times\frac{1}{\sqrt5}=4P+S_c+\cancel{S_{BD}}^{2\sqrt2P}\times\frac{1}{\sqrt2}=0$$
$$\Rightarrow S_c=-7\text{P(ANS)}$$

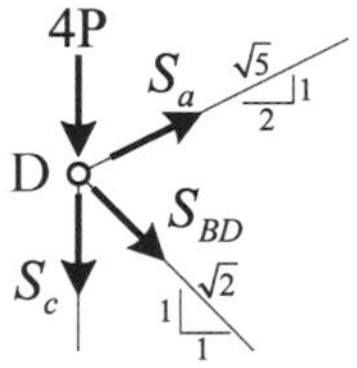

（五）B 節點平衡

$$\sum F_x=0\ ,\ S_b\times\frac{1}{\sqrt2}+\cancel{B_x}^{-4P}=\cancel{S_{BD}}^{2\sqrt2P}\times\frac{1}{\sqrt2}$$
$$\Rightarrow S_b=6\sqrt2P\text{(ANS)}$$
$$\sum F_y=0\ ,\ \cancel{S_b}^{6\sqrt2P}\times\frac{1}{\sqrt2}+\cancel{S_{BD}}^{2\sqrt2P}\times\frac{1}{\sqrt2}+B_y=0$$
$$\Rightarrow B_y=-8P\text{(ANS)}$$

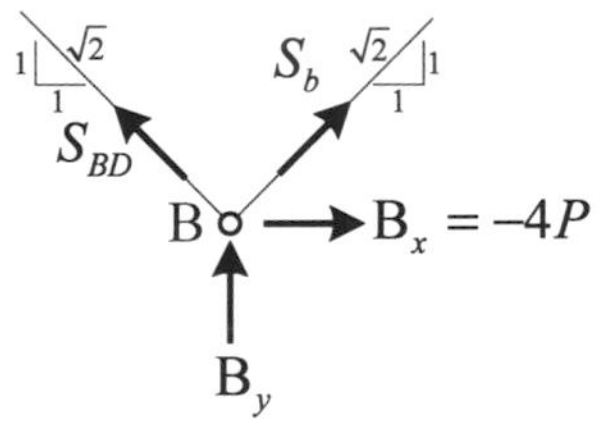

3 纜索結構
Chapter 3 重點內容摘要

（一）纜索種類

1. 受自重之纜索

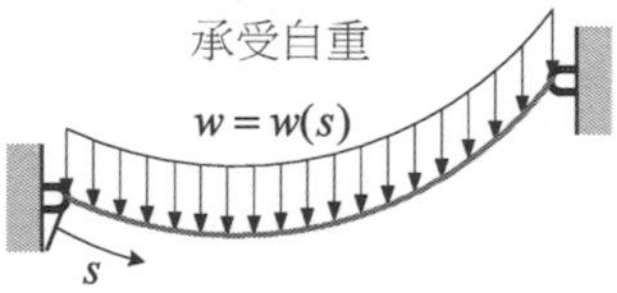

（懸鍊線）

荷重 w 為纜索軸向 s 之函數
例：電線桿上的電線

2. 受分佈荷重之纜索

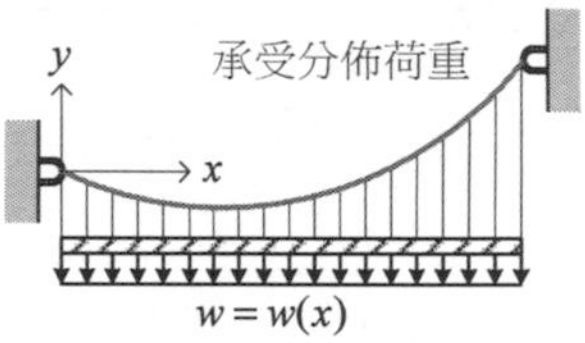

（拋物線形）

荷重 w 為水平向 x 之函數
例：吊橋的纜索

3. 受集中荷重之纜索

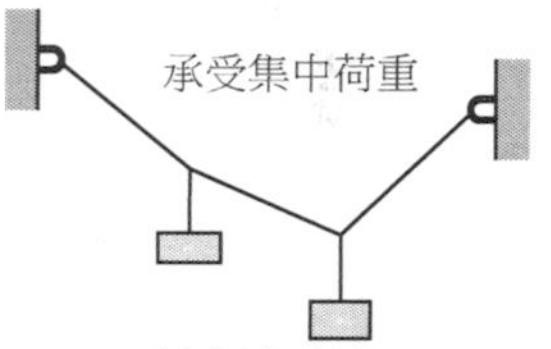

（折線形）

例：吊了衣服的曬衣繩

（二）受力特性

1. 纜（繩）索為形抗結構，會隨著受力型式的不同而改變形狀
2. 繩內力必為張力（拉力）

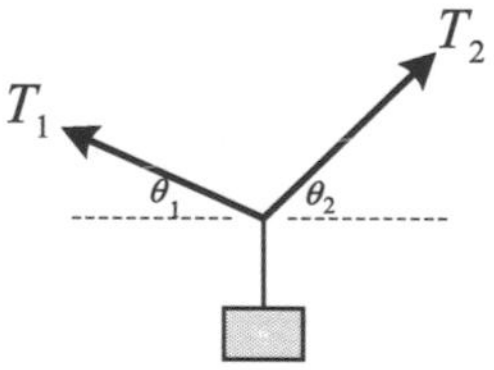

3. 各段繩索的水平分量皆相同（除非繩索有受到水平外力作用）
4. 最大繩張力發生在繩索斜率最大處
5. 連接繩索的支承反力間存在比例關係

（三）受分佈荷重繩索

1. $y''=\frac{1}{F_H}w(x)$ 為受分佈荷重的纜索控制方程式。

2. 將 $y''=\frac{1}{F_H}w(x)$ 積分一次可得『纜索的斜率方程式』

積分二次可得『纜索的形狀方程式』

$$y''=\frac{1}{F_H}w(x)$$

↓ 積分一次

纜索的斜率方程式 ☞ $y'=\int\frac{1}{F_H}w(x)dx \;+C_1$ ← 積分常數

↓ 再積分一次

纜索的形狀方程式 ☞ $y=\iint\frac{1}{F_H}w(x)dx\,dx \;+C_1x+C_2$ ← 積分常數

3. 積分過程中出現的積分常數 C_1、C_2 以及纜索的水平分量 F_H 須藉由題目給的邊界條件來求

4. 欲得纜索的形狀方程式，至少需要三個邊界條件（因為有 C_1、C_2、F_H 三個未知數）

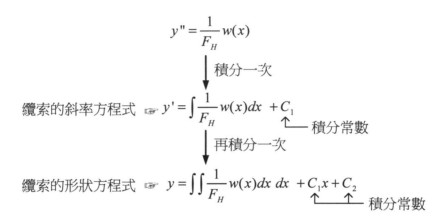

參考題解

一、圖(a)懸索受到如圖示的 10 kN/m 的均佈載重時，B 點為懸索最低點，若不考慮懸索自重，試求：

（一）y 值。（10 分）

（二）懸索所受之最大張力 T_{max}。（15 分）

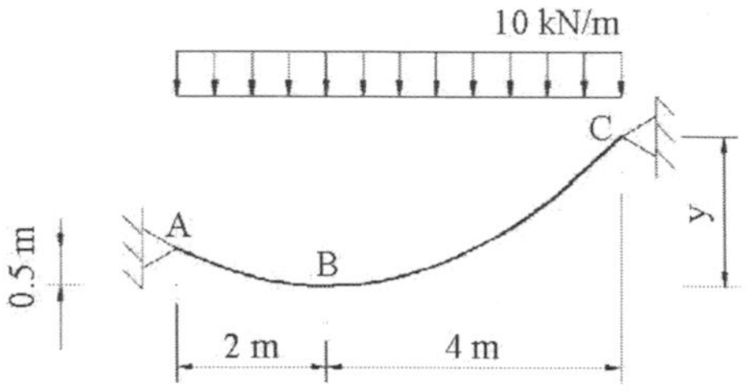

圖(a)

（106 三等-結構學#1）

參考題解

（一）設定如圖(b)所示之座標系，可有

$$y''=\frac{10}{T_0}\ ;\ y'=\frac{10}{T_0}x+C_1\ ;\ y=\frac{5}{T_0}x^2+C_1x+C_2$$

其中T_0為切線斜率為零處之張力值。

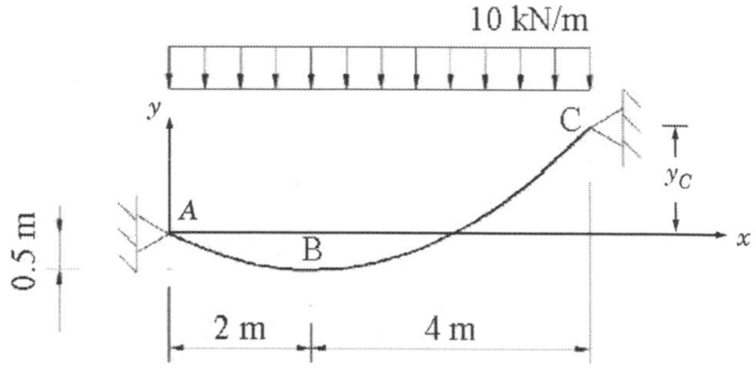

圖(b)

（二）考慮邊界條件：[1] $x=0$ 處 $y=0$，得 $C_2=0$；[2] $x=2m$ 處 $y=-0.5m$，得

$$\frac{5}{T_0}(2)^2+2C_1=-\frac{1}{2} \qquad ①$$

[3] $x=2m$ 處 $y'=0$，得

$$\frac{10}{T_0}(2)+C_1=0 \qquad ②$$

聯立①式及②式，解出

$$T_0=40kN\text{；}C_1=-\frac{1}{2}$$

（三）C 點 y 座標值為

$$yc=\frac{5}{40}(6)^2-\frac{1}{2}(6)=1.5\ m$$

故圖(a)中之 $y=0.5+yc=2\ m$

（四）A 點處之切線斜率為

$$y'(0)=C_1=-\frac{1}{2}=\tan\theta_A$$

得 $\theta_A=-26.57°$（↻）。C 點處之切線斜率為

$$y'(6)=\frac{10}{40}(6)-\frac{1}{2}=1=\tan\theta_C$$

得 $\theta_C=45°$（↺）。故最大張力發生於 C 點，由 $T_C\cos\theta_C=T_0$ 得

$$T_{\max}=T_C=\frac{T_0}{\cos\theta_C}=56.57\ kN$$

二、考慮細長的鋼纜具有低撓曲勁度、可忽略自重及軸向不會伸張的特性時，受拉力的鋼纜可視為理想之橫向完全柔軟而軸向為剛性的張力構件。分析下列兩個包括鋼纜所組成之靜定結構系統：

（一）如圖(a)之鋼纜系統的主索由五根垂直支索控制其平衡位置的幾何輪廓。施工過程先由四根支索皆維持固定之 3 kN 之拉力後，再由中跨 C 索調整索力 P 使獲得下垂量 hc。已知 P = 4 kN 時，hc = 7.5 m；試求 A 端錨定反力之水平分量，以及 B 端繩張力 T 的理論值。（10 分）

（二）如圖(b)所示之吊橋系統中，假設間距 1 m 之均勻分布吊索使主纜呈現的下垂輪廓可以拋物線函數近似，中跨 hB = 4 m；試求主纜錨定反力之水平分量、H 鉸接點剪力，並大略繪製梁 DHE 之彎矩圖（可看出變化趨勢即可）。（15 分）

（三）若於圖(b)所示橋梁 DHE 全跨 16 m 上，除 7 kN 與 9 kN 的集中載重外，再額外增加 1 kN/m 之分布載重；試述主纜錨定反力與梁 DHE 上最大彎矩如何改變？（例如：研判變化的倍數）。（5 分）

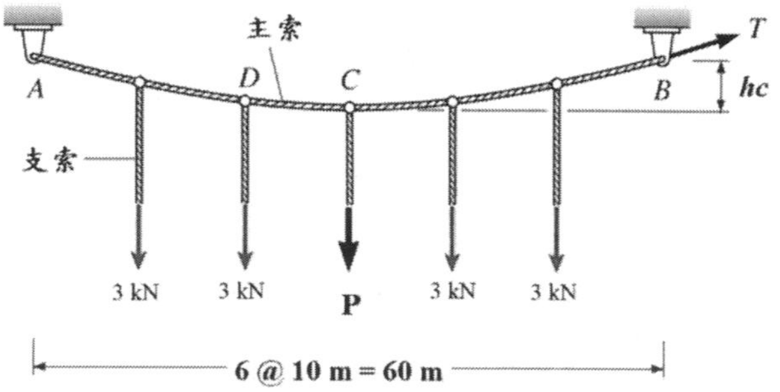

圖(a)

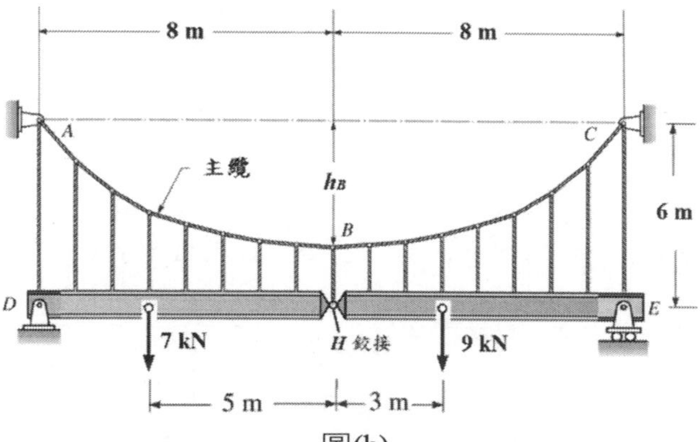

圖(b)

（107 土技-結構分析#3）

參考題解

（一）對於圖(a)之纜索而言，參圖(c)所示可得

$$A_y = B_y = 8kN$$

又考慮 AC 段可得

$$\sum M_C = 3(10+20) + A_x h_C - A_y(30) = 0$$

由上式得

$$A_x = \frac{A_y(30) - 3(10+20)}{h_C} = 20kN$$

又 B 端張力為

$$T = \sqrt{20^2 + 8^2} = 21.54kN$$

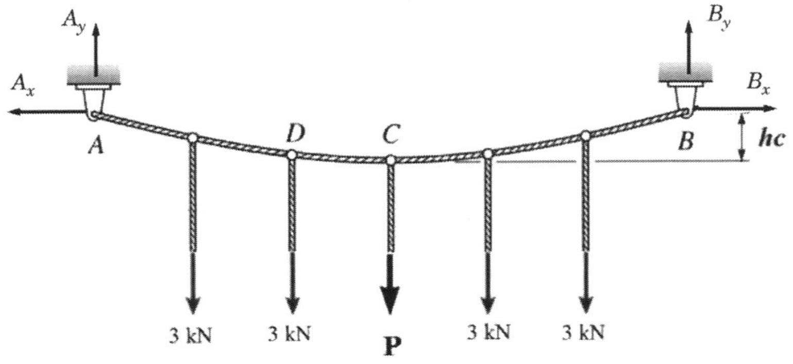

(c)

（二）對於圖(b)之纜索而言，垂直支索之作用力可近似為均佈負載 ω_0。參圖(d)所示，由 DH 段可得 H 點剪力 V 為

$$V = \frac{32\omega_0 - 21}{8}$$

由 HE 段可得 H 點剪力 V 為

$$V = \frac{45 - 32\omega_0}{8}$$

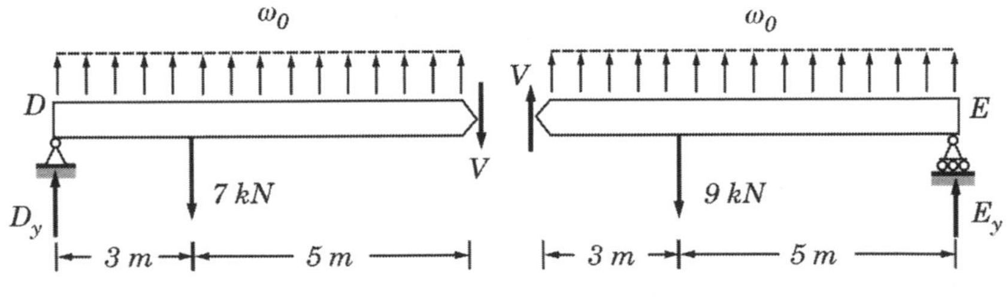

(d)

聯立上述二式，解出 $\omega_0 = 1.03kN/m$。故 H 點剪力 V 為

$$V=\frac{32\omega_0-21}{8}=1.5kN$$

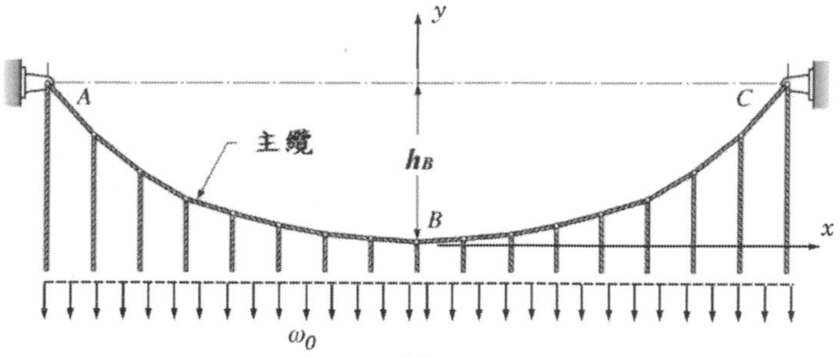

(e)

（三）參圖(e)所示，主纜之形狀函數可表為

$$y(x)=\frac{\omega_0}{2T_0}x^2$$

其中T_0為主纜錨定反力（支承力）之水平分量，由邊界條件可得

$$4=\frac{\omega_0}{2T_0}(8)^2$$

由上式得$T_0=8\omega_0=8.25kN$。又，樑 DHE 之彎矩圖示意如圖(f)。

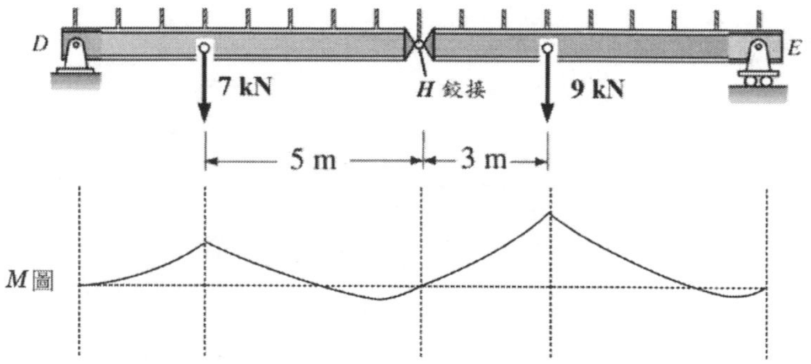

(f)

（四）圖(d)中 D 點及 E 點支承力分別為

$$D_y=\frac{35}{8}-4\omega_0=0.25kN\,(\uparrow)\text{；}E_y=\frac{27}{8}-4\omega_0=-0.75kN\,(\downarrow)$$

又由前述結果$\omega_0=1.03kN/m$，以及$V=\dfrac{32\omega_0-21}{8}$；$T_0=8\omega_0$。可知，所有作用力均值與$\omega_0$成正比。所以當額外增加$1kN/m$之分佈負荷時，主纜錨定反力及最大彎矩大約將變為原先之 2 倍。

三、如圖所示之繩索固定於 A、B 兩點，若每段繩索能承受之最大張力為 80 kN，略去繩索的自重，求最大施加載重 P、及每段繩索之張力。（25 分）

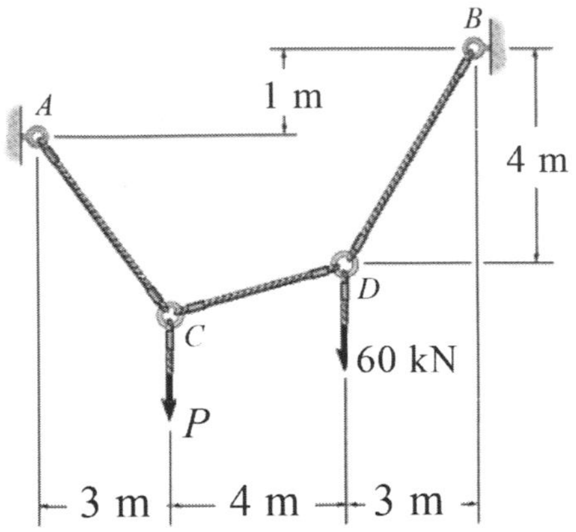

（107 四等-靜力學概要與材料力學概要#4）

參考題解

（一）參圖(a)所示，由整體可得

$$\sum M_A = 10B_y - B_x - 60(7) - 3P = 0$$

由 BD 段可得

$$\sum \mathrm{M_D} = 3\mathrm{B}_y - 4B_x = 0$$

聯立上述二式，得

$$B_x = \frac{3}{37}(3P+420)\ ;\ B_y = \frac{4}{37}(3P+420)$$

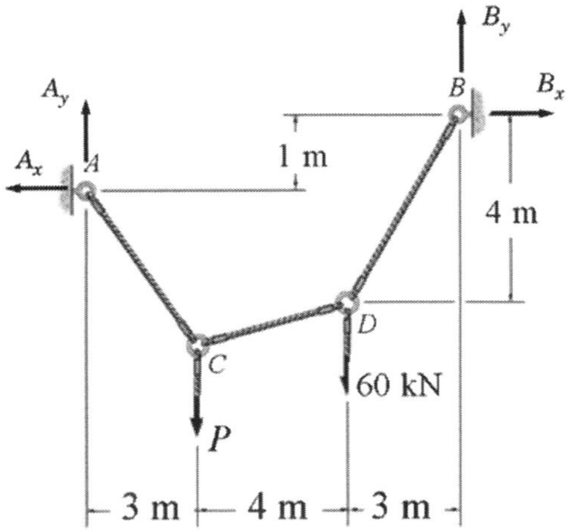

(a)

（二）另 BD 段張力等於最大張力，即

$$T_{BD} = \sqrt{B_x^{\ 2} + B_y^{\ 2}}$$

$$= (3P+420)\sqrt{\left(\frac{3}{37}\right)^2 + \left(\frac{4}{37}\right)^2} = 80kN$$

由上式解得最大載重 $P = 57.33kN$。故知

$$B_x = \frac{3}{37}(3P+420) = 48kN\ ;\ B_y = \frac{4}{37}(3P+420) = 64kN$$

（三）A 端支承力為

$$A_x = B_x = 48kN \text{ ； } A_y = (60+P) - B_y = 53.33kN$$

故得 AC 段張力

$$T_{AC} = \sqrt{A_x^{\ 2} + A_y^{\ 2}} = 71.75kN$$

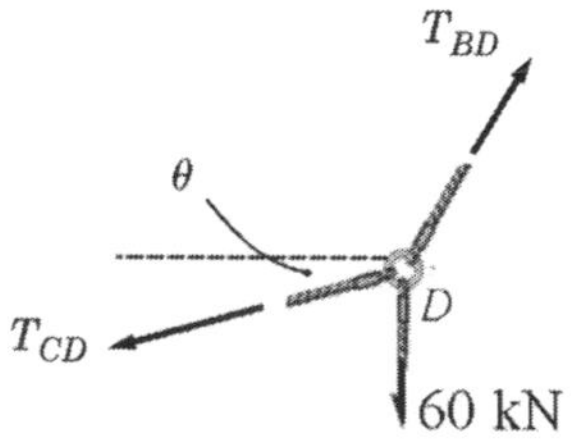

(b)

（四）參圖(b)所示可得

$$T_{CD}\sin\theta = \frac{4}{5}T_{BD} - 60 = 4$$

$$T_{CD}\cos\theta = \frac{3}{5}T_{BD} = 48$$

聯立二式，得出

$$\theta = 4.764^o \text{ ； } T_{CD} = 48.17kN$$

4 釘銷構架

Chapter 重點內容摘要

（一）釘銷基本概念

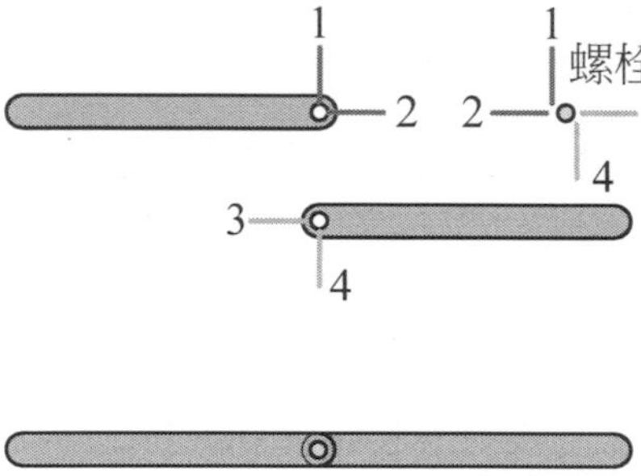

內連接 ⇒ 螺孔開在桿端

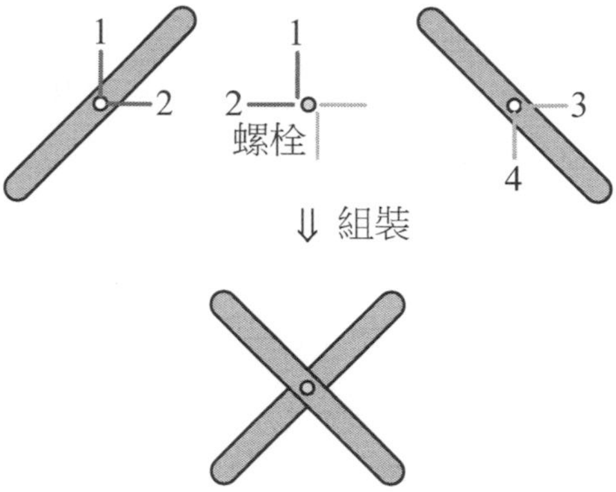

釘銷結構 ⇒ 螺孔開在桿內任意處
例如：剪刀

1. 釘銷受力特性

   開孔處螺栓可自由轉動⇒螺栓只傳遞水平、垂直力，不傳遞彎矩

2. 解題技巧

   將釘銷結構由螺栓處全部拆開，並標示螺栓處的「未知接觸內力」（記得要成對），接著針對每一個自由體進行平衡分析，可將「未知接觸內力」解出

（二）滑輪與繩索系統

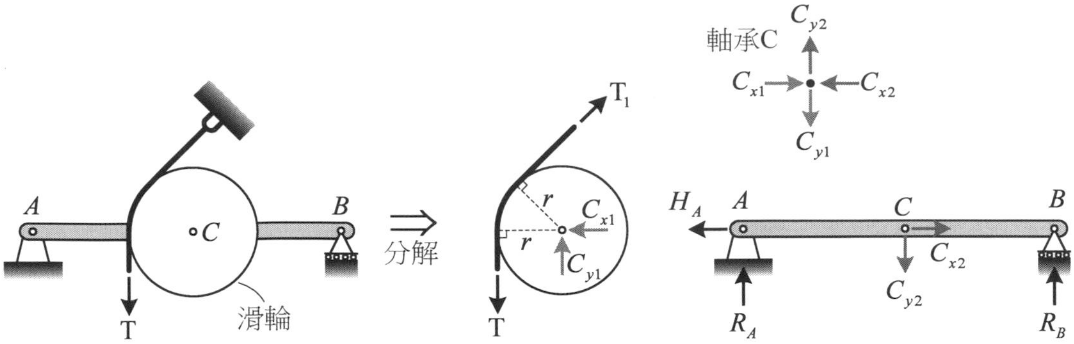

特性

1. 滑輪軸承相當於螺栓，只傳遞水平、垂直接觸力，不傳遞彎矩
2. 滑輪自由體的力平衡分析
   （1）滑輪上各段繩索張力皆相同，而繩張力方向會在滑輪的圓周切線向
   $\sum M_C = 0$，$T_1(r) = T(r)$ $\therefore T_1 = T$
   （2）繩張力T已知時，對滑輪進行水平、垂直力平衡分析，可解出「軸承接觸內力」
   $\begin{cases} \sum F_x = 0 \\ \sum F_y = 0 \end{cases} \Rightarrow$ 可得C_{x1}、C_{y1}
3. 梁 AB 自由體的力平衡分析
   C 螺孔上會有由軸承傳遞過來的軸承接觸內力C_{x2}、C_{y2}，其大小會與C_{x1}、C_{y1}一樣，方向會與C_{x1}、C_{y1}相反；由C_{x2}、C_{y2}可解得梁的支承反力R_A、H_A、R_B

參考題解

一、圖中之構造承受一強度為 P 的集中載重，其中 A 與 B 支承點為鉸接（hinge），其他接點均為栓接（pin）。若 A 點與 B 點支承處之水平與垂直反力中任一分量皆不得大於 2250 N，試計算最大容許載重 P 之值。（25 分）

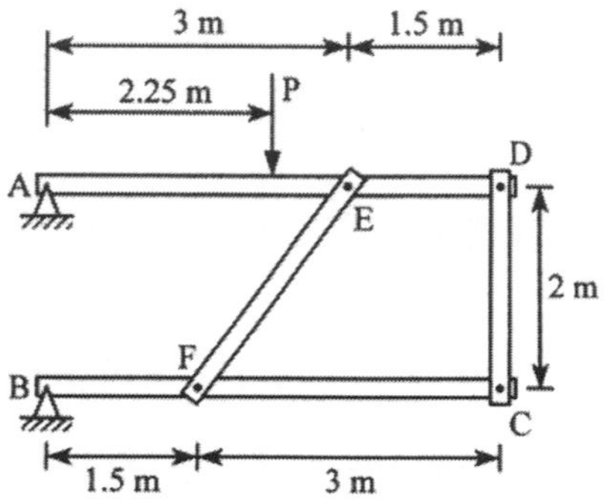

（106 高考-工程力學#1）

參考題解

（一）AD 桿的自由體圖如下圖所示，可得

$$\frac{4S_1}{5}(3)+S_2(4.5)=-2.25P \qquad ①$$

$$A_x=\frac{3S_1}{5}\ ;\ A_y=P+\frac{4S_1}{5}+S_2$$

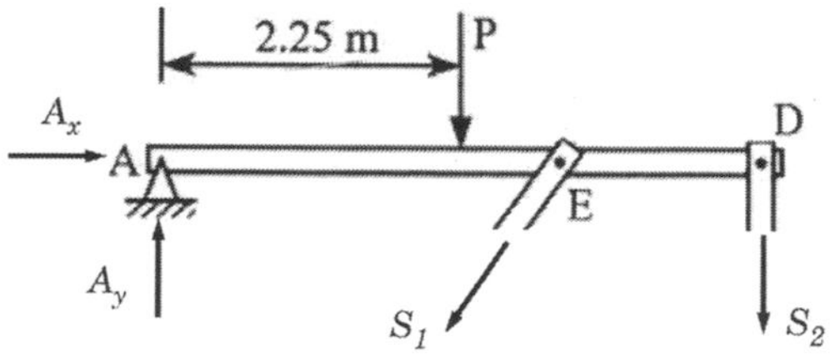

（二）BC 桿的自由體圖如下圖所示，可得

$$\frac{4S_1}{5}(1.5)+S_2(4.5)=0 \qquad ②$$

$$B_x=-\frac{3S_1}{5}\ ;\ B_y=\frac{4S_1}{5}-S_2$$

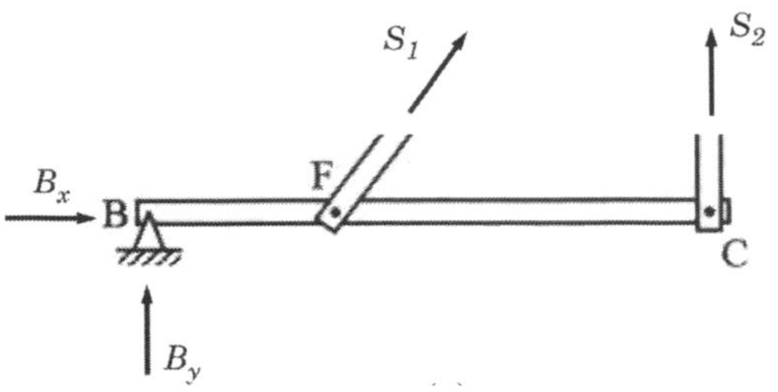

（三）聯立①式及②式，解出

$S_1 = -1.875P$ ； $S_2 = 0.5P$

又可得各支承力為

$A_x = -1.125P$ ； $A_y = 0$

$B_x = -1.125P$ ； $B_y = P$

依提意令 1.125P=2250，解得最大容許 P 力為

$P_{max} = 2000N$

二、圖中，外力 $P = 2$ kN 作用在 *OABCD* 剛體，*ADB* 是連續繩索（cable）跨過無摩擦的滑輪（pulley）*D*。略去剛體 *OABCD* 的自重，求平衡時，*D* 點及 *O* 點的反力，及繩索之拉力。（25 分）

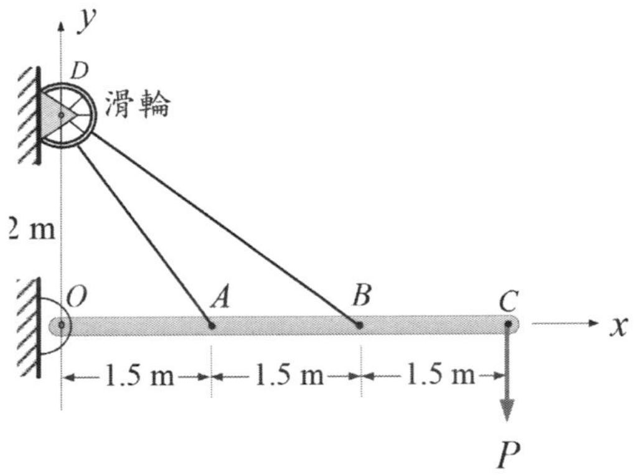

（107 四等-靜力學概要與材料力學概要#1）

參考題解

（一）如下圖所示，考慮剛性桿可得

$$\sum M_O = T\left[\frac{4}{5}\left(\frac{3}{2}\right) + \frac{2}{\sqrt{13}}(3)\right] - P(4.5) = 0$$

$$\sum F_x = O_x - T\left[\frac{3}{5} + \frac{3}{\sqrt{13}}\right] = 0$$

$$\sum F_y = O_y + T\left[\frac{4}{5} + \frac{2}{\sqrt{13}}\right] - P = 0$$

由上列三式可得

$T = 3.142kN$ ； $O_x = 4.5kN(\rightarrow)$ ； $O_y = -2.257kN(\downarrow)$

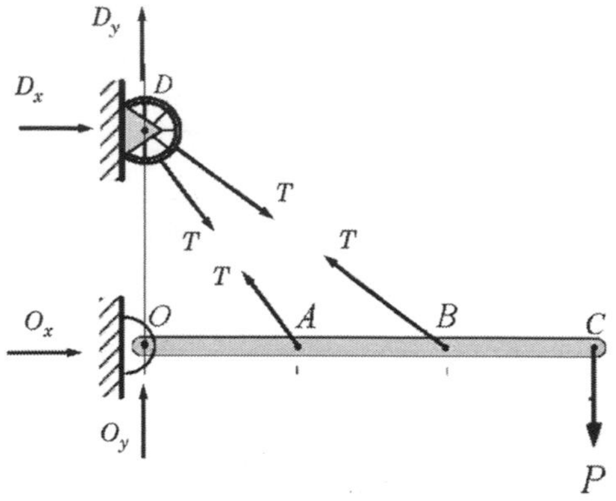

（二）由 D 節點可得

$$D_x = -T\left[\frac{3}{5} + \frac{3}{\sqrt{13}}\right] = -4.5kN(\leftarrow)$$

$$D_y = T\left[\frac{4}{5} + \frac{2}{\sqrt{13}}\right] = 4.257kN(\uparrow)$$

三、下圖結構中 A、D、G 點均為鉸支承，桿 AB 與桿 BD 於 B 點以鉸接方式聯結，且桿 EC 於 C 點、E 點分別與桿 BD 及桿 EG 鉸接。今載重 6P 如圖所示施加於 F 點，試求支承 A、支承 D、支承 G 之反力 A_X、A_Y、D_X、D_Y、G_Y 之大小及方向。（25分）

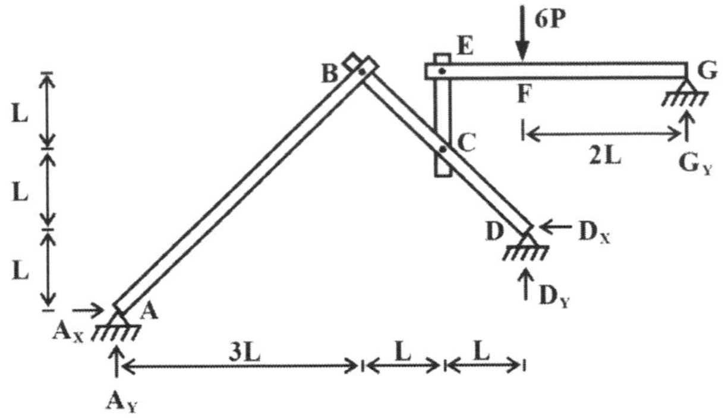

（108 高考-工程力學#1）

參考題解

（一）如圖(a)所示，可得

$$R_E = 4P(\uparrow)\text{；}G_Y = 2P(\uparrow)$$

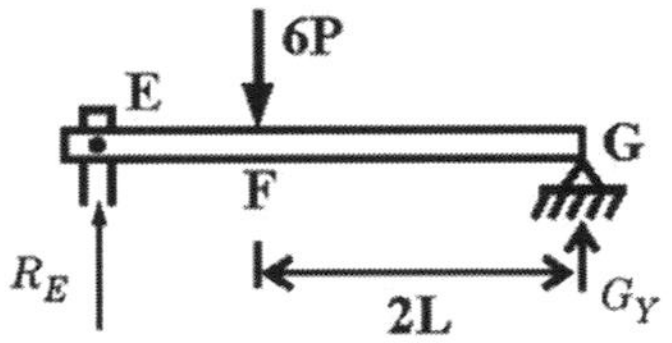

圖(a)

（二）如圖(b)所示，可得

$$\Sigma M_D = 4P(L) - R_A(2\sqrt{2}L) = 0$$

解得 $R_A = \sqrt{2}P$。故有

$$A_X = \frac{R_A}{\sqrt{2}} = P(\rightarrow)\text{；}A_Y = \frac{R_A}{\sqrt{2}} = P(\uparrow)$$

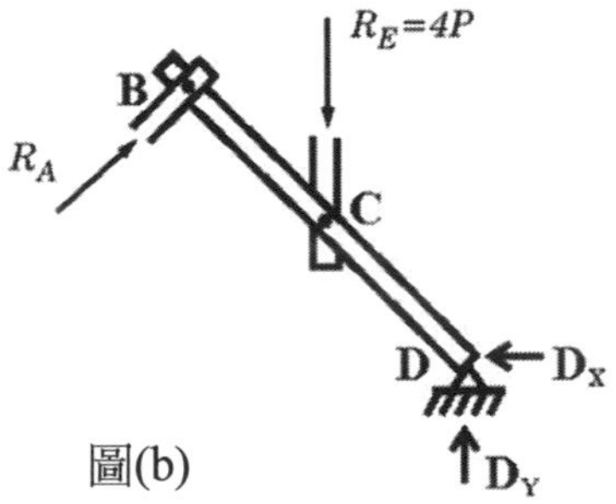

圖(b)

（三）再由圖(b)可得

$$D_X = \frac{R_A}{\sqrt{2}} = P(\leftarrow)\text{；}D_Y = 4P - \frac{R_A}{\sqrt{2}} = 3P(\uparrow)$$

四、如圖示，兩平行桿件 AD 與 BC 長度均為 250 mm，且與鉛錘方向夾角為 $\theta = 30°$ 水平桿件 AB 長度為 500 mm 於中點懸掛一物體重 135 N，桿件不計重量且端點均為鉸接，求平衡時所需之水平拉力為何？（25 分）

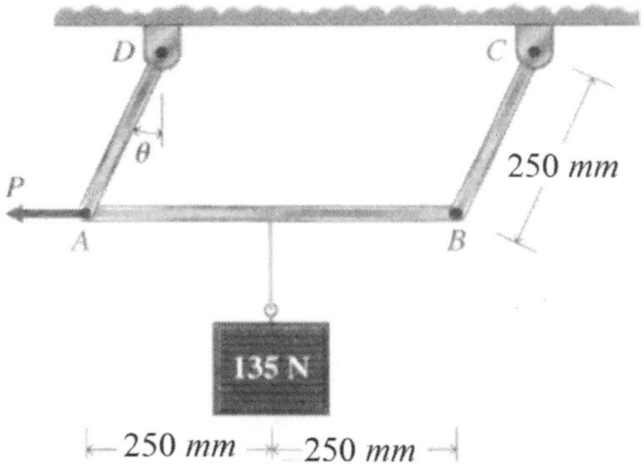

（109 普考-工程力學概要#1）

參考題解

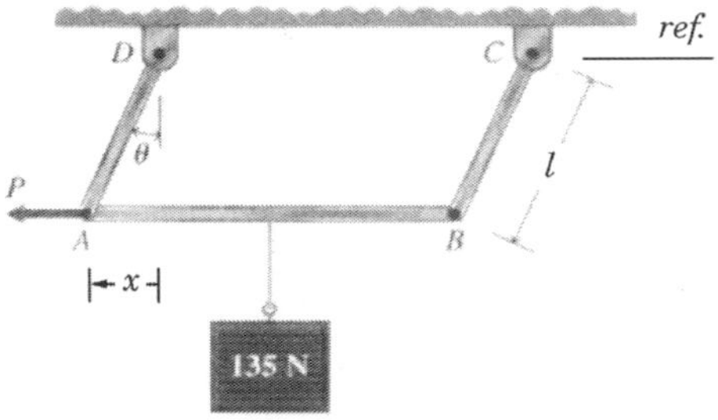

（一）如右圖所示，取 θ 為廣義座標，可得

$$\delta x = l\cos\theta \cdot \delta\theta$$

非保守力所作虛功為

$$\delta W_{NP} = P \cdot \delta x = P\, l\cos\theta \cdot \delta\theta$$

（二）又系統位能為

$$U = -135\, l\cos\theta$$

微分上式得

$$\delta U = 135\, l\sin\theta \cdot \delta\theta$$

（三）依虛功原理 $\delta W_{NP} = \delta U$ ，得

$$P\, l\cos\theta = 135\, l\sin\theta$$

解得 $\theta = 30°$ 時之 P 力為

$$P = 135\left(\frac{\sin\theta}{\cos\theta}\right) = 77.94N$$

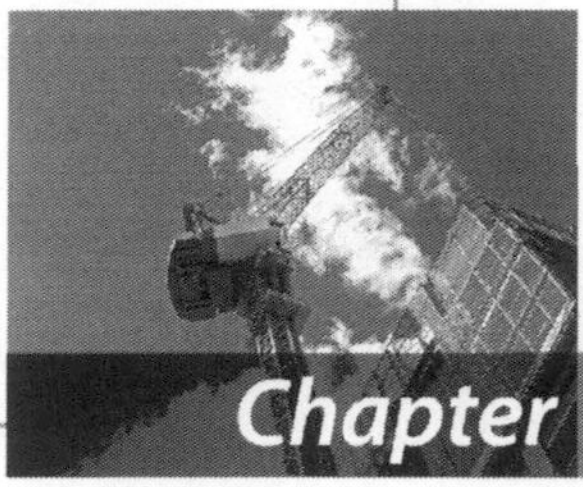

Chapter 5 摩擦力

重點內容摘要

摩擦力

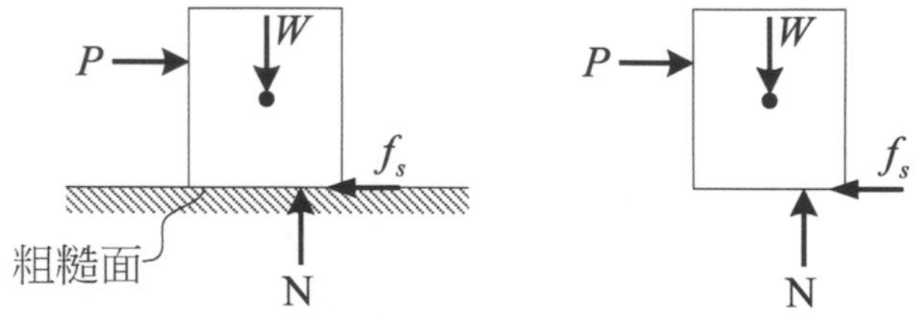

（一）摩擦力方向：與滑動趨勢反向

（二）摩擦力作用位置：接觸面（點）的切線方向

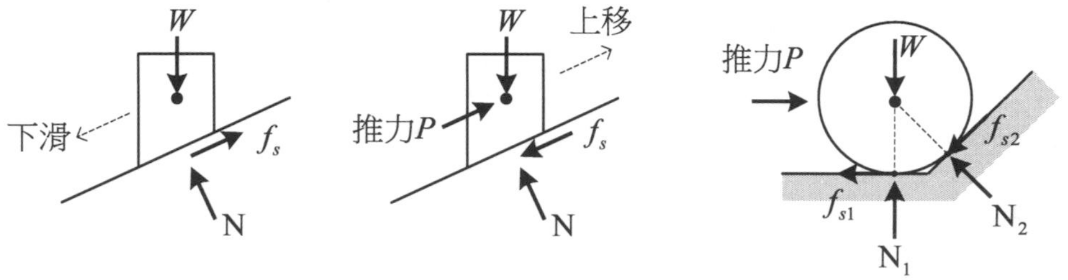

（三）摩擦力大小：

1. 靜止狀態：由靜平衡方程式決定
2. 臨界狀態：

   最大靜摩擦力 $f_s = f_{s,\max} = \mu_s N$

   μ_s：摩擦係數；N：接觸面（點）的正向力

   ➡ $f_{s,\max}$ 為接觸面（點）所能提供的最大阻抗力
3. 運動狀態：$f_s = f_k = \mu_k N$

   f_k：動摩擦力

   μ_k：動摩擦係數

   ➡進入運動狀態後，其摩擦力為定值

參考題解

一、圖為重量 15 kg 之均勻桿件 AB，由水平力 P 維持在地面 B 點及垂直牆面 A 點上，不發生滑動，已知桿件與地面靜摩擦係數 μ_B 為 0.25，與牆面靜摩擦係數 μ_A 為 0.20，重力加速度 g = 9.81 N/kg = 9.81 m/s^2，試回答下列問題：

（一）P 力最小值 P_{min} 應為何？（15 分）

（二）P 力最大值 P_{max} 應為何？（10 分）

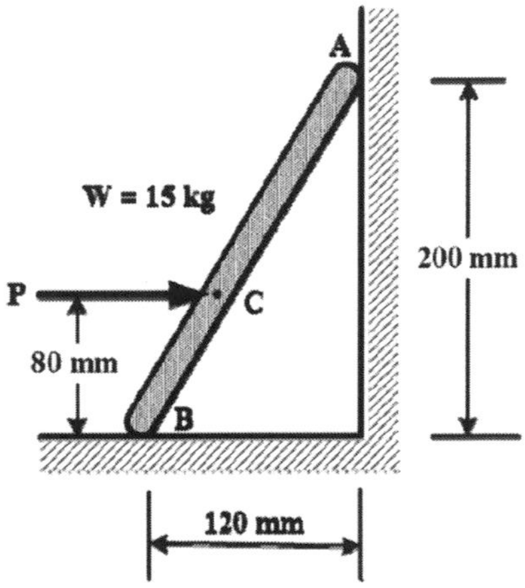

（107 高考-工程力學#1）

參考題解

（一）當 $P = P_{min}$ 時，如圖(a)所示可得

$$\Sigma M_B = 200R_A + 120\mu_A R_A - 60W - 80P = 0 \qquad ①$$

$$\Sigma M_A = -120R_B + 200\mu_B R_B + 60W + 120P = 0 \qquad ②$$

$$\Sigma M_O = 200R_A - 120R_B + 60W - 80P = 0 \qquad ③$$

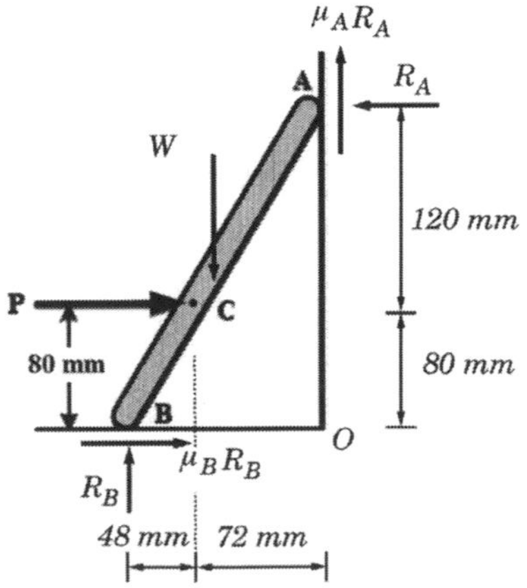

圖(a)

（二）由①式及②式得

$$R_A = \frac{60W + 80P}{200 + 120\mu_A} \text{；} R_B = \frac{60W + 120P}{120 - 200\mu_B} \qquad ④$$

將④式代入③式得

$$-214.284P + 10.716W = 0$$

解得

$$P = P_{\min} = \frac{10.716}{214.284}W = 0.05W = 0.75kg \text{（}kg\text{：公斤力）}$$

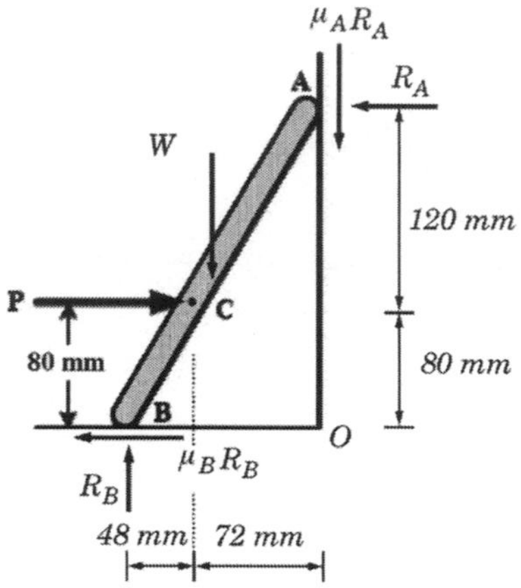

圖(b)

（三）當 $P = P_{\max}$ 時，如圖(b)所示，④式應改寫為

$$R_A = \frac{60W + 80P}{200 - 120\mu_A} \text{；} R_B = \frac{60W + 120P}{120 + 200\mu_B} \qquad ⑤$$

將⑤式代人③式得

$$-73.796\,P + 85.830\,W = 0$$

解得

$$P = P_{\max} = \frac{85.830}{73.796}W = 1.163\,W = 17.45\,kg \text{（}kg\text{：公斤力）}$$

二、如圖示，質量為 10 *kg* 之塊狀物 *A* 置於水平面上，質量為 5 *kg* 之塊狀物體 *B* 置於傾斜角為 30° 之斜面上，以不計重量之二桿件 *AC* 與 *BC* 連接，所有連接點均為無摩擦力之鉸接，*BC* 桿件為水平，*AC* 桿件與水平方向夾角為 30°，兩塊狀物與接觸面之靜摩擦係數均為 $\mu_s = 0.5$。今施加一與垂直方向夾角為 30°之力 **P** 於 *C* 點，求兩塊狀物均不滑動之最大力 **P** 為何？（25 分）

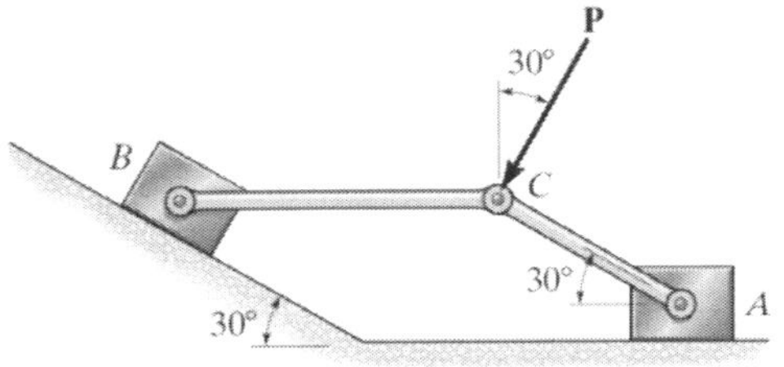

（109 高考-工程力學#2）

參考題解

（一）如圖(a)所示，可得

$$S_1 = 2P \text{ ； } S_2 = \sqrt{3}P \qquad ①$$

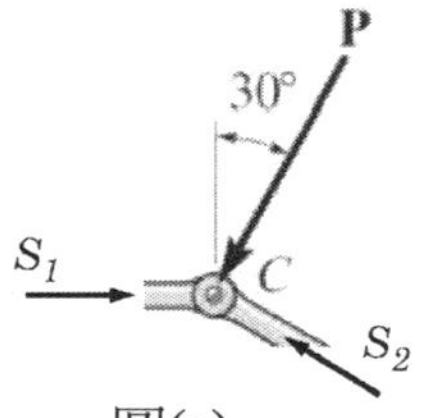

圖(a)

（二）參圖(b)所示，當 B 物塊臨界上移時，可得

$$N_1\left(\frac{\sqrt{3}}{2} - \frac{\mu_s}{2}\right) - 5g = 0$$

$$S_1 = \frac{N_1}{2}\left(1 + \sqrt{3}\mu_s\right)$$

解得

$$N_1 = 79.623N \quad ; \quad S_1 = 74.290N$$

再由①式可得 P = 37.14 N

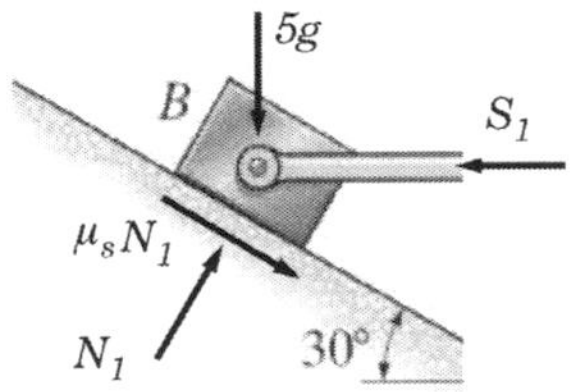

圖(b)

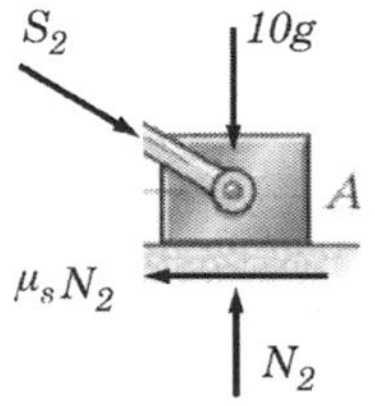

圖(c)

（三）參圖(c)所示，當 A 物塊臨界右移時，可得

$$N_2 = 10g + \frac{S_2}{2}$$

$$\mu_S N_2 = \frac{\sqrt{3}}{2} S_2$$

解得

$$S_2 = 79.623\ N$$

再由①式可得 $P = 45.97N$。比較上述可知，欲使兩物塊均不滑動之最 P 大力為

$$P_{\max} = 37.14\ N$$ 。

三、圖中，木箱及輪子的質量分別為 80 kg 及 30 kg。設木箱與地面的最大靜摩擦係數為 $\mu_{sc} = 0.25$，輪子與地面的最大靜摩擦係數為 $\mu_{sA} = 0.5$，求產生臨界運動之最小力 P = ? 又，設木箱與地面的最大靜摩擦係數 μ_{sc} 還是 0.25，若臨界運動時，欲使木箱及輪子皆為滑動，則輪子與地面的最大靜摩擦係數為 μ_{sA} = ?（25 分）

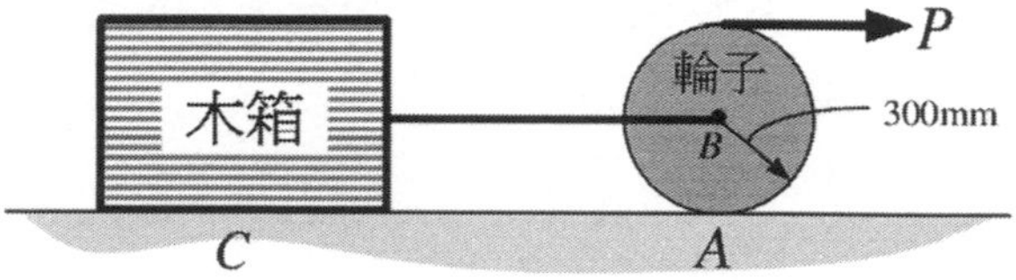

（109 三等-靜力學與材料力學#1）

參考題解

（一）如圖(a)所示，可得

$$R_C = 80(9.81) = 784.8N\ ;\ T = \mu_{sC} R_C = 196.2N$$

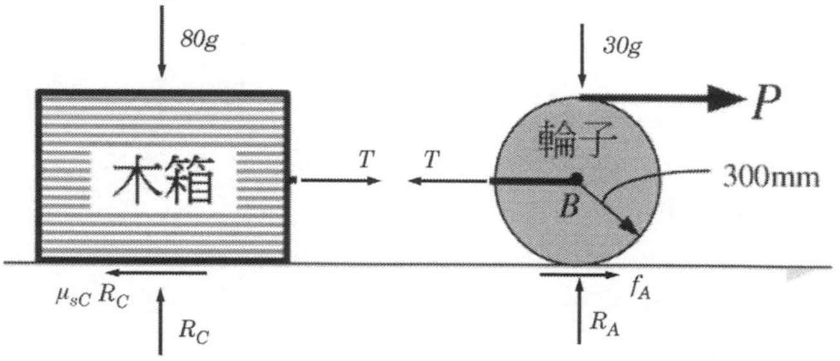

圖(a)　　圖(b)

（二）參圖(b)所示可得

$$R_A = 30(9.81) = 294.3N$$

$$P=\frac{T}{2}=98.1N$$

$$f_A=T-P=98.1\,N\le\mu_{sA}R_A\quad\text{(ok)}$$

（三）欲兩者皆滑動則

$$\mu_{sA}=\frac{f_A}{R_A}=0.33$$

四、如圖所示，有一物塊 A 質量為 10 kg，置放在斜面 BC 上，接觸面的最大靜摩擦係數為 $\mu_s = 0.2$。斜面與水平面的夾角為 $\theta = 30°$，物塊上緣的中央處 D 有一繩索 DE 繞過一個圓盤的定滑輪 F，定滑輪在 F 點為鉸支承（hinge support）。繩索在 E 處有一水平力 P 作用，且繩索在 D 處與斜面的夾角 $\phi = 45°$。忽略定滑輪的質量，並且繩索與滑輪沒有存在任何摩擦。本題用到三角函數值 sin30° = 0.5，cos30° = 0.866，sin45° = cos45° = 0.7071，sin15° = 0.2588，cos15° = 0.9659。據此回答以下問題：

（一）若要物塊 A 處於靜止狀態，請問此時水平力 P 最少要為多大？（15 分）

（二）接（一）小題，在最小水平力 P 之下，鉸支承 F 的反力為何？請標示出反力的水平分量與垂直分量。（15 分）

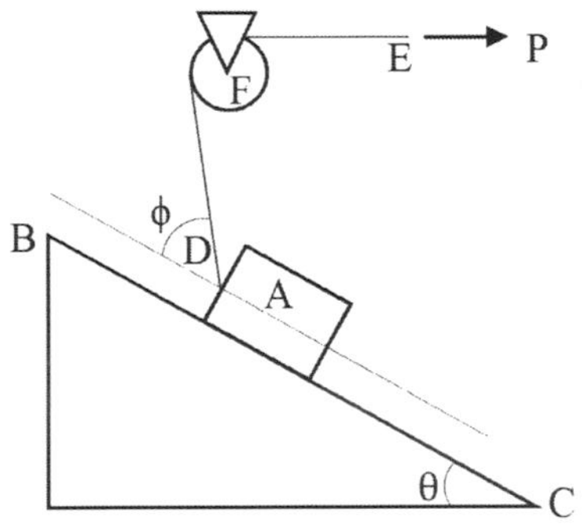

（109 四等-靜力學概要與材料力學概要#1）

參考題解

（一）如圖(a)所示，力平衡方程式為

$$x':\mu_s R+\frac{T}{\sqrt{2}}-W\cdot\sin 30°=0$$

$$y':R+\frac{T}{\sqrt{2}}-W\cdot\cos 30°=0$$

聯立二式，解出

$R = 44.88N$ ； $T = 56.67N$

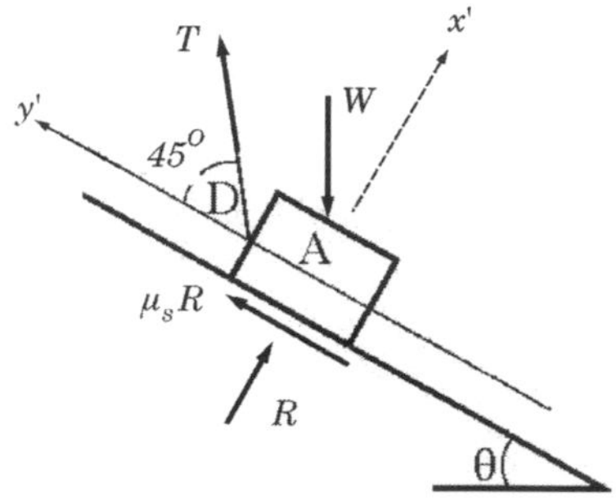

圖(a)

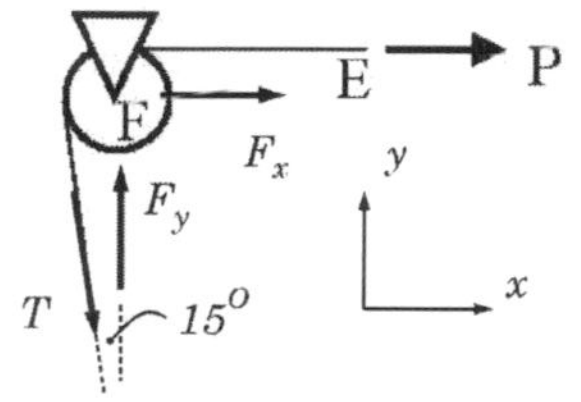

圖(b)

（二）參圖(b)所示可得

$$x: P + F_x + T \cdot \sin 15° = 0$$

$$y: F_y - T \cdot \cos 15° = 0$$

其中 $P = T = 56.67N$ ，故可得

$F_x = -71.34N(\leftarrow)$ ； $F_y = 54.74N(\uparrow)$

Chapter 6 空間力系

重點內容摘要

（一）力的向量表示法

做法：

1. 於力量延伸線上任意找兩點，計算其位置向量$\vec{r}$

2. 由位置向量$\vec{r}$可計算出該力量的單位向量：$\vec{u}_F = \dfrac{\vec{r}}{|\vec{r}|}$

3. 力的向量表示式：$\vec{F} = (\text{力的大小}F)(\text{力的方向}\vec{u}_F) = F\,\vec{u}_F$

（二）向量計算

1. 內積：$\vec{A}\cdot\vec{B} = |\vec{A}||\vec{B}|\cos\theta$

用途：

（1）計算兩向量夾角

例：已知$\vec{A} = 1i + 2j + 3k$，$\vec{B} = 4i + 6j + 8k$，試求$\vec{A}$與$\vec{B}$之夾角

①$|\vec{A}| = \sqrt{1^2 + 2^2 + 3^2} = \sqrt{14}$　，　$|\vec{B}| = \sqrt{4^2 + 6^2 + 8^2} = \sqrt{116}$

②$\vec{A}\cdot\vec{B} = |\vec{A}||\vec{B}|\cos\theta \Rightarrow 40 = \sqrt{14}\cdot\sqrt{116}\cos\theta$

$\Rightarrow \cos\theta = \dfrac{40}{\sqrt{14}\cdot\sqrt{116}}$　$\therefore \theta = 6.98°$

（2）計算投影量

若$\vec{B}$為單位向量$\Rightarrow |\vec{B}| = 1$，則$\vec{A}\cdot\vec{B}$即為$\vec{A}$在$\vec{B}$上的投影量

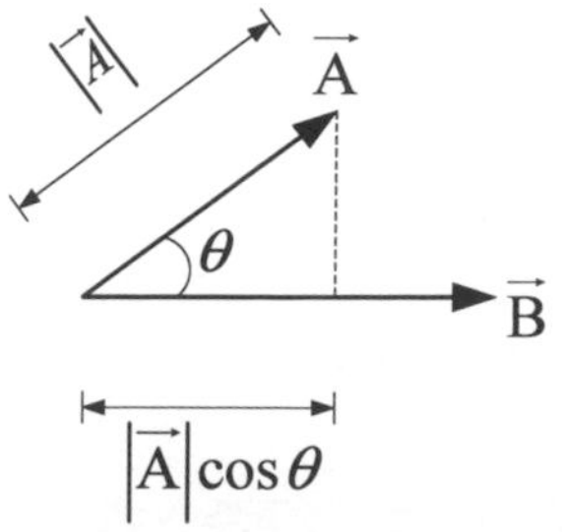

$\Rightarrow \vec{A}\cdot\vec{B} = |\vec{A}|\cancel{|\vec{B}|}^{1}\cos\theta = |\vec{A}|\cos\theta$

2. 外積：$\vec{A}\times\vec{B}$

例：$\vec{A}=1i+2j+3k$；$\vec{B}=4i+6j+8k$

$$\vec{A}\times\vec{B}=\begin{vmatrix} i & j & k \\ 1 & 2 & 3 \\ 4 & 6 & 8 \end{vmatrix}=\begin{vmatrix} 2 & 3 \\ 6 & 8 \end{vmatrix}i-\begin{vmatrix} 1 & 3 \\ 4 & 8 \end{vmatrix}j+\begin{vmatrix} 1 & 2 \\ 4 & 6 \end{vmatrix}k=-2i+4j-2k$$

用途：

（1）計算力對一點（力矩中心 O）造成的力矩

$$\vec{M}_O=\vec{r}\times\vec{F}$$

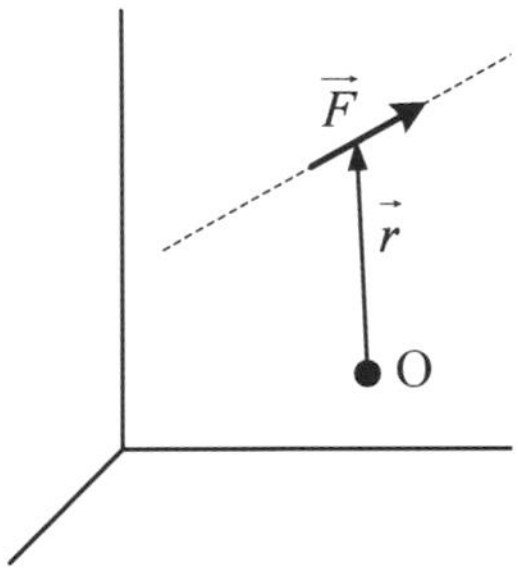

（2）計算力對一線造成的力矩

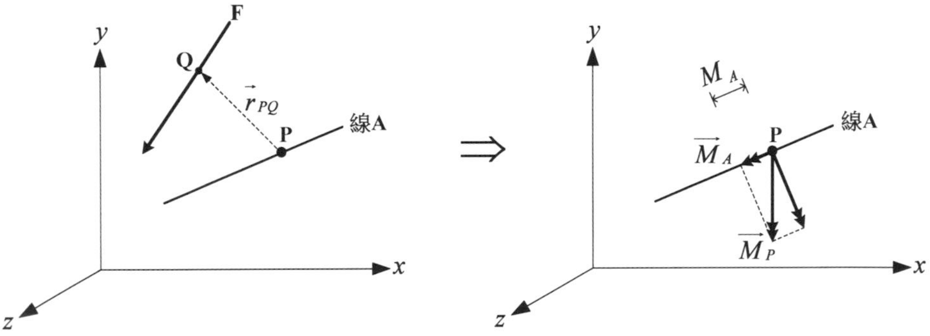

力 $\vec{F}$ 對線 A 造成的力矩 M_A（扭矩）算法

①先計算力 $\vec{F}$ 對線 A 上某點 P 造成的力矩 $\vec{M}_P$

$$\vec{M}_P=\vec{r}_{PQ}\times\vec{F}$$

②計算該力矩 $\vec{M}_P$ 在線 A 分量 M_A ⇒用內積將 $\vec{M}_P$ 投影至線 A 上

$$\vec{M}_P\cdot\vec{u}_A=M_A$$

③ $\vec{M}_A=M_A\vec{u}_A$

參考題解

一、圖中之 4m×2m×3m 矩形體受二條繩索 AB 與 AC 之張力作用，若已知此二條繩索對 O 點之力矩大小為 2000 kN-m，且繩索 AB 與 AC 之張力大小比例為 1：$\sqrt{2}$，試計算此二條繩索之張力大小。（25 分）

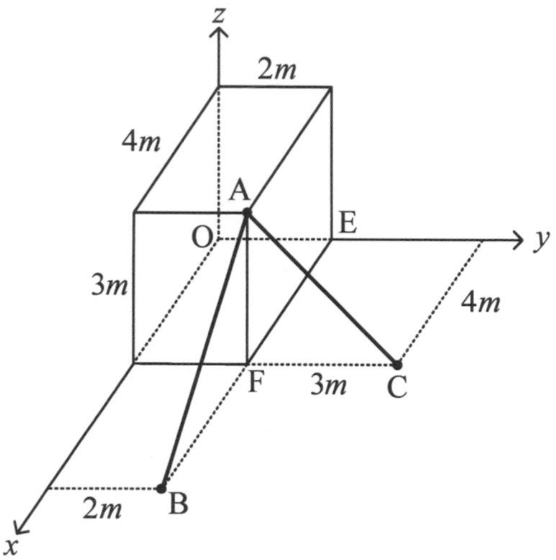

（106 高考-工程力學#2）

參考題解

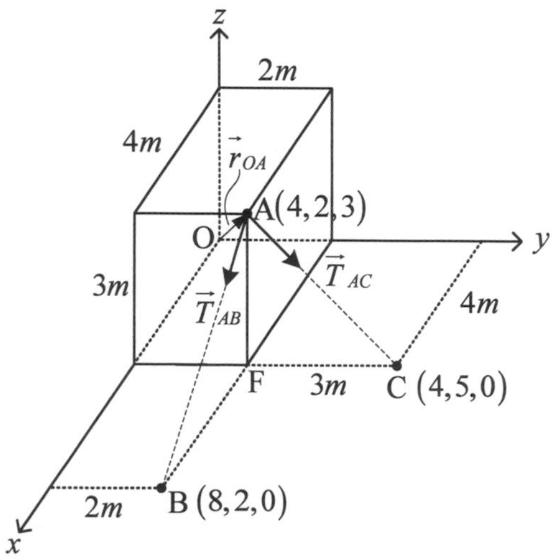

A 點座標：$(4,2,3)$

B 點座標：$(8,2,0)$

C 點座標：$(4,5,0)$

已知：$T_{AB} : T_{AC} = 1:\sqrt{2} \Rightarrow T_{AC}=\sqrt{2}T_{AB}$

（一）計算 $\vec{T}_{AB}$

$$\vec{r}_{AB} = (8,2,0)-(4,2,3)=(4,0,-3)$$

$$\vec{u}_{AB} = \frac{(4,0,-3)}{\sqrt{4^2+0^2+(-3)^2}} = \left(\frac{4}{5},0,-\frac{3}{5}\right)$$

$$= \frac{4}{5}i+0j-\frac{3}{5}k$$

$$\vec{T}_{AB} = T_{AB}\left[\vec{u}_{AB}\right] = T_{AB}\left[\frac{4}{5}i+0j-\frac{3}{5}k\right]$$

（二）計算$\vec{T}_{AC}$

$$\vec{r}_{AC}=(4,5,0)-(4,2,3)=(0,3,-3)$$
$$\vec{u}_{AC}=\frac{(0,3,-3)}{\sqrt{0^2+3^2+(-3)^2}}=\left(0,\frac{1}{\sqrt{2}},-\frac{1}{\sqrt{2}}\right)=0i+\frac{1}{\sqrt{2}}j-\frac{1}{\sqrt{2}}k$$

$$\vec{T}_{AC}=T_{AC}\left[\vec{u}_{AC}\right]=\sqrt{2}T_{AB}\left[0i+\frac{1}{\sqrt{2}}j-\frac{1}{\sqrt{2}}k\right]$$

（三）繩索 AB 對 O 點產生的力矩

$$\left(\vec{M}_O\right)_{AB}=\vec{r}_{OA}\times\vec{T}_{AB}=T_{AB}\left[\vec{r}_{OA}\times\vec{u}_{AB}\right]=T_{AB}\begin{bmatrix} i & j & k \\ 4 & 2 & 3 \\ 4/5 & 0 & -3/5 \end{bmatrix}=T_{AB}(-1.2i+4.8j-1.6k)$$

（四）繩索 AC 對 O 點產生的力矩

$$\left(\vec{M}_O\right)_{AC}=\vec{r}_{OA}\times\vec{T}_{AC}=T_{AC}\left[\vec{r}_{OA}\times\vec{u}_{AC}\right]=\sqrt{2}T_{AC}\begin{bmatrix} i & j & k \\ 4 & 2 & 3 \\ 0 & 1/\sqrt{2} & -1/\sqrt{2} \end{bmatrix}$$
$$=\sqrt{2}T_{AB}\left(-\frac{5}{2}\sqrt{2}i+2\sqrt{2}j+2\sqrt{2}k\right)$$
$$=T_{AB}(-5i+4j+4k)$$

（五）繩索 AB、AC 對 O 點產生的力矩和

$$\vec{M}_O=\left(\vec{M}_O\right)_{AB}+\left(\vec{M}_O\right)_{AC}=T_{AB}(-1.2i+4.8j-1.6k)+T_{AB}(-5i+4j+4k)$$
$$=T_{AB}(-6.2i+8.8j+2.4k)$$

（六）依題意：$\left|\vec{M}_O\right|=2000\Rightarrow T_{AB}\sqrt{(-6.2)^2+8.8^2+2.4^2}=2000\ \therefore T_{AB}=181.34\ kN$

$$T_{AC}=\sqrt{2}T_{AB}=256.45\ kN$$

二、圖中之矩形版受 5 個垂直集中載重之作用，若已知此力系之合力作用點為版的中心點，且知其大小為-215kN（亦即 215 kN 朝下），試計算未知力 F_1、F_2、F_3 之大小及其方向。（25 分）

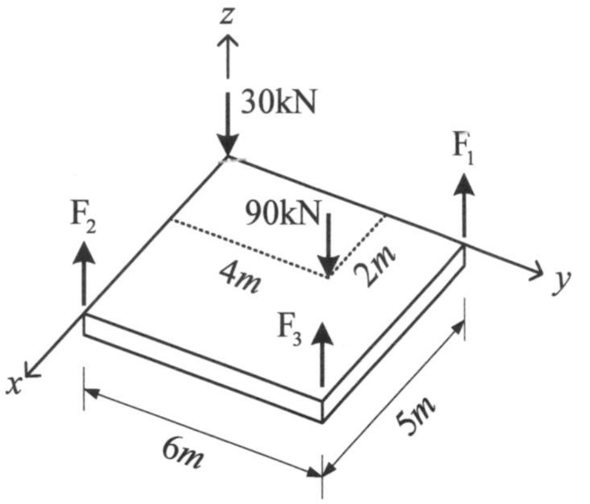

（106 普考-工程力學概要#1）

參考題解

以下計算，F_1、F_2、F_3、F_R 的方向均假設在 $+z$ 向（如圖中所示，向上方向）

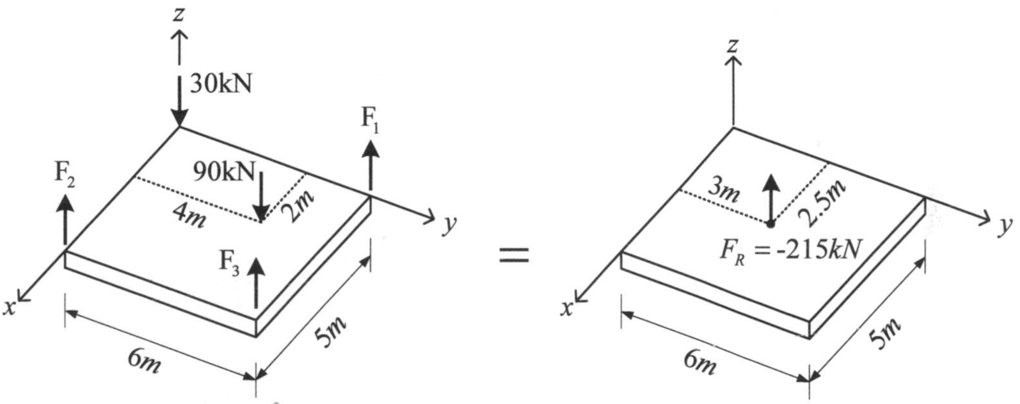

（一）5 個垂直集中載重形成的合力 $= F_R$

$$F_1+F_2+F_3+(-30)+(-90)=-215 \quad \therefore F_1+F_2+F_3=-95 \cdots\cdots\cdots ①$$

（二）5 個垂直集中載重對 x 軸造成的力矩 $= F_R$ 對 x 軸造成的力矩（ $+x$ 向為正 ）

$$(F_1\times6)+(F_2\times0)+(F_3\times6)+(30\times0)-(90\times4)=(F_R\times3)$$

$$\therefore 6F_1+6F_3=-285 \cdots\cdots\cdots ②$$

（三）5 個垂直集中載重對 y 軸造成的力矩 $= F_R$ 對 y 軸造成的力矩（ $+y$ 向為正 ）

$$(F_1\times0)-(F_2\times5)-(F_3\times5)+(30\times0)+(90\times2)=-(F_R\times2.5)$$

$$\therefore -5F_2-5F_3=357.5 \cdots\cdots\cdots ③$$

（四）聯立①②③式，可得

$$\begin{cases} F_1 = -23.5kN \\ F_2 = -47.5kN \ (\text{負號代表力量指向-z向，意即向下}\downarrow) \\ F_3 = -24kN \end{cases}$$

三、如圖所示，ABC 桿於 C 端受到垂直向下之作用力 8.4 kN（平行 z 軸）；而 BD 及 BE 為兩繩索，其 D 端及 E 端固定於牆壁上（xz 平面）。假設 ABC 桿以及繩索的自重均可忽略，試求：

（一）繩索 BD 及 BE 所受之拉力。（15 分）

（二）A 端球窩支承之反力。（10 分）

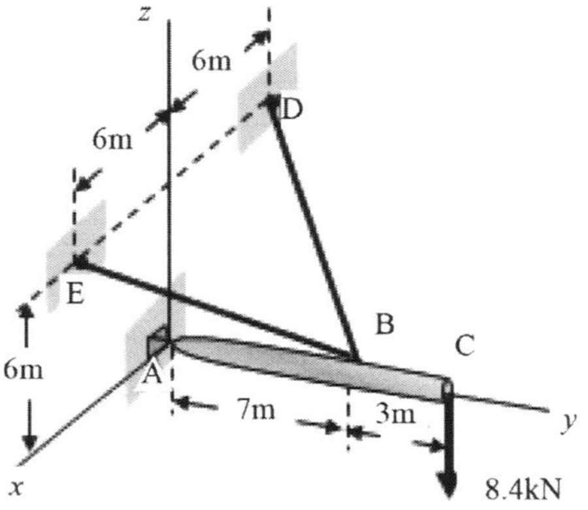

（108 四等-靜力學概要與材料力學概要#1）

參考題解

（一）如圖(a)所示，各力表為

$$\vec{R}_A = \begin{bmatrix} A_x & A_y & A_z \end{bmatrix} \quad ; \quad \vec{P} = P\begin{bmatrix} 0 & 0 & -1 \end{bmatrix} = 8.4\begin{bmatrix} 0 & 0 & -1 \end{bmatrix} kN$$

$$\vec{T}_D = T_D \frac{\begin{bmatrix} -6 & -7 & 6 \end{bmatrix}}{11} \quad ; \quad \vec{T}_E = T_E \frac{\begin{bmatrix} 6 & -7 & 6 \end{bmatrix}}{11}$$

（二）對 A 點之隅矩平衡方程式為

$$\sum \overrightarrow{M}_A = \overrightarrow{AB} \times \left(\vec{T}_D + \vec{T}_E\right) + \overrightarrow{AC} \times \vec{P} = \vec{0}$$

展開上式得

$$x\text{向}：\frac{7}{11}\left(6T_D + 6T_E\right) - 10P = 0$$

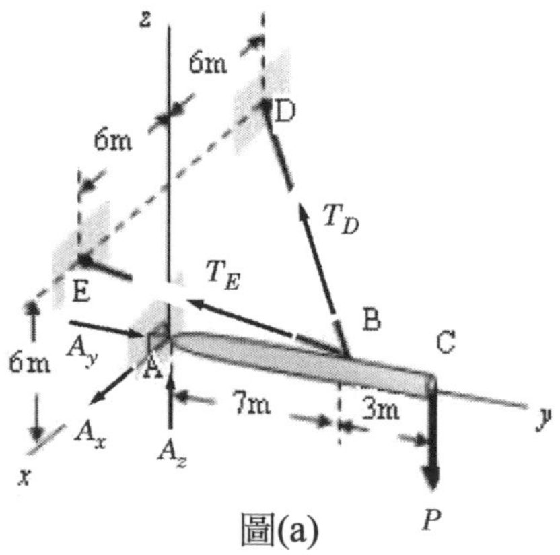

圖(a)

z 向：$\frac{7}{11}(6T_D - 6T_E) = 0$

聯立二式解出

$T_D = T_E = 11kN$

（三）圖(a)之力平衡方程式為

$\sum\vec{F} = \vec{R}_A + \vec{T}_D + \vec{T}_E + \vec{P} = \vec{0}$

展開上式得

x 向：$A_x + \frac{6}{11}T_E - \frac{6}{11}T_D = 0$

y 向：$A_y - \frac{7}{11}T_E - \frac{7}{11}T_D = 0$

z 向：$A_z + \frac{6}{11}T_D + \frac{6}{11}T_E - P = 0$

解得

$A_x = 0$　；　$A_y = 14kN$　；　$A_z = -3.6kN$

四、有一桿件 ABC，A 為固定端，C 為自由端，C 點受到一集中力 P 如下圖所示。試求 P 力對 A 點之彎矩及 P 力對 AB 軸之彎矩。如 P 力對 AB 軸彎矩之絕對值不能超過 500 N-m，則 P 之最大值為何？（25 分）

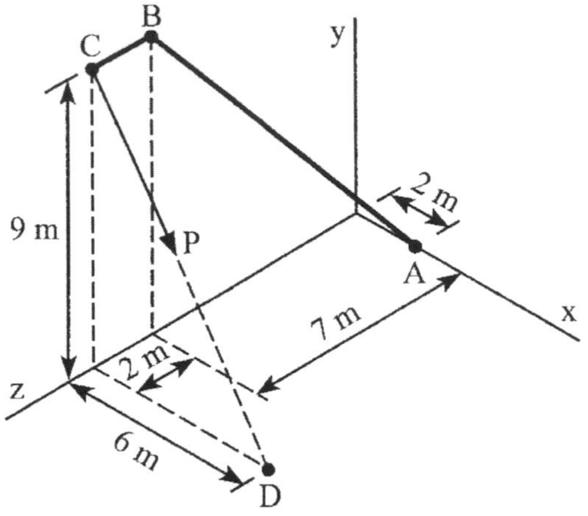

（110 四等-靜力學概要與材料力學概要#2）

參考題解

（一）列出各力量方向上的向量標示

$$r_{ab}=(-2,9,7)$$
$$r_{ac}=(-2,9,9)$$
$$r_{bc}=(0,0,2)$$
$$r_{cd}=(6,-9,0)$$

（二）對 A 點取力矩，找出 A 點之彎矩

$$M_a=r_{ac}\times P_{cd}=r_{ac}\times P\times\frac{r_{cd}}{CD}=\begin{pmatrix} i & j & k \\ -2 & 9 & 9 \\ 0.555P & -0.832P & 0 \end{pmatrix}=(7.488P,4.992P,-3.328P)$$

（三）利用外積及內積的相互搭配，求出 P 力對 AB 軸之彎矩

$$M_{ab}=u_{ab}.r_{bc}\times P_{cd}=\begin{pmatrix} -0.1728i & 0.777j & 0.6047k \\ 0 & 0 & 2 \\ 0.518P & -0.777P & 0 \end{pmatrix}=0.575P(N-m)$$

（四）又題目所限，令其彎矩值為 500 (N-m)

$$0.575P=500$$
$$P=869.57(N)$$

7 虛功原理

重點內容摘要

近年無相關題目

Chapter 8 形心與慣性矩

重點內容摘要

（一）形心公式

平面上任一平面物體 A 的形心位置(x_c, y_c)

$$x_c = \frac{\int_A \bar{x} dA}{\int_A dA} \qquad y_c = \frac{\int_A \bar{y} dA}{\int_A dA}$$

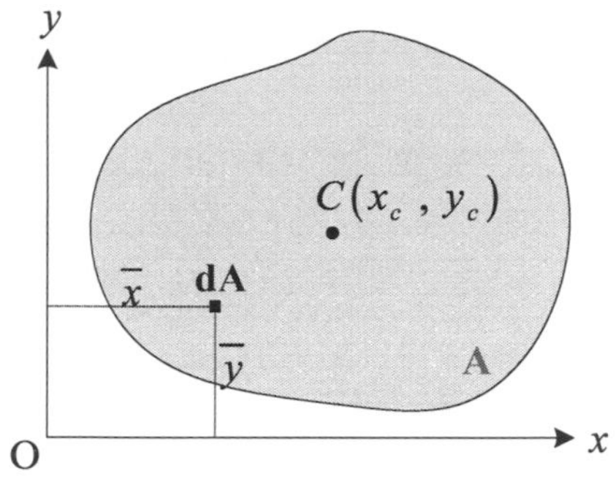

$\int_A dA$ ：總面積 A

$\bar{x}$ ：dA 的形心至座標原點的 x 向距離

$\bar{y}$ ：dA 的形心至座標原點的 y 向距離

（二）常見的面積形心位置

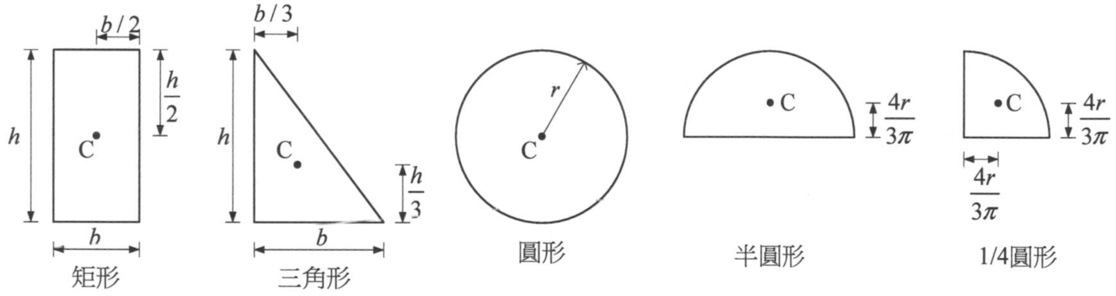

（三）複合面積形心公式

1. 不規則面積的形心位置需採用積分方式來計算（如前面所述）
2. 比較特殊的情況是，若該不規則的面積可經適當的切割成若干個規則面積，則這類型面積的形心位置，可用「切割後的面積」來加總計算

$$x_c = \frac{\int_A \bar{x} dA}{\int_A dA} = \frac{\sum(\bar{x}_i \cdot A_i)}{\sum A_i}$$

$$y_c = \frac{\int_A \bar{y} dA}{\int_A dA} = \frac{\sum(\bar{y}_i \cdot A_i)}{\sum A_i}$$

（四）慣性矩公式

如下圖所示，有一面積 A。今以 O 為原點，給予一 XY 座標軸，則該面積 A 對 XY 座標軸的慣性矩定義如下：

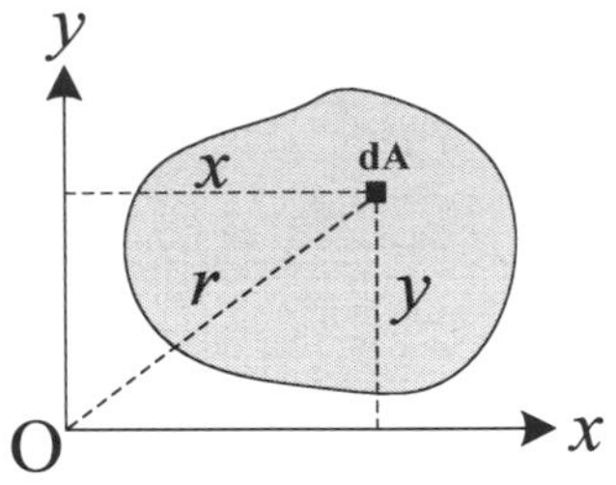

1. 對 X 軸之慣性矩：$I_x = \int_A y^2 dA$

2. 對 Y 軸之慣性矩：$I_y = \int_A x^2 dA$

3. 對 Z 軸之慣性矩（極慣性矩）：$I_O = \int_A r^2 dA = \int_A x^2 + y^2 dA = I_x + I_y$

PS：慣性積：$I_{xy} = \int xydA$

（五）常用的慣性矩 I

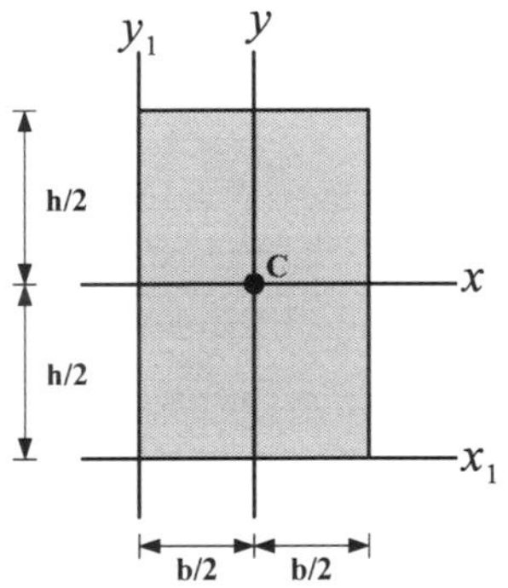

矩形

$I_x = \frac{1}{12}bh^3 \quad I_y = \frac{1}{12}b^3h$

$I_{x_1} = \frac{1}{3}bh^3 \quad I_{y_1} = \frac{1}{3}b^3h$

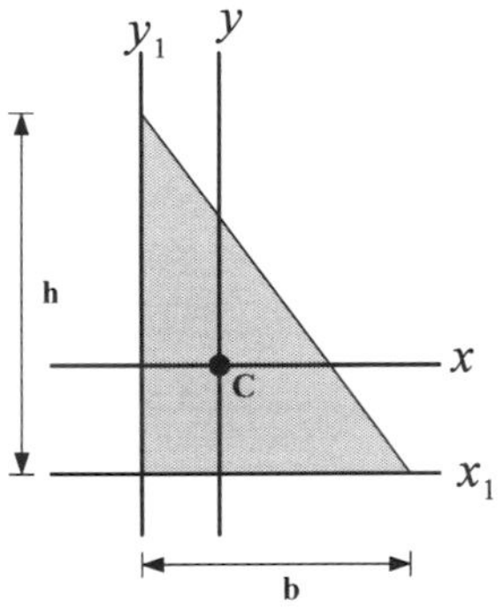

三角形

$I_x = \frac{1}{36}bh^3 \quad I_y = \frac{1}{36}b^3h$

$I_{x_1} = \frac{1}{12}bh^3 \quad I_{y_1} = \frac{1}{12}b^3h$

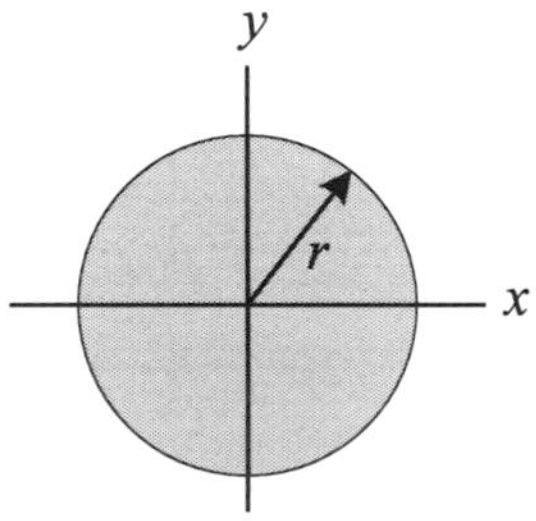

圓形

$I_y = I_x = \frac{\pi r^4}{4}$

$I_P = I_x + I_y = \frac{\pi r^4}{2}$

參考題解

一、圖為直線 $y = 2x$ 與拋物線 $y = 4\sqrt{x}$ 相交於 O 點與 T 點之陰影，試求此陰影面積形心（centroid）位置為何？（25 分）

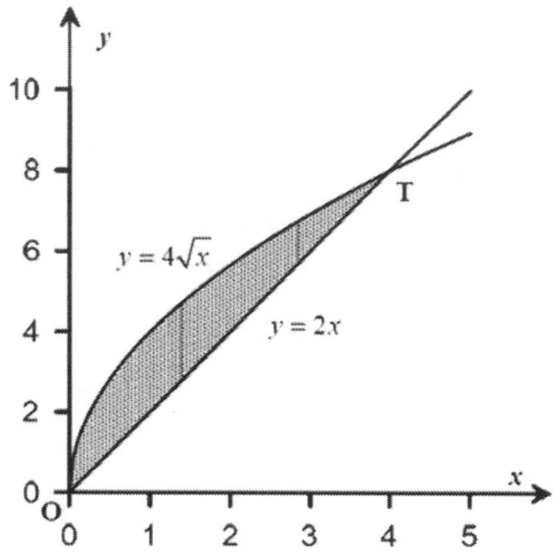

（107 普考-工程力學概要#2）

參考題解

（一）如右圖所示，令 $y_1 = 4\sqrt{x}$ 及 $y_2 = 2x$，先求 T 點之 x 座標

$$4\sqrt{x_T} = 2x_T$$

解得 $x_T = 4$

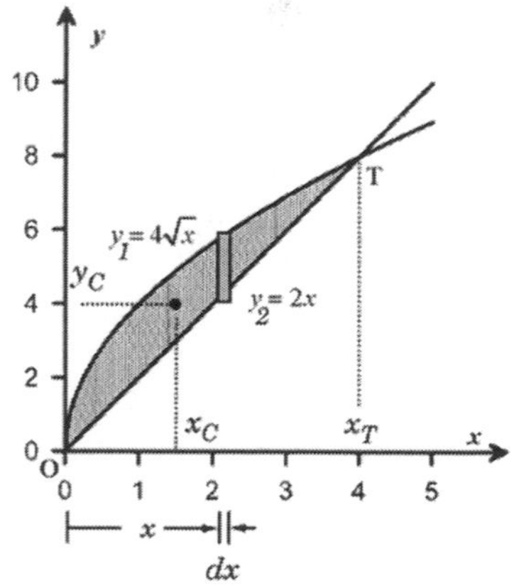

（二）右圖中面積元素之面積 dA 為

$$dA = (y_1 - y_2)\,dx$$

又面積元素之形心座標為 $\left(x, \dfrac{y_1 + y_2}{2}\right)$。故陰影區域之面積為

$$A = \int_0^4 (y_1 - y_2)\,dx = \int_0^4 \left(4\sqrt{x} - 2x\right) dx = 5.333$$

（三）令陰影區域之形心座標為(x_C, y_C)，則有

$$x_C=\frac{\int_0^4 x(y_1-y_2)\,dx}{A}=\frac{\int_0^4 x\left(4\sqrt{x}-2x\right)dx}{A}=\frac{8.533}{5.333}=1.6$$

$$y_C=\frac{\int_0^4\left(\frac{y_1+y_2}{2}\right)(y_1-y_2)\,dx}{A}=\frac{\frac{1}{2}\int_0^4\left(y_1^2-y_2^2\right)dx}{A}$$

$$=\frac{\frac{1}{2}\int_0^4\left(16x-4x^2\right)dx}{A}=\frac{21.333}{5.333}=4$$

二、圖為一不規則板塊，試求圖中斜線面積之$\bar{y}$及慣性矩 I_x。（25 分）

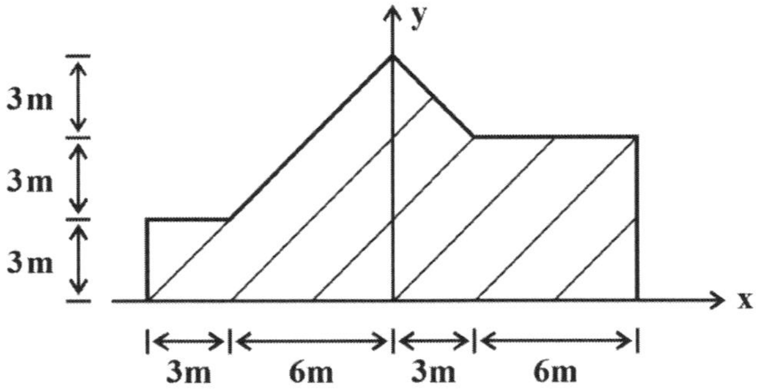

（108 普考-工程力學概要#1）

參考題解

（一）如下圖所示，其中

$$A_1=\frac{9}{2}m^2\ ；\ A_2=\frac{9(18)}{2}=81m^2\ ；\ A_3=\frac{36}{2}=18m^2$$

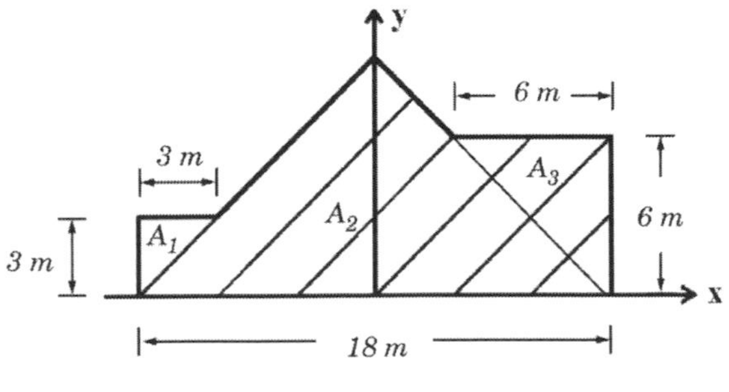

斜線面積之形心的 y 座標為

$$\bar{y}=\frac{A_1(2)+A_2(3)+A_3(4)}{A_1+A_2+A_3}=3.13m$$

（二）斜線面積對 x 軸之慣性矩為

$$I_x=\left[\frac{3^4}{36}+\left(\frac{9}{2}\right)(2)^2\right]+\frac{18(9)^3}{12}+\left[\frac{6^4}{36}+(18)(4)^2\right]=1437.75m^4$$

三、梁桿件斷面如下圖所示，求此斷面的慣性矩 I_x、I_y。（25 分）

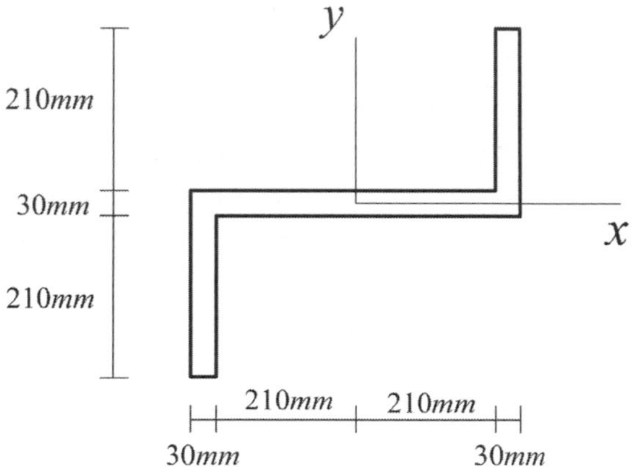

（110 三等-靜力學與材料力學#3）

參考題解

$$I_x=\frac{1}{12}\times450\times30^3+\frac{1}{12}\times30\times450^3=228825000(mm^4)$$

$$I_y=\frac{1}{12}\times240\times480^3-\frac{1}{12}\times210\times420^3=915300000(mm^4)$$

四、有一內含開孔之梁斷面尺寸如下圖所示，試求 a 及 b 之長度使得斷面形心位於 O（坐標原點）之位置。進而求此斷面對 y 軸及 z 軸之慣性矩 Iy 及 Iz。（25 分）

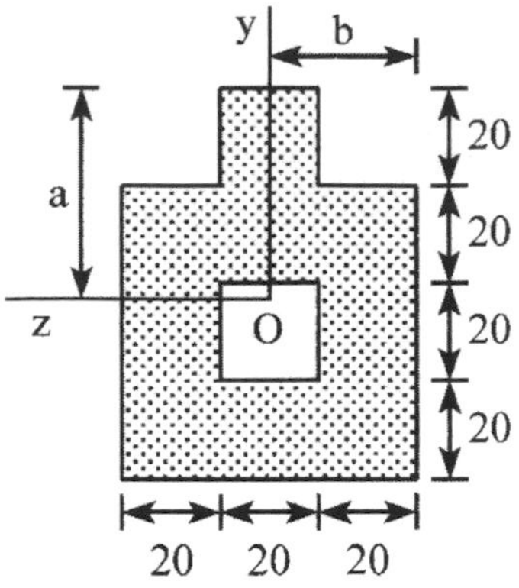

長度單位：公分

（110 四等-靜力學概要與材料力學概要#1）

參考題解

（一）利用形心公式找出形心位置並求出 a、b 的位置

$$a=\frac{面積\times距離}{總面積}=\frac{4800\times40-400\times50-800\times10}{4800-400-800}=45.56(cm)$$

$b=30(\text{cm})$（考量對稱性）

（二）利用形心軸計算出面積慣性矩

$$I_z=\frac{1}{3}\times40\times25.56^3+60\times34.44^3+20\times45.56^3-20\times5.56^3-20\times14.44^3=1648888.9(cm^4)$$

$$I_y=\frac{1}{12}\times60\times60^3=1080000(cm^4)$$

Chapter 9 其他類型考題

重點內容摘要

參考題解

一、圖中顯示一傾斜桿 AC，以纜索 AB 及垂直牆面支撐而呈現靜態平衡。已知桿 AC 長度 L 為 6m，牆面 B 點與 C 點之間距 h 為 2m；由於桿 AC 不均勻，桿件重量 W 之重心位置 o 位於由 C 點往左 L/3 處。假設牆面與桿 AC 間沒有摩擦力，試求牆面反力 R、纜索 AB 張力 T、桿 AC 傾斜角 θ、纜索 AB 傾斜角ϕ。（提示：「角度」可用三角函數表示，不用實際算出角度，如：角度 $\theta=30^\circ$，可用 $\sin(\theta) = 1/2$ 或 $\theta = \sin^{-1}(1/2)$表示，不用算出 $\theta = 30^\circ$。）（25 分）

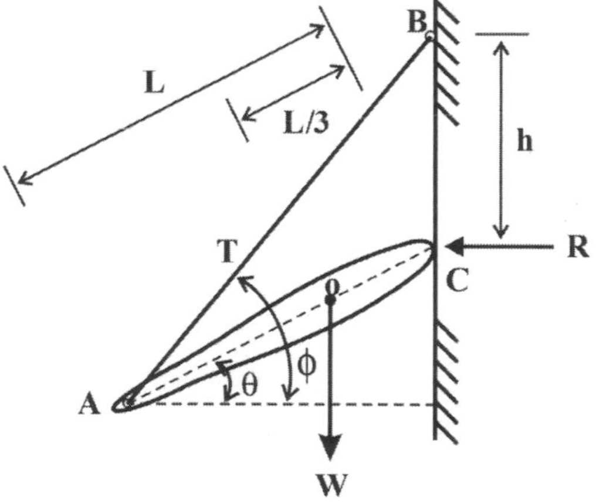

（108 高考-工程力學#2）

參考題解

（一）參右圖，由靜平衡方程式可得

$$\sum M_A = R(6\sin\theta) - W(4\cos\theta) = 0$$

$$\sum M_B = W(2\cos\theta) - R(2) = 0$$

聯立二式解出

$$\sin\theta = \frac{2}{3}\ ;\ \cos\theta = \frac{\sqrt{5}}{3}\ ;\ R = \frac{\sqrt{5}}{3}W$$

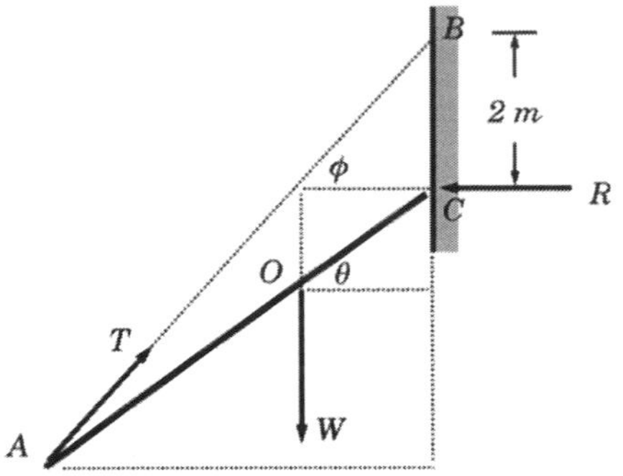

（二）由右圖中幾何關係可得

$$\tan\phi = \frac{2}{2\cos\theta} = \frac{1}{\cos\theta} = \frac{3}{\sqrt{5}}$$

（三）再由右圖可得

$$\sum M_C = W(2\cos\theta) - (T\cos\phi)(2) = 0$$

由上式解出

$$T = \frac{\sqrt{14}}{3}W$$

二、如圖示，一長度為 $L=2\ m$，重量為 $W=50\ N$ 之均勻桿件靜置於光滑斜面上，已知左斜面傾斜角為 $\psi=30°$，右斜面傾斜角為 $\phi=45°$，不計桿件之斷面大小，求平衡時桿件之傾斜角 θ為何？（25 分）

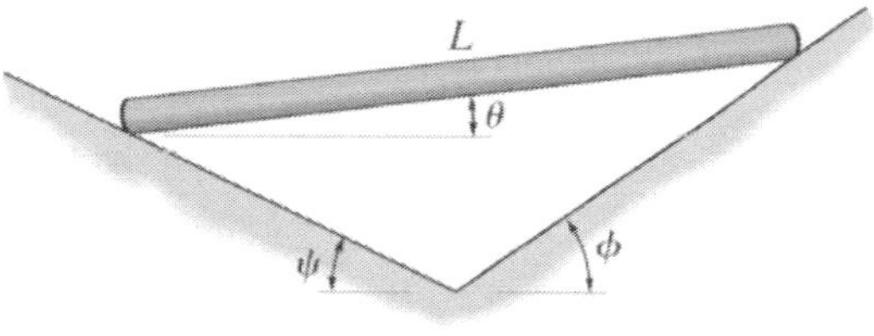

（109 高考-工程力學#1）

參考題解

（一）參下圖所示之自由體圖，可得

$$\Sigma M_A=\frac{R_B}{\sqrt{2}}(L\cos\theta+L\sin\theta)-W\left(\frac{L}{2}\cos\theta\right)=0 \qquad ①$$

$$\Sigma M_B=\frac{R_A}{2}\left(L\sin\theta-\sqrt{3}L\cos\theta\right)+W\left(\frac{L}{2}\cos\theta\right)=0 \qquad ②$$

$$\Sigma F_x=\frac{R_A}{2}-\frac{R_B}{\sqrt{2}}=0 \qquad ③$$

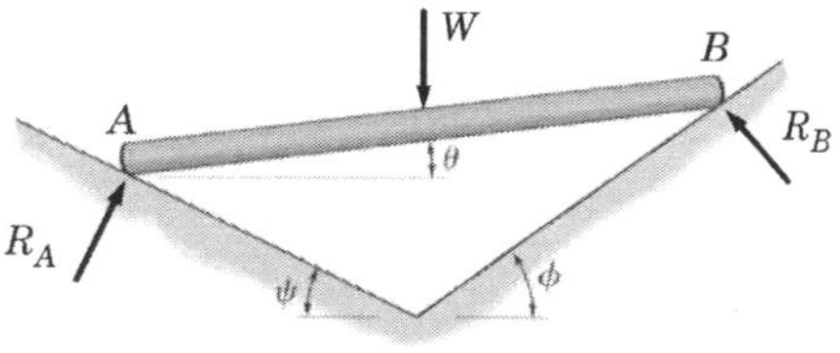

（二）將③式代入②式可得

$$\frac{R_B}{\sqrt{2}}\left(\sqrt{3}L\cos\theta-L\sin\theta\right)=W\left(\frac{L}{2}\cos\theta\right) \qquad ④$$

由①式及④式可得

$$\cos\theta+\sin\theta=\sqrt{3}\cos\theta-\sin\theta$$

由上式得

$$\tan\theta=\frac{\sin\theta}{\cos\theta}=\frac{\sqrt{3}-1}{2}$$

解得$\theta=20.104°$。

讀者回函卡

年　　月　　日

※ 請寄回讀者回函卡。讀者如考上國家相關考試，**我們會頒發恭賀獎金**。

讀者姓名：

手機：　　　　　　　　　　市話：

地址：　　　　　　　　　　E-mail：

學歷：□高中　□專科　□大學　□研究所以上

職業：□學生　□工　□商　□服務業　□軍警公教　□營造業　□自由業　□其他________

購買書名：

您從何種方式得知本書消息？

□九華網站　□粉絲頁　□報章雜誌　□親友推薦　□其他________

您對本書的意見：

內　容	□非常滿意	□滿意	□普通	□不滿意	□非常不滿意
版面編排	□非常滿意	□滿意	□普通	□不滿意	□非常不滿意
封面設計	□非常滿意	□滿意	□普通	□不滿意	□非常不滿意
印刷品質	□非常滿意	□滿意	□普通	□不滿意	□非常不滿意

※讀者如考上國家相關考試，**我們會頒發恭賀獎金**。如有新書上架也盡快通知。
謝謝！

廣告回信
台北郵局登記證
台北廣字第04586號

□□□-□□

100-78
台北市中正區南昌路一段161號2樓
台北市私立九華土木建築
工商短期職業補習班
收

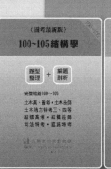

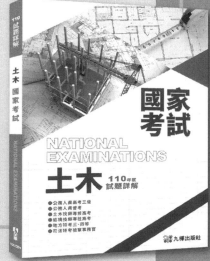

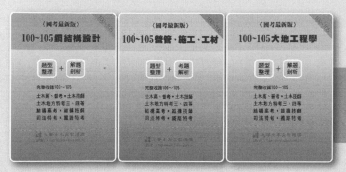

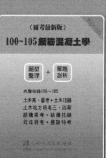

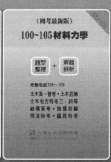

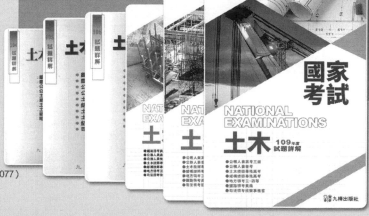

106-110 年材料力學（題型整理＋考題解析）

編 著 者：九華土木建築補習班
發 行 者：九樺出版社
地　　址：台北市南昌路一段 161 號 2 樓
網　　址：http://www.johwa.com.tw
電　　話：（02）2351－7261~4
傳　　真：（02）2391－0926
定　　價：新台幣　550　元
I S B N　：978-626-95108-4-9
出版日期：中華民國一一一年十月出版
官方客服：LINE ID：@johwa
總 經 銷：全華圖書股份有限公司
地　　址：23671 新北市土城區忠義路 21 號
電　　話：（02）2262-5666
傳　　真：（02）6637-3695、6637-3696
郵政帳號：0100836-1 號
全華圖書：http://www.chwa.com.tw
全華網路書店：http://www.opentech.com.tw